高职高专电子信息类专业系列教材

雷达技术与应用

主编　王抗美　翟阳文　段维嘉　顾　斌

西安电子科技大学出版社

内 容 简 介

本书主要包括 6 个理论章节(第 1~6 章)和 1 个实验章节(第 7 章)。理论章节中首先介绍雷达的基本概念和基本应用,其次介绍雷达技术基础、微波传输线、雷达天线和雷达中的高频电路,最后介绍雷达的收发系统及雷达终端;实验章节中设计了微波和高频电路的实验,这些实验有助于学生理解相关的理论知识。

本书可作为高等职业院校无线电技术专业、微波技术专业、应用电子专业、雷达技术专业及其他相关专业的教材,亦可供相关工程技术人员参考。

图书在版编目(CIP)数据

雷达技术与应用 / 王抗美等主编. —西安:西安电子科技大学出版社,2023.3
(2024.7 重印)
ISBN 978 - 7 - 5606 - 6588 - 7

Ⅰ. ①雷… Ⅱ. ①王… Ⅲ. ①雷达技术 Ⅳ. ①TN95

中国版本图书馆 CIP 数据核字(2022)第 136716 号

策　　划　陈　婷
责任编辑　陈　婷
出版发行　西安电子科技大学出版社(西安市太白南路 2 号)
电　　话　(029)88202421　88201467　　邮　编　710071
网　　址　www. xduph. com　　　　　电子邮箱　xdupfxb001@163.com
经　　销　新华书店
印刷单位　陕西博文印务有限责任公司
版　　次　2023 年 3 月第 1 版　2024 年 7 月第 2 次印刷
开　　本　787 毫米×1092 毫米　1/16　印张　12
字　　数　275 千字
定　　价　33.00 元
ISBN 978 - 7 - 5606 - 6588 - 7

XDUP 6890001 - 2

前　　言

　　雷达技术发展于 20 世纪。随着电子技术的发展，雷达技术水平也得到巨大的发展，在当今世界广泛应用于军事及社会各个领域。

　　本科或研究生层次的雷达类教材较多，其理论性比较强，并且有一些较复杂的理论推导及数学计算。作为一本面向职业教育的雷达教材，本书紧扣职业教育的特色与需要，淡化理论推导，重点突出基本概念和基本应用。本书主要介绍雷达的基本概念，以及一些简单的公式应用，适合职业类院校的学生使用。书中设置有实验环节，增强了理论与实践的结合。

　　本书由王抗美、翟阳文、段维嘉、顾斌主编，其中第 1、2、3、7 章由王抗美编写，第 4、5 章由翟阳文编写，第 6 章由段维嘉编写，顾斌提供了雷达方面的大量资料，并对编写提出了宝贵的意见。

　　由于编者水平有限，书中疏漏之处，敬请读者批评指正。

编　者

2022 年 5 月

目　　录

第 1 章　雷达系统概述

　　雷达(Radar，Radio Detecting and Ranging)是运用各种无线电定位方法探测识别各种目标，测定目标坐标和其他情报的装置，主要用于军事、导航、遥感遥测、气象等领域。雷达是电磁场理论的一个典型应用，是 20 世纪人类在电子工程领域的一项重大发明。

1.1　雷达的发展史

1.1.1　雷达发明的背景

　　蝙蝠能够在黑暗中躲避障碍物飞行，捕捉飞行中的昆虫，靠的是蝙蝠的喉头发出的一种超过人的耳朵听觉范围的声波，即超声波。超声波沿直线传播，传播路径中遇到物体时就会发生反射，蝙蝠用耳朵接收返回的超声波，并利用其对物体进行定位，在完全黑暗的环境中飞行或捕捉，如图 1-1 所示。

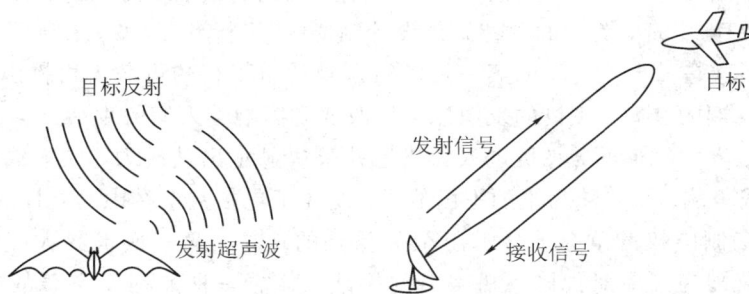

图 1-1　蝙蝠与雷达探测目标

　　雷达能发现远处的物体，其原理与蝙蝠探路及捕捉相似，只不过雷达发射的是无线电波，蝙蝠发出的是超声波。无线电波是电磁波，电磁波的传播方式和波长有很大的关系，不同波长的电磁波其传播方式也不同。电磁波从一种媒质进入另一种媒质时，会产生反射、折射、绕射和散射现象，同时速度也会因媒质的参数不同而发生变化。电磁波在导体中衰减很大，几乎不能传播。传播过程中，电磁波遇到金属物体时会被全部反射，遇到非金属物体时也会有部分被反射。电磁波的波长越短，传播的直线性越好，反射性能就越强。因此，雷达多选用频率比较高、波长比较短的微波波段。

　　1864 年，麦克斯韦建立了电磁场理论的基本公式——麦克斯韦方程。他将安培、法拉第、高斯等科学家的研究成果结合在一起，提出了位移电流的概念。麦克斯韦认为变化的电场也是一种电流，即位移电流，也能产生磁场。他认为变化的电场会产生变化的磁场，变化的磁场会产生变化的电场，这种变化的电场和磁场相互激发形成电磁波，并从数学和物理学角度，论证了电磁波的存在，指出光就是电磁波。1873 年，麦克斯韦出版了电磁场理论的经典著作《电磁学通论》，奠定了电动力学的理论基础。

1886 年，赫兹用放电线圈做火花放电实验时，偶然发现近旁未闭合的线圈中也有电火花放电现象出现，便敏锐地想到这可能与电磁波有关。他反复改变导体的形状、介质的种类、放电线圈与感应线圈之间的距离等，最终采用未闭合的金属环作为感应圈，在环的两端各自连接金属球，当放电线圈产生火花时，感应圈的金属球之间便有电火花闪过。赫兹以此验证了电磁波的存在。赫兹公布了实验结果后，轰动了科学界。1888 年，赫兹将这些成果总结在《论动电效应的传播速度》一文中，成为近代科学史上的一座里程碑。赫兹的发现具有划时代的意义，它不仅证实了麦克斯韦发现的真理，更重要的是，开创了无线电技术的新纪元。

俄国物理学家波波夫和意大利无线电工程师马可尼等人先后实现无线电通信。1894 年，年满 20 岁的马可尼了解到，赫兹的实验表明看不见的电磁波是存在的，这种神奇的电磁波以光速在空中传播，马可尼意识到利用这种电波可以实现不需要线路的通信，可以在不方便架设线路的两地之间传输信息，比如将信息传输给海上航行的船只。

1895 年，马可尼制作了无线电收发设备，他将一只煤油桶加工成铁板，作为发射的天线，完成了 2700 km 的无线电信息传输试验。1901 年，马可尼完成了横跨大西洋的远距离的无线电通信，开创了无线电波的实际应用，人类进入了无线电的新纪元。

1903 至 1904 年，克里斯琴·赫尔斯迈耶(Christian Hulsmeyer)探测到了从船上反射回来的电磁波，证明电磁波具有反射特性，研制出原始的船用防撞雷达并获得专利权。

1903 年 12 月 17 日，美国的莱特兄弟设计制造的"飞行者"号飞机在卡罗来纳州的基蒂霍克试飞成功，这是世界上公认的第一架依靠自身动力飞行的可载人可操纵的飞机，它实现了人类空中飞翔的梦想。飞机的发明深刻地改变和影响着人们的生活。

在第一次世界大战期间，飞机进入了战场并很快显示出其潜力，成为战争的一支重要力量。飞机将战争从以海、陆为主的平面战争，变成了包括空中在内的立体战争。

飞机在战场制空权的争夺上显示出至关重要的地位。第一次世界大战期间，英国和德国交战时，英国为了应对德国飞机空袭的挑战，急需一种能在反空袭战中帮助搜寻德国飞机的设备。在战场需求的推动下，英国物理学家、国家无线电研究室主任罗伯特·沃特森·瓦特及其团队研发了可探测空中金属物体的装置，并因此成为实用雷达的发明者。

"二战"期间，雷达得到了进一步的发展，出现了地对空雷达(用于近程远程发现飞机)、空对地雷达(用于搜索目标实施轰炸)、空对空雷达(用于发现目标并完成火控)；以及具有敌我识别功能的雷达。英国在本国的东南海岸修建了 5 部"沃特森·瓦特"雷达，即"本土链"雷达，构成对空雷达警戒网，这些雷达在第二次世界大战中发挥了重要作用。

在第二次世界大战的阴影下，有军事用途前景的所有生产和研究，都是各国大力推进和支持的。世界上有能力的国家都相继投入人力、物力，苏联、德国、日本等国家纷纷加快对雷达的研制，推出了各自用于战争的雷达。

1.1.2　雷达发展简史

1935 年，英国罗伯特·沃特森·瓦特研制出第一台实用雷达，随后在泰晤士河口附近部署了"本土链"对空警戒雷达,该雷达对飞机的探测距离可达 250 km。经过不断改进,雷达的有效探测范围变得越来越大。雷达的天线尺寸与波长相关,波长越长,天线的尺寸越大。"本土链"雷达的工作频率仅为 11.5 MHz,波长为 26 m,雷达天线的整体尺寸高达百米。

雷达接收反射电波的同时,也会接收干扰信号,当时的雷达无法大量过滤杂波。各国对雷达的应用重点都是防空雷达,即只执行对空警戒任务,通过雷达搜索空中的目标,引导地面防空部队进行预警和引导战斗机进行拦截作战。

雷达在战争中能够在较远的距离发现空中的目标,对于作战双方至关重要。如果飞机上装备了雷达,则在迷雾和黑夜的情况下,能帮助飞行员远距离发现对方飞机,部署作战措施并进行空中拦截作战。飞机上的空间和承载能力有限,不能装载巨大的天线,因此要求雷达的尺寸小、重量轻。

美国无线电公司研制出一种尺寸较小的电子管,其工作频率达 200 MHz,半波天线的尺寸仅为 0.75 m,微波器件的尺寸能够缩小,雷达的整体尺寸也大为减小,可使雷达成功地安装在飞机上。但最早载有雷达的飞机在试飞过程中没有发现空中的目标,而是接收到了海面上船只反射回来的电波。实验证明,机载雷达的工作频率对不同的物体反射能力是不一样的,舰船反射雷达回波的能力远超飞机反射回波的能力。

磁控管的发明,将雷达的工作频率从米波上升到分米波,解决了雷达在飞机上的安装问题,从此雷达正式进入微波技术时代。雷达工作在微波波段时,频率高、波长短,在电尺寸相同的情况下,天线的尺寸可以做得比较小,天线保持相同的方向性,磁控管可以产生较大的功率,解决了雷达工作频率提高之后的功率放大问题;雷达工作在分米波波段时,能产生高达 1 kW 的功率。

同一时期,电子收发开关问世了,雷达中的接收天线和发射天线合二为一,不再需要分别安装两个天线。雷达收发天线合并,减少了在飞机上的空间占用,机载雷达的尺寸更加紧凑,设备在机身上的安置更加集中。雷达天线的结构形式不断改变,从单个或多个天线单元的天线振子、八木天线演变到抛物面天线。

随着战争的推动,雷达技术理论不断进步,动目标显示、中继以及单脉冲跟踪等技术理论相继提出。"二战"结束后,匹配的概念、滤波器的理论、图形模糊理论、数据统计检测理论和动目标显示理论等出现,标志着雷达技术理论发展进入到比较成熟的阶段。

随着数字技术的发展,半导体元件、大规模和超大规模集成电路的应用,雷达信号和数据处理实现了数字化。具有先进信号处理功能的多功能相控阵雷达诞生了。相控阵雷达天线不需要转动天线就可以对 120° 扇面内的目标进行探测。相控阵技术在雷达中的应用,标志着雷达技术的发展日臻完善并达到比较高的水平。

20 世纪 50 年代,单脉冲和脉冲压缩技术应用在雷达上,出现了单脉冲精密跟踪雷达。甚高频(VHF)和特高频(UHF)波段上的预警雷达能够输出兆瓦级的平均功率,可以探测远程的导弹,甚至可以观测流星、月亮。合成孔径雷达(SAR)、舰载相控阵雷达、脉冲多普勒雷达、机载和地面气象雷达等相继出现。

20 世纪 60 年代,随着数字技术的应用和发展,相控阵雷达与数字技术完美结合,在相控阵雷达中增加了电子扫描技术。

20世纪70年代，计算机应用进入了雷达系统，通过计算机的控制，相控阵雷达天线的波束扫描可以快速进行，能对多个不同方向、不同高度的目标进行有效的发现、勘探以及跟踪，波束指向具有灵活性。

20世纪90年代后，电子对抗技术推动了雷达的新发展。高功率卫星监视雷达、探地雷达、汽车防撞雷达等均广泛应用。雷达的多功能多用途也在不断进步。

1.1.3　现代雷达的发展概况

随着科学技术的发展和进步，雷达技术理论也在不断地发展和完善，人们对雷达提出了新的任务要求：多功能、多用途、高可靠、抗干扰、快速应变和系统综合等能力，以满足不断发展的军事和经济等方面的要求。

现代雷达面临着公认的"四大威胁"：电子侦察和电子干扰，低空盲区的超低空飞机和导弹，具有隐形技术的隐身飞机，利用雷达的电磁辐射导引的反辐射导弹。有文献报道，随着高功率微波（HPM）武器的诞生和发展，雷达将面临"第五大威胁"，即来自HPM武器的威胁，它给新体制雷达和雷达反对抗技术研究提出了新的课题和挑战。

（1）军用雷达面临电子战中反雷达技术的威胁。雷达从目标反射回的电磁波比较弱，只需要向雷达天线发射同样频率的电磁波，就能够淹没回波信号。反辐射导弹又称反雷达导弹，是指利用敌方雷达的电磁辐射进行导引，从而摧毁敌方雷达及其载体的导弹。现代雷达发展了多种抗有源干扰和抗反辐射导弹的技术，包括智能化的自适应天线，将指定方向图置零，利用伪随机码实现宽带跳频技术，多波段共用天线技术，诱饵技术，降低截获概率技术等。

（2）隐身飞机的出现，使微波波段目标的雷达截面积减小为原来的 $1/3\sim1/10$。

（3）巡航导弹与低空飞机飞行高度低于 10 m 以下，受地面的影响，目标截面面积小到 $0.1\sim0.01$ m^2。对付低空入侵是雷达技术发展的又一挑战。采用升空平台技术、宽带雷达技术、脉冲多普勒雷达技术及毫米波雷达技术，能有效对付低空入侵。

（4）成像技术的发展，为目标识别创造了前所未有的机会。合成孔径雷达（SAR）是一种高分辨率成像雷达，可以在能见度极低的气象条件下得到类似光学照相的高分辨雷达图像。利用雷达与目标的相对运动把尺寸较小的真实天线孔径用数据处理的方法合成一较大的等效天线孔径的雷达，也称综合孔径雷达。20世纪90年代的合成孔径雷达分辨率已达 1 m×1 m，目前合成孔径雷达分辨率已经达到 0.1 m 的数量级，为大面积实施侦察与目标识别创造了条件，多频段多极化合成孔径雷达也已经投入了使用。

（5）航天技术的发展，为空间雷达技术的发展提供了广泛的机会。空间雷达即天基雷达，又称为星载雷达或太空雷达，是指以卫星、航天器等作为工作平台的交会雷达、合成孔径雷达或监视雷达，一般以卫星为载体，如高轨道星载雷达，大面积实施对空搜索，发射信号到地面上，再由地面上的相控阵多波束天线接收运动目标的信号。高功率的卫星监视雷达、空基侦察与监视雷达、空间飞行体交会雷达都成为雷达家族的新成员。

（6）探地雷达是雷达发展的另一重要方向。探地雷达是利用天线发射和接收高频电磁波来探测介质内部物质特性和分布规律的雷达。目前已有多种体制的探地雷达用于地雷地下管道探测和高速公路质量检测等树林下及沙漠下盈利目标的探测，并取得了重要的实验成果。UHF/VHF 频段的超宽带合成孔径雷达已取得突破性进展。

（7）毫米波雷达是工作频率在毫米波波段的雷达。毫米波穿透雾、烟、灰尘的能力强，毫米波雷达能分辨识别很小的目标，而且能同时识别多个目标，具有成像能力，且体积小、机动性和隐蔽性好，在战场上生存能力强。毫米波雷达在各种民用系统中大显身手，欧美已开发了 77 GHz 和 94 GHz 的用于汽车防撞作用的雷达，为大规模生产汽车雷达创造了条件；在研制的用于自动装置的雷达中，最高频率已达 220 GHz。

雷达技术的发展产生了对抗，即侦察与反侦察、隐蔽与反隐蔽、摧毁与反摧毁、干扰与反干扰，增强雷达的生存和工作能力是现代雷达发展的方向。雷达存在的电子干扰和抗干扰措施，雷达信号的截获与隐蔽，雷达向武器系统提供攻击目标与为防止被摧毁而提高其在战场中的生存能力等都是矛盾的两个方面。只有不断发展雷达新技术，创造新体制才能满足新的军事和经济需求。

1.2　雷达的任务、主要技术参数与分类

1. 雷达的任务与主要技术参数

雷达的基本任务是探测天空中的航空航天器和飞行器，并对其进行识别和连续跟踪，测定其在空中的位置、运动方向和行动特点。

根据探测目标的不同，雷达的任务可分为以下几类：

（1）警戒侦察。发现空中、海上、地面或太空的有关目标，测定方位、距离和高度等坐标，识别种类、型号和敌我属性等。

（2）目标引导。引导己方的航空兵截击空中、海上和地面的敌方目标；引导己方的舰艇截击敌方舰艇；为对空、对海和对地作战的炮兵、导弹兵指示射击目标。

（3）武器控制。对攻击的目标进行连续跟踪，并将测定的目标数据通过电子计算机（或指挥仪）控制导弹或火炮，对空中、海上、地面或太空目标进行瞄准射击。

2. 雷达的主要技术参数

雷达的任务是多样化的，不同的雷达任务，雷达的性能和技术参数也有区别。雷达的主要技术参数有发射功率、工作频率以及工作带宽等。

（1）发射功率。电磁波在空间传播过程中，随距离增加信号变弱。雷达的发射功率会影响雷达的作用距离，功率大则作用距离远。雷达发射机可分为脉冲发射机和连续波发射机。发射功率分为脉冲功率和平均功率。脉冲发射机在脉冲信号期间所输出的功率称为脉冲功率。平均功率是指一个周期内发射机输出的功率。雷达发射机输出的功率大小，受到雷达系统里的微波器件、传输线上的匹配等因素的限制，一般远程警戒雷达的脉冲功率为几百千瓦至兆瓦量级。

（2）工作频率以及工作带宽。雷达系统里的微波器件的尺寸大小与工作频率有关，一般来说工作频率高，器件的尺寸小。工作频率的选择主要根据目标的特性、电波传播的条件、雷达的尺寸大小、雷达的测量精度和功能等要求来决定。通常机载、弹载的雷达，受工作环境的影响，尺寸一般比较小，工作频率相对比较高。工作带宽主要根据抗干扰的要

求来决定，工作带宽越宽，抗干扰能力越强。微波器件的带宽影响着雷达的工作带宽。

（3）调制波形、脉冲宽度和脉冲重复频率。调制波形是指发射信号时对信号的幅度、相位等参数进行调制。脉冲宽度是指发射脉冲信号的持续时间，它会影响雷达的分辨率。脉冲重复频率是指雷达每秒发射的脉冲个数。脉冲重复频率的倒数称为脉冲重复周期，等于两个相邻脉冲前上升沿的时间间隔，脉冲的宽度与重复周期的比例称为占空比。脉冲的幅度不变情况下，调节占空比会改变平均功率。

（4）雷达的探测距离。雷达测距的原理是利用发射脉冲与接收脉冲之间的时间差，乘以电磁波的传播速度（光速），从而得到雷达与目标之间的精确距离。雷达向空间发射一串周期不变的脉冲，在传播路径上如果目标存在，目标反射回来的回波脉冲与发射的脉冲之间的时间差 t，即电磁波往返雷达与目标之间所需的时间及所对应的距离 R 的关系为

$$R = \frac{ct}{2}$$

设雷达发射机功率为 P_t，雷达的天线增益为 G，天线将发射机功率集中辐射于某个方向上，目标形状各不相同，目标反射的功率也是多个方向，雷达截面积为 σ（表示目标截获入射功率后反射回雷达处的面积大小），天线的有效接收面积为 A_e，则雷达接收到的回波功率 P_r 为

$$P_r = \frac{P_t G A_e \sigma}{(4\pi)^2 R^4}$$

可见，雷达的探测距离与雷达的发射功率、天线的增益、目标的雷达截面积以及天线的有效接收面积有关。回波功率与距离的四次方成反比，距离越远，回波功率越小。

3. 雷达的分类

1）按雷达工作特点及工作参数分类

按照雷达工作特点、工作参数等，可将雷达进行以下分类。

（1）按照天线扫描方式分类，分为机械扫描雷达、相控阵雷达等。

机械扫描雷达采用机械的方式，转动雷达天线完成雷达的波束扫描。相控阵雷达的天线是固定不动的，通过改变相控阵天线单元的相位差，控制雷达波束的指向变化进行扫描。如图 1-2 所示。

(a) 机械扫描雷达 (b) 相控阵雷达

图 1-2　天线扫描方式

　　(2) 按雷达频段，可分为超视距雷达、微波雷达、毫米波雷达以及激光雷达等。

　　超视距雷达分天波超视距雷达和地波超视距雷达。一般雷达的工作频率在微波波段，微波波段的电磁波是视距波，只能直线传播，探测距离受地球表面曲率的影响。短波波段的电磁波可以利用电离层的反射传播，甚至在电离层和地面之间多次反射，天波超视距雷达的频率工作在短波波段，电磁波经过电离层一次反射，探测距离可达 3000 km；经多次反射能探测到 6000 km 以上的目标。中长波波段的电磁波的波长比较长，可以沿地面越过障碍物绕射传播，频率越低传播距离越远，反射性能越低，截获目标的能力也越低。

　　(3) 按照雷达信号形式分类，有脉冲雷达、连续波雷达、脉冲压缩雷达和频率捷变雷达等。

　　脉冲雷达是目前应用最广泛一种的雷达。此类雷达发射的波形是高频矩形脉冲，利用收发开关，发射时天线连接发射通道，接收时天线连接接收通道，因此发射和接收信号在时间上和空间上是分开的。脉冲雷达用于测距，尤其适于同时测量多个目标的距离。

　　连续波雷达，发射持续的等幅正弦波信号，用以探测活动目标的速度。

　　脉冲压缩雷达发射宽脉冲信号，在接收端，将宽脉冲信号压缩为窄脉冲，以提高雷达对目标的距离分辨精度和距离分辨率。脉冲压缩雷达能有效地解决常规脉冲雷达中增大探测距离与提高距离分辨率的矛盾，因而获得广泛的应用。

　　频率捷变雷达是指发射的相邻脉冲的载频在一定频带内随机快速改变的脉冲雷达。这种雷达可以有效地对抗窄带瞄准式有源干扰，而且还具有加大探测距离、提高测角精度、抑制海浪杂波等优点。

　　(4) 按照目标测量的参数分类，有测高雷达、二坐标雷达、三坐标雷达和敌我识别雷达、多站雷达等。图 1-3 所示为测高雷达。

图 1-3　测高雷达

　　(5) 按照雷达采用的技术和信号处理的方式有相参和非相参雷达、动目标显示雷达、动目标检测雷达、脉冲多普勒雷达、合成孔径雷达、边扫描边跟踪雷达。

2）军用雷达分类

雷达首先用于军事对抗，可按照雷达军用功能进行分类。

雷达按照其作战任务可以分为预警雷达、机载雷达、引导指挥雷达、航行保障雷达、火控雷达等。

（1）预警雷达（超远程雷达），其主要任务是发现洲际导弹，以便及早发出警报。其特点是作用距离远达数千千米，至于测定坐标的精确度和分辨率则是次要的。目前应用预警雷达不但能发现导弹，而且可以发现洲际战略轰炸机。搜索和警戒雷达，其任务是发现飞机，一般作用距离在 400 km 以上，有的可达 600 km，对于测定坐标的精确度、分辨率要求不高。对于担当保卫重点城市或建筑物任务的中程警戒雷达，要求有方位 360°的搜索空域。对空情报雷达用于搜索、监视和识别空中目标，它包括对空警戒雷达、引导雷达和目标批示雷达，还有专门用来探测低空、超低空突防目标的低空雷达。弹道导弹预警雷达的主要任务是早期发现洲际导弹、中远程导弹等，迅速探明导弹的标识特征、发射方向和可能攻击的区域等弹道参数，为捕获和跟踪提供基本数据。弹道导弹预警主要依靠预警卫星和预警雷达。

（2）机载雷达，其主要完成各种对陆海空的警戒、侦察，控制和制导任务，保障飞行安全，是安装在飞机上的各种雷达的统称。根据飞机的任务不同，安装相应的雷达。例如，机载预警雷达安装在预警机上，用于探测空中的飞行目标，甚至低空、超低空的目标，并引导己方飞机拦截对方的飞机。机载雷达工作在较高的平台上，具有良好的下视能力和广阔的探测范围。对于机载雷达共同的要求是体积小、重量轻、工作可靠性高。机载雷达的种类比较多，任务和目的多种多样，主要有机载预警雷达、机载截击雷达、机载护尾雷达、机载导航雷达和机载火控雷达。

（3）引导指挥雷达（监视雷达），用于对歼击机的引导和指挥作战，民用的机场调度雷达亦属这一类。其特殊要求是：对多批次目标能同时检测，测定目标的三个坐标；要求测量目标的精确度和分辨率较高，特别是目标间的相对位置要求较高。

（4）航行保障雷达，其主要任务是探测前方的气象状况、空中目标和地形地物，保障飞机准确航行和飞行安全。有一类专门用来保障飞机低空、超低空飞行安全的航行雷达，叫地形跟随雷达和地物回避雷达，控制飞行高度随地形起伏变化，可使飞机在飞行过程中保持一定的安全高度，显示选定高度上地面障碍物的分布情况，提供回避信号，可使飞机安全避开地形障碍物。

（5）火控雷达，其任务是获取目标的速度和位置等相关信息，计算并控制火力兵器射击目标。火控雷达包含了雷达扫描系统和火力控制系统，通过计算机辅助系统，实现对整个武器系统的综合有效利用的过程。火控雷达能够连续而准确地测定目标的坐标，迅速地将射击数据传递给火炮（或地空导弹）。这类雷达的作用距离较小，一般只有几十千米，但测量的精度要求很高。

雷达功能由早期单一功能慢慢演变成多任务、多功能雷达系统。雷达技术的发展也在不断改变战争形势与战法。雷达快速获取海陆空各种运动或静止目标信息，是战场成败的一个关键因素。

3）民用雷达分类

随着科学和经济的发展，雷达从军事领域向其他应用领域延伸，在飞机导航、气象预报、资源探测、环境监测、天体研究、汽车防撞等各个领域发展迅猛。

　　雷达按照应用特性可以分为飞行管制雷达、气象雷达、合成孔径雷达、探地雷达和测速雷达等。

　　(1) 飞行管制雷达又称空中交通管制雷达，是为飞行管制系统提供航空器信息的地面雷达。飞行管制雷达兼有警戒雷达和引导雷达的作用，用于搜集并向飞行管制中心传送责任区域内航空器的位置、属性和其他信息，满足飞行管制的需要，可以帮助飞机在机场能见度不良的情况下正确着陆。

　　(2) 气象雷达，是主要探测气象状况及天气变化趋势的雷达，用于测量云层的高度，测量台风、暴风、冰雹等位置，监测变化趋势及移动路线。气象雷达是用于警戒和预报中、小尺度天气系统(如台风和暴雨云系)的主要探测工具之一，是气象监测的重要手段，在突发性、灾害性的监测、预报和警报中具有极为重要的作用。

　　(3) 合成孔径雷达，是一种高分辨率成像雷达，安放在卫星或飞机上，分为机载和星载两种。合成孔径雷达作为微波遥感设备，可以在能见度极低的气象条件下得到类似光学照相的高分辨雷达图像。合成孔径雷达的特点是分辨率高，能全天候工作，能有效地识别伪装和穿透掩盖物。

　　(4) 探地雷达又称地面探测雷达、地质雷达等，是近几十年发展起来的一种探测地下目标的有效手段，是一种无损探测技术，具有探测速度快、探测过程连续、分辨率高、操作方便灵活、探测费用低等优点，在工程勘察领域的应用日益广泛。

　　(5) 测速雷达，是利用电磁波探测目标速度的电子设备。测速雷达发射电磁波对目标进行照射并接收其回波，由此获得目标至电磁波发射点的距离、距离变化率(径向速度)、方位、高度等信息。测速雷达主要利用多普勒效应原理：当目标向雷达天线靠近时，反射信号频率将高于发射机频率；反之，当目标远离天线而去时，反射信号频率将低于发射机频率。分析接收回波的频率改变数值，可计算出目标与雷达的相对速度。测速雷达目前已广泛用于公路上车辆超速监测等行业，如图 1-4 所示。

图 1-4　测速雷达

1.3　雷达系统的组成

雷达系统主要由定时器、发射机、收发转换开关、天线、接收机、信号与数据处理模块、显示器等部分组成，组成框图如图 1-5 所示。

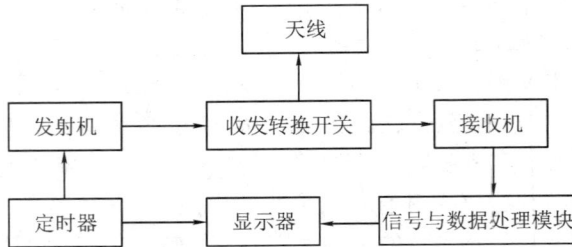

图 1-5　雷达系统组成

1. 定时器

定时器是雷达系统的重要组成部分，为雷达系统提供所需的各种主脉冲定时信号。定时器按一定的时间间隔产生周期性的脉冲，该脉冲被同时送到发射机、接收机、显示器，使其同步工作。这种脉冲称为触发脉冲。

2. 发射机

雷达发射机是产生大功率射频信号的设备。它将产生的射频能量传送至天线，通过天线转换成一定波束向空中辐射电磁波。发射机一般具有高压、大功率的特点，是雷达系统中体积和重量较大、成本最高的部分。

雷达发射机工作频段按照雷达的用途及电磁波传播的特点确定，可分为短波发射机、米波发射机、分米波发射机、厘米波发射机、毫米波发射机等。为了提高雷达系统的工作性能和抗干扰能力，一般要求能在一段频率范围内的多个频率上实现跳变。频率跳变速度的快慢，直接影响雷达抗干扰的效果，是当今雷达的一个研究重点。

雷达的任务和装载的位置不同，发射机功率量级差别很大，通常可用峰值功率和平均功率描述。典型的地面对空监视雷达发射的平均功率可以是几千瓦，毫米波雷达主动寻的末制导雷达的平均功率可以是毫瓦数量级，超视距远程雷达和探测空间物体的雷达的平均功率可达兆瓦数量级。

3. 收发转换开关

雷达中收发转换开关是收发隔离装置，在雷达中起着至关重要的作用。它的任务是防止发射机输出的大功率脉冲漏入接收机，保证回波信号顺利进入接收机。

雷达常用的收发开关有气体放电管型、铁氧体型和二极管型等。脉冲雷达中的发射机和接收机共用一个天线，接收信号与发射信号相比非常小。当发射机产生射频脉冲时，收发转换开关接通天线与发射机，射频能量经天线发射出去。发射脉冲结束后，收发转换开关断开发射支路，天线接通接收机，天线接收到的回波信号全部经收发开关进入接收机支路。

4. 天线

早期的雷达采用两个天线，一个天线连接发射机，另一个天线连接接收机。现代的许多雷达，发射与接收无线电波均采用一个天线。发射机所产生的已调制的高频电流或导波能量，经馈线传输到天线，天线将其转换为某种极化的电磁波能量，沿所需方向辐射出去，天线接收到回波信号能量并转换成高频电流或导波形式，进入接收机作进一步处理。天线处于雷达系统的末端，是一个重要设备，对雷达系统的工作性能有很大的影响。

天线的辐射在整个空间的各个方向是不相同的，在雷达发射机输出功率相同的情况下，将能量集中在一个方向上发射，可使雷达的探测距离更远，同时也能确定目标的方位。描述天线集中能量发射能力的参数有方向图、方向性系数和增益等。所谓天线方向图，即以天线为原点，向各方向作射线，在距离天线相同的位置上，各点的辐射场的场强与其中最大场强的比值(归一化模值)随方向变化的三维空间图形，通常采用通过天线最大辐射方向上的两个相互垂直的平面方向图来表示。方向图呈花瓣状，又称为波瓣图，如图 1－6 所示。

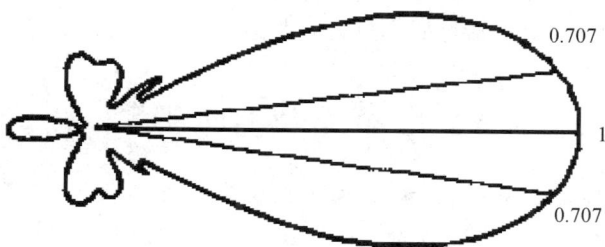

图 1－6　天线方向图

常规的天线方向图有一个主瓣和多个副瓣，主瓣用于探测目标。雷达要有很高的目标定向精度，这就要求天线具有窄的波束。搜索目标时，天线波束对一定的空域进行扫描。扫描可以采用机械转动方法，也可以采用电子扫描方法。大多数天线只有一个波束，但有的天线同时有几个波束。分布在天线副瓣中的能量应尽量小，低副瓣天线是抗干扰所需要的。

从外观上，天线可分为线天线和面天线两大类。线天线由半径远小于波长的金属导线构成，导线的长度与频率有关，频率越低波长越长，天线的尺寸也越大，一般小于半个波长。长波、中波和短波波段常采用线天线的形式；频率越高波长越短，实际制作线天线困难增大。微波波段多采用面天线。面天线由尺寸大于波长的金属面或介质面构成，面天线的方向性较强。这两种天线都可用于超短波波段。单个线天线的方向性较弱，将若干个相同的线天线按一定规律排列起来，组成天线阵列。天线阵列主要用来增强天线的方向性，提高天线的增益系数，可以得到所需的方向特性。

5. 接收机

雷达接收机是雷达系统中对回波信号进行放大、变换和处理的设备。雷达接收机的首要任务是把微弱回波信号放大并且能够保证信号处理系统可以进行信号处理。雷达接收机大多采用超外差式接收机，即当信号进入接收机后，先进行前置放大到合适的大小，与本机振荡器产生的信号相混,回波信号的载波频率从较高的超短波或微波波段,变化到一个较低的固定中频频率上(混频);这种接收信号经混频后,再进行放大。根据雷达体制的不同,一部雷达至少有一部接收机,有的雷达有几部甚至上千部接收机。

6. 信号与数据处理模块

回波信号经过高频放大、混频、中频放大检波后,仍然是模拟信号,需要通过模数转换,将模拟信号转换成数字信号。数字信号的处理可以采用集成电路,甚至采用软件模块来实现。雷达回波信号的处理,可以消除噪声干扰,抑制杂波,发现目标和测定目标的坐标和速度等,实现在显示屏上形成目标移动的点迹,进行目标硬件种类、型号的识别等。信号处理的数字化在雷达中已经得到较大范围的推广,优势主要表现在硬件体积小、成本低,系统复杂程度降低,更为突出的是灵敏度和动态范围性能有较大提升。

7. 显示器

雷达显示器是雷达系统最常用的终端设备,用于自动实时显示雷达所获取的信息,是人机联系的一个接口。雷达显示器通常以操纵员易于理解和便于操纵的雷达图像的形式表示雷达回波所包含的信息,包括目标的位置及其运动情况、目标的各种特征参数等。

1.4　雷达的工作频率

雷达的工作频率就是发射机输出的载波频率,用小写字母 f 表示,单位为赫兹(Hz)。与工作频率相对应的波长称为工作波长,用小写字母 λ 表示,单位为米(m)。工作频率对雷达起着重要的作用,直接影响雷达的探测距离、角分辨率、多普勒测速性能和雷达的尺寸、重量和造价等。雷达能辐射电磁波到空间并利用目标散射的回波进行信号检测和参量估值。随着雷达技术和电子器件的发展,雷达频率范围已从高频(几兆赫)扩展到紫外频段。

1.4.1　工作频率选择

电磁波的波长不同,传播的特性也不一样。因此在设计雷达时,应根据雷达的具体用途选择相应的频率。雷达系统中的设备和元件与工作波长有关,工作频率越低,电磁波的工作波长越长,组成雷达系统各个元件的体积也越大,同时重量越重;反之,频率越高,雷达系统各个元件的体积就越小,重量也随之越轻。在地面的雷达不受场地限制,雷达的工作频率选择比较宽,在一些空间受限的场合,如机载雷达、舰载雷达,就需要考虑雷达的体积和重量。

雷达工作频率越高,波长越短,能量密度也越大,从而能够以更高的精度探测目标。雷达的波束宽度与波长成正比,而与天线尺寸成反比。雷达在角度上区分邻近目标的能力,通常以最小可分辨的角度(即角度分辨率)来度量。雷达的角度分辨率取决于雷达的工作波长 λ 和天线口径。对于口径相位呈线性分布的天线,雷达的角度分辨率取决于天线的波束宽度。所以,为了达到相同的角分辨率,频率越高,波长越短,相同的波束宽度所需天线尺寸也越小。另外,最大多普勒频移与目标和雷达间的相对速度成正比,与工作波长成反比。

工作频率越高，多普勒频移的值也越大。电磁波在大气中传播时，由于大气的吸收和散射而发生衰减，电磁波的频率越高，衰减越大，传播距离会受影响。频率低于 100 MHz 时，这种衰减可以忽略，因而能够传播得很远，例如，工作频率很低的超视距雷达，可以有几千千米的探测范围；频率高于 15 GHz 时，空气中的水分子吸收严重，衰减现象严重；高于 26 GHz 时，水分子及氧分子吸收急剧增大，衰减现象就变得更加严重。工作频率越高，器件的尺寸越小，8 mm 波导的口径为 7.112 mm×3.556 mm，器件及天线的加工困难增大，接收机会出现噪声增大的问题，发射机增加输出功率也有难度。

雷达的回波信号受噪声的干扰，噪声来源主要分两种：雷达接收机的内部噪声和外部的背景噪声。背景噪声主要包括宇宙电磁辐射和大气噪声。宇宙空间存在的电磁辐射和大气变化给雷达接收机带来噪声。频率高于 30 GHz 时，接收机的内部噪声增大。宇宙噪声在低频段较高，而大气噪声在高频段较高。很多情况下，雷达的内部噪声占据主要地位，但当雷达需要探测很远的目标，电磁波传播的距离远，回波信号比较弱时，背景噪声就占据主要地位。

雷达频率对天线发射增益、天线有效接收面积（一定发射增益时）、发射功率、接收机噪声、传播损耗、气象回波等雷达性能的影响较为明显，在很大程度上决定了雷达的类型、作用距离、精度、分辨率、抗干扰能力、体积、重量、机动性和费用等重要指标。因此，工作频率的选择又是对雷达的尺寸、发射功率、天线波束宽度等的综合考虑。

不同场合、不同用途的雷达工作频率差别很大。地面雷达由于没有尺寸和重量的限制，几乎涵盖了所有的频率范围，如功率达到几兆瓦的大探测范围的警戒雷达，在工作频率很低的同时，选择较大的天线尺寸，可以得到相当高的角分辨率。为了避开地面的不利影响，提前发现低空突防的飞机，空中预警机必须携载大型雷达，空中警戒雷达和预警雷达的频率工作在 UHF 频段，这一频段的背景噪声最小，大气衰减也可以忽略，但很多通信信号频率也在这一频段内。为减小通信信号的干扰，雷达工作时需要选择在特定的情况和地理区域。战斗机机载和舰载雷达受到有限空间的限制，频率不能很低，同时，复杂多变的天气环境又限定了频率的上限。机载雷达对雷达尺寸的要求更加苛刻，为了在有限的空间和负载能力下达到较高的分辨率，机载雷达的工作频率一般都较高。

1.4.2　工作频率范围

第二次世界大战中，雷达迅猛发展，不同频率的雷达进入实际应用。一款用于搜索的雷达电磁波长度为 23 cm，频段为 1～2 GHz，后来这一波段的中心波长度变为 22 cm。当波长为 10 cm 的电磁波被使用后，频段为 2～4 GHz，基于波长开始对雷达的工作波段进行划分，用大写英文字母表示。定义 10 cm 的电磁波波段为 S 波段（英语 Short 的字头，意为比原有波长短的电磁波），22 cm 电磁波波段为 L 波段（英语 Long 的字头）。最后，由于最早的雷达使用的是米波，这一波段被称为 P 波段（P 为 Previous 的缩写，即英语"以往"的字头）。3 cm 电磁波的火控雷达出现后，由于火控雷达需要确定坐标，一般定义坐标用字母 XYZ，因此 3 cm 波长的电磁波被称为 X 波段，因为 X 代表坐标上的某点。

逐渐出现了使用中心波长为 5 cm 的雷达，结合了 X 波段和 S 波段的优点，该波段被称为 C 波段（C 即 Compromise，英语"结合"一词的字头）。德国人独立开发自己的雷达，他们选择 1.5 cm 作为自己雷达的中心波长。这一波长的电磁波就被称为 K 波段（K＝Kurtz，德语中"短"的字头）。K 波段的波长可以被水蒸气强烈吸收。结果这一波段的雷达不能在雨中和有雾的天气使用。

战后设计的雷达为了避免这一吸收峰，通常使用频率略高于 K 波段的 Ka 波段（Ka，即英语 K-above 的缩写，意为在 K 波段之上）和略低于 k 波段的 Ku 波段（Ku，即英语 K-under 的缩写，意为在 K 波段之下）。这个波段划分系统缺乏规范性，记忆也不方便，但在专业期刊及科研生产单位里，这些代号经常出现，如表 1－1 所示。

表 1－1　雷达波段划分

雷达波段代号	频率范围/GHz	波长范围/cm	特点及用途
P	0.23～1	130～30	远程监视，具有中等分辨率和精度
L	1～2	30～15	远程监视，具有中等分辨率和适度的气象效应
S	2～4	15～7.5	中远程监视，有中等精度，有更大的气象效应
C	4～8	7.5～3.75	远程监视跟踪和制导，具有高精度，有严重的气象效应
X	8～12	3.75～2.5	目标定位和跟踪雷达
Ku	12～18	2.5～1.67	雨水吸收和散射对其影响较大
K	18～26	1.67～1.15	雨和雾天气对其影响很大
Ka	26～40	11.5～7.5	频带宽，穿透和抗干扰能力强，波束窄，高分辨率

雷达在社会生活中得到广泛的应用，雷达的工作频率也得以延伸。根据雷达的工作任务和技术条件，雷达工作频率在 100 MHz～40 GHz 频率范围内。300 MHz 频率以下，部分元器件制作较困难，结构比较复杂，对阵地要求比较严格，分辨率较差，雷达受气象影响比较小，探测距离比较远，有少量的雷达工作在这个频段；3000 MHz～1 GHz 频率范围，由于通信和电视等通信系统占用了许多频带，频谱显得较为拥挤，能够使用的空隙频谱较少，有少数远程雷达和超视距雷达采用这一频段；大多数雷达工作在 1～15 GHz 的微波频率范围内；高于 15 GHz 频率时，大气水分子吸收严重，受气象影响比较大，雨雾、雨雪天气中的水分子含量高，电磁波传播距离受到限制；26～40 GHz 的频段属于 8 mm 波段，毫米波穿透雾、烟、灰尘的能力强，具有全天候（大雨天除外）全天时的特点，利用大气窗口，毫米波在大气中传播时，在某些频率上气体分子谐振吸收所致衰减存在极小值。毫米波雷达能分辨识别很小的目标，而且能同时识别多个目标；具有成像能力强，体积小，机动性和隐蔽性好的特点。毫米波天线具有窄波束和低旁瓣性能，毫米波雷达成为雷达发展的一个方向。毫米波大功率器件的限制和一些毫米波器件的插损等因素影响，降低了毫米波雷达的探测距离。

雷达的工作频率一般集中在 300 MHz～40 GHz 频率范围，不同的时期也出现了一些不同的要求，实际上雷达的工作频率远超出这个频率范围，如 100 MHz 米波雷达。超视距雷达的工作频率更低：天波超视距雷达的工作频率为 4 MHz，地波超视距雷达的工作频率为 2 MHz。微波新材料降低了毫米波器件的插损，毫米波雷达的工作频率延伸到 95 GHz

以上。雷达的工作频段与电磁波谱频段关系如表 1-2 所示。

表 1-2　电 磁 波 谱

频率范围	频率名称	波长	波长名称	应用			特点
3～30 kHz	甚低频	10～100 km	甚长波	普通无线电波	无线电波		地面波
30～300 kHz	低频	1～10 km	长波				地面波为主
300～3000 kHz	中频	100～1000 m	中波				地面波与天波
3～30 MHz	高频	10～100 m	短波				天波为主
30～300 MHz	甚高频	1～10 m	米波			雷达频段	
300～3000 MHz	特高频	1～10 cm	分波	微波			穿透电离层
3～30 GHz	超高频	1～10 cm	厘米波				穿透电离层
30～300 GHz	极高频	1～10 mm	毫米波				穿透电离层
0.3～395 THz	红外线	0.76～1000 μm	红外线				雨雾中衰减大
395～750 THz	可见光	0.4～0.76 μm	可见光				
750～30 000 THz	紫外线	0.01～0.4 μm	紫外线				能杀菌
3E4～3E6 THz	X 射线	0.1～10 μm	X 射线				能穿透物质，被吸收

1.5　电子对抗简述

1.5.1　电子对抗的定义

电子对抗的主要内容包括电子侦察（侦察对方雷达的开机、频率、位置）、电子进攻和电子防御三个基本方面。随着时间的推移，电子对抗的范围也扩大，电子对抗的范围，在频域上包括声学对抗、射频对抗和光学对抗（光电对抗）三个领域。从空间上可分地面、海上、空中、空间和水下。电子对抗按其对象可分为通信对抗、导航对抗、雷达对抗、制导对抗、光电对抗、敌我识别对抗、无线电引信对抗、遥控遥测对抗等。随着电子技术应用的扩展，新的对抗领域还会出现。

电子对抗的实质就是敌我双方为争夺电磁频谱的控制权（即制电磁权）所展开的斗争。制电磁权，如同制空权、制海权，是指在一定的时空范围内对电磁频谱的控制权。夺取了制电磁权就意味着己方能自由使用电磁频谱，不受对方的电磁威胁；同时剥夺了对方自由使用电磁频谱的权利。电子对抗技术主要是指以专用电子设备、仪器和电子打击武器系统降低或破坏敌方电子设备的工作效能，同时保护己方电子设备效能的正常发挥，而采取的各种电子措施和行动。电子对抗的基本手段是电子侦察与反侦察，电子干扰与反干扰，反辐射摧毁与反摧毁。

1.5.2 电子对抗的发展过程

电子战随着新材料技术、新能源技术、信息技术的开发和电子设备器材的发展，大致经历了以下几个发展阶段：随着无线电发明并应用于军事，出现了通信对抗；随着雷达的发明和发展，出现了雷达对抗；伴随光电技术的进步，出现了光电对抗；随着 C4I 技术（军队指挥自动化系统，C4I 代表指挥、控制、通信、计算机和情报）和计算机网络发展，出现了 C4I 和计算机网络的对抗。

电磁波频域的电子战，是交战双方争夺电磁频谱使用和控制权的手段。电磁战场已成为继陆海空天四维战场之后的第五维战场。电子战能力的强弱已成为决定战争胜负的重要因素。

电子对抗是随着电子技术在军事上的应用而逐步发展起来的。第一次世界大战期间，无线电通信应用于军事战争之后，电子对抗开始了萌芽阶段，交战双方曾使用无线电通信设备侦察对方的通信信息、干扰对方的通信联络。

第二次世界大战期间，雷达的广泛应用促进了电子对抗的发展，雷达对抗迅速兴起。新发明的雷达应用于防空作战，由于雷达与作战行动和武器系统紧密相连，给对方造成直接的威胁，这就产生了电子对抗，促使对雷达的侦察、干扰技术迅速兴起。二战期间，电子战技术最重要的发明是：利用金属丝反射电磁波原理的箔条无源干扰技术；如果雷达的反射信号比较弱，就可以采用发射射频噪声对雷达进行压制的有源干扰技术；对雷达的侦察和告警技术。

电子对抗侦察活动自第二次世界大战结束以来，一直在不间断地进行着，电子侦察卫星、无人驾驶侦察飞机、投掷式电子侦察设备等多种侦察手段相继投入使用。针对炮瞄雷达和制导系统的应用，发展了各种欺骗性干扰技术，研制了专门摧毁雷达的反辐射导弹。专用的电子对抗飞机、一次使用干扰机等数百种电子对抗装备、器材装备部队。脉冲压缩雷达、频率捷变雷达、跳频电台等各种抗干扰能力强的电子设备不断涌现。由于光电探测和制导技术在军事上的应用，电子对抗又扩展到光电对抗领域。

随着微电子技术、计算机技术和数字化技术的广泛应用，电子战技术也获得了长足的进步。现代作战飞机拥有电子对抗能力，如外挂的电子对抗吊舱，具有压制和欺骗两种干扰样式的双模干扰机。随着红外和激光技术在军事上的广泛应用，产生了光电对抗技术，并研制出红外告警器、激光告警器、红外干扰机和红外诱饵弹等光电对抗设备。电子战作为一种攻防兼备的作战手段开始在现代战争中大显身手。

新一代电子战装备技术的发展，将使武器装备发生划时代的变革。大功率强激光干扰机发展为激光武器，小功率激光干扰系统可以干扰光电设备。大功率微波发射装备发展为微波波束武器，不仅可以干扰破坏电子设备，而且可以作为武器摧毁或破坏目标。未来电子战将开辟一个全方位、多层次、大纵深、广频谱、宽频带的非线性战场。

1.5.3 电子对抗的作用

电子对抗已成为现代战场的主要样式之一。过去称电波通信是顺风耳，雷达是千里眼，在现代战争中，若电波、雷达受到电子干扰或破坏，则耳目闭塞，很难打赢战争。在二次大战后世界上的多次局部战争中，电子对抗在战场上占据了举足轻重的地位。电子对抗分三个方面：电子对抗侦察，电子干扰和电子防御。电子对抗的作用表现在获得重要的军事情报，破坏敌方的作战指挥系统，破坏敌方的电子防御系统，掩护己方突防武器的攻击行动等几个方面。

1. 电子侦察，获取敌方的军事和技术情报

电子对抗侦察又称电子支援措施，是用高灵敏度的探测系统搜索和截获敌方各类电子设备的电磁辐射信号或声呐信号、电磁特征和运行方式，经过分析、定位和识别获取敌方电子设备的工作频率、工作方式、信号特征等技术参数以及配置地点和用途等情报。获得对方电子设备的技术参数是电子对抗的基础，制定电子对抗作战计划，研究电子对抗战术技术对策，为实施电子干扰、电子防御和摧毁辐射源提供支援。

电子侦察装备的作用是获取对方雷达、通信等电子设备辐射的电磁能量，在天空、太空、海面、地面全方位部署。警戒接收系统是一种功能有限的电子对抗侦察系统。它在不太宽的频谱范围内搜索信号，并在运载器受到特定的雷达波照射且信号强度超过预定的电平阈值时告警。飞机、舰艇、坦克和车辆等各种运载器都可以携带警戒接收系统。电子侦察卫星能进行全球性电子侦察。它具有覆盖面积大、侦察距离远的优点。当卫星飞到敌方照射区时，卫星上的定向探测系统在全频段上收集电磁辐射信号，经预处理后作短期存储。当卫星转回己方照射区时，卫星上的遥测系统快速地将存储数据发回地面；地面及时分析，提取特征信号，确定敌方电子设备的技术参数。卫星飞经每个照射区的时间是准确已知的，根据探测系统接收到信号的时间可以推算出地面电子设备的位置。

电子侦察装备向着宽频带、高精度、小型化、综合化方向发展，即扩展电子侦察设备的工作频段和带宽，增加侦察设备的测向精度，研究快速机动的小型化侦察设备，研制多功能应用体制的综合化侦察设备等是今后电子侦察装备的发展方向。

2. 电子干扰，破坏对方作战指挥系统

战场信息是作战指挥系统进行作战部署的重要依据。电子干扰包括远距离支援干扰、随队干扰、自卫干扰和近距离干扰。电子干扰按是否辐射能量可分为有源干扰和无源干扰；按干扰效果可分为杂波干扰和欺骗干扰。新式电子干扰系统均兼有杂波干扰和欺骗干扰两种工作状态，以造成恶劣的环境和虚假的多目标。干扰设备种类繁多，有源干扰有瞄准式、杂波-阻塞式、回答式和投掷式（辐射电磁波或红外线）；无源干扰包括无源诱饵和干扰物（反射材料）投放器。干扰物除箔条外，还有敷金属气悬体、激光干扰气悬体和空气电离气溶胶等。通信是军队进行信息传输的通道，雷达是获取远程、近程飞机军舰等目标信息的重要设备。

通信联络是军队的神经系统，是 C3I 的命脉。无线电通信又是主要的通信手段，其至是唯一的通信手段。因此，有目的地干扰、欺骗或摧毁对方的无线电通信设备，必将使其消息中断，指挥失灵，严重削弱对方的战斗力，使对方陷于被动局面。

3. 电子防御，保卫重要目标

电子防御是指在对方实施电子对抗的情况下，为了保护己方电子设备免受敌方侦察、干扰、定位和摧毁所采取的各种电子技术措施，是电子对抗的重要组成部分。这些措施可归纳为：扩展频谱技术（利用扩频技术对自己的电子设备进行波形设计，调制的结果产生宽带低功率密度的伪噪声发射波形，它不易被敌方电子对抗侦察系统识别，只有通过对本机产生的复制信号进行相关处理，才能解调输出），自适应天线技术（自适应地控制天线方向图，使其主波瓣指向所需信号，而将方向图的零值点对准干扰源方向）。电子防御还有一些其他新的体制，如双基地雷达体制等。

电子防御包括反电子侦察、反电子干扰和对反辐射导弹的防护。在机场、指挥所等重要目标附近部署雷达干扰设备，远置发射天线，发射诱饵信号，干扰对轰炸机轰炸瞄准雷达，诱导反辐射导弹使其导弹失控；使用伪装器材对重要目标进行伪装，采用双基地技术控制辐射，多站交替工作，可以减少被对方发现和摧毁的机会。对对方实施电子侦察与电子干扰，也可利用反辐射导弹直接摧毁敌电磁辐射目标，消灭对方电子侦察和干扰设备。己方电子技术设备遭到敌方电子干扰时，电子侦察设备应迅速测出敌方电子干扰频谱及干扰源的空间位置，以各种手段摧毁敌人的干扰源，保障防御作战的胜利。

电子对抗的出现和发展，使战场面貌发生了根本改变，近代的几次现代战争证明，电子对抗的战略性进攻和防卫手段优越的一方主导着战争的方向。

电子战已成为现代战场的重要手段之一。电子对抗的核心是夺取制电磁权，是电子对抗侦察、电子进攻和电子防御的综合体，首先获取对方的无线电通信信息、雷达的主要工作参数以及飞机导弹等信息，在进行干扰对方电子设备的同时，保障自己的电子设备正常运行，扬长避短，机动灵活地最大限度利用现有条件，有针对性地实施电子进攻。

1.5.4　电子对抗在现代战争中的形式

1. 通信对抗

电子对抗的起源就是无线电通信对抗。通信对抗的最初目的是获取对方的通信信息，或者破坏、干扰对方的通信传输，同时又能够保证己方通信的保密性和畅通性。它的内容主要包括通信侦察、信息分析处理、通信干扰、通信电子防御等。通信对抗是最早出现的电子战形式。

（1）通信侦察主要包括信号的侦听和测向定位。统一调度多部侦听接收机，对出现的信号进行侦听和测量，同时对某信号进行测向，测得的方向数据自动地提供给主站。主站的自动定位设备把各站送来的同一信号的方向数据，按交叉定位原理自动计算并显示出该信号电台的地理位置。

（2）信息分析处理是由电子计算机收集和处理搜索、侦听接收机和测向定位设备送来的信号数据，进行信号筛选。例如，自动筛选所需指定地域内的对方通信信号，并对这些信号进行分类、标号，判定各个电台、各个通信网的属性。

（3）通信干扰可分为压制性干扰和欺骗性干扰。压制性电子干扰是使用干扰发射设备发射对方电子设备工作频率的大功率干扰信号，使敌方电子设备的接收机或数据处理设备过载或饱和。常用的干扰样式有噪声干扰、连续波干扰和脉冲干扰。噪声干扰是应用最广的一种压制性干扰。欺骗性干扰是模拟对方电台特点发送虚假信息，进行冒充欺骗。

（4）通信电子防御主要包括各种反通信侦察，反通信干扰、抗反辐射摧毁。在不影响完成通信任务的前提下，尽量减少电子设备开机的数量、次数和时间，采用强方向性天线控制辐射方向，采用扩频和调频技术加强信号的隐蔽，必要时实施无线电静默，同时在假阵地上设置简易辐射源，发射欺骗信号。

2. 雷达对抗

随着科学技术的迅速发展，雷达技术得到了全方位的提升，现代雷达不仅可以对三维空间内的目标进行测距、定位、识别等，也可引导制导导弹对目标发起攻击。雷达的发明给飞机增加了危险性，因此，对付雷达的手段就不断出现，如雷达干扰、反辐射导弹和目标隐身等对抗武器应运而生，并对雷达构成了严重的威胁，这些手段在军事上称为雷达对抗。

雷达对抗分为雷达侦察和雷达干扰，其目的是获取对方雷达的战术和技术情报，采取相应的措施，阻碍对方雷达的正常工作。雷达侦察接收机截获对方雷达的辐射信号，进行测量、分析、识别及定位，获取雷达信号技术参数及雷达位置、类型、部署等情报。雷达侦察接收机是一种扫频接收机，需要较宽的频带。

雷达干扰是辐射、反射或吸收敌方雷达的电磁能量，削弱或破坏对方雷达探测能力和跟踪能力的战术技术措施，是雷达对抗的重要组成部分。雷达干扰可分为无源干扰和有源干扰两大类，雷达干扰本质就是干扰回波信号。雷达有源干扰可分为压制性干扰和欺骗性干扰。应用最广泛的有源压制性干扰是噪声干扰，它对各种体制的雷达均有明显的干扰作用。

应对对方的干扰，雷达电子防御是一种防范措施。相控阵天线由独立辐射单元或子阵列所组成，所以它在电子对抗环境下可得到最佳的自适应天线方向图。相控阵雷达的数字波束形成接收机是采用数字技术实现瞬时多波束及实时自适应处理的装置。它在形成瞬时多波束的同时，能对干扰源自适应调零并得到超高分辨率和超低旁瓣的性能，因而能非常有效地对付先进的综合性电子干扰。此外，相控阵雷达的波形和闭锁时间可以根据杂波环境要求进行调整。因此，相控阵无疑是一种极为优良的雷达反对抗体制。

3. 反辐射对抗

反辐射对抗的主要工具是反辐射导弹，它是一种以摧毁对方雷达为主要目的的战术导弹。这种导弹能够循着雷达辐射出的电磁波，利用雷达的电磁辐射进行导引，导引头不断接收目标的电磁信号并形成控制信号，传给执行机构，使导弹自动导向目标。在攻击过程中，如被攻击的雷达关机或者摆动天线，导弹的记忆装置能继续控制导弹攻击目标。

为了应对反辐射导弹的威胁，产生了一系列技术手段，具体分为分址、组网、欺骗和运动等对抗措施。

（1）分址，即将发射雷达和接收雷达分置在不同的地址，且分置的距离可以达到雷达的探测距离，形成"双基地雷达"或"多基地雷达"。发射雷达天线采用阵天线，阵天线包括了多个子天线阵和辐射源子阵，多个子天线阵构成了分布式相控阵雷达；拥有多个辐射源子阵，使反辐射导弹因接收信号太多并且混乱，无法测定辐射源子阵的精确位置，即使系统中个别子天线阵遭反辐射导弹的袭击，整个雷达系统仍能正常工作。

（2）组网，即将多部不同频段、不同极化的雷达，在不同的位置进行组合配置，通过各种通信手段连接成网，以对抗反辐射导弹的攻击。

（3）欺骗，即利用各种手段，对雷达进行隐蔽伪装，减少辐射信号，以降低被反辐射导弹跟踪的可能性，并设置辐射源，模拟雷达的信号辐射，诱骗反辐射导弹攻击，从而保护真雷达。

（4）运动，即安装能移动的机动式雷达，以提高其战场生存能力。使用机动式雷达，可使反辐射导弹难以精确定位。

此外，采用频率捷变、多频工作和脉冲重复频率跳变技术，使雷达发射信号的频率随机变化，均能增加反辐射导弹探测和跟踪的难度。

4. 光电对抗

光电对抗的实质就是破坏光电系统的正常工作，包括光电系统的获取、干扰、破坏等。它跟雷达对抗、通信对抗有相似之处，其特点之一是精度更高，对抗要求的针对性更强。常用的武器是激光制导炸弹，就是用激光束照射到目标上，然后利用目标对激光的反射，使炸弹跟踪并打击目标。它的精度非常高，距离偏移量在 1 m 之内。另外，红外系统也大量在军事上应用，如红外制导导弹、红外成像、红外观瞄器材。

对付光电制导武器，烟幕是简易而有效的手段之一。因为光波穿透云雾和烟尘的能力比较差，如果在光电设备和目标之间有烟幕遮蔽，则光电设备的效能就会大大降低。烟幕可以采用制式器材施效，如烟幕弹、烟幕车等，也可以采用简便器材形式，如燃烧轮胎、燃油、喷放水蒸气等。

对付红外制导导弹常用的两种办法是：

（1）使用红外诱饵弹，这种红外诱饵有点类似信号弹，投放出去后，立刻成为一个强烈的红外辐射源，超过了飞机发动机尾焰辐射的红外信号，诱使导弹偏离原攻击目标，追逐红外诱饵飞行。红外诱饵弹也可以拖曳的形式连接在飞机后，红外拖曳式诱饵的运动轨迹与飞机的飞行轨迹一样。

（2）红外干扰机。红外干扰机是一种红外有源干扰装置。其设备的核心是高功率红外辐射源，辐射经过调制的红外干扰信号，阻碍对方红外制导导弹获取目标信息，破坏对方红外制导导弹的跟踪，调制的红外干扰信号在红外导弹里产生一个错乱的数据假信息，使导弹偏离目标。

随着科学技术的发展，光电设备家族越来越大，种类越来越多。工作在红外线或可见光波段的照相侦察卫星，可在 200 km 以上的高空拍摄到地面 0.1 m 大小的物体。工作在红外线和紫外线波段的导弹预警卫星，能够根据导弹发射时排出燃气的红外或紫外辐射，及时侦察到敌方导弹的发射，为己方争得宝贵的反应时间。光电武器一个重要发展方向是直接摧毁，如杀伤人员、烧毁设备等。21 世纪，光电武器很可能进入武器装备的主流范畴。

5. 隐身与反隐身

隐身技术已经广泛应用在飞机军舰等武器设备。隐身就是改变武器装备的电、光、声、磁等特征，使对方探测设备难以发现和识别。雷达是最常见和有效的探测设备之一。为了不让对方雷达发现目标，降低返回雷达的回波，可以采取两种措施，一种是使照射到目标上的雷达波反射到其他方向，从而使雷达接收不到目标反射的信号；另一种是将照射到目标上的雷达波被吸收掉，使返回到雷达处的信号变得极其微弱，以至于雷达检测不到该反射信号，从而发现不了隐身目标。

与隐身技术相抗衡的就是反隐身。隐身飞行器的克星之一是超视距雷达。这种雷达的工作波长较长，飞行器采用的雷达波吸收材料对它无效。同时，超视距雷达波是经过电离层反射后照射到飞行器上的，而飞行器的雷达隐身措施主要是针对地面雷达的，对来自上方的雷达波隐身效果并不好，因此超视距雷达便成了隐身兵器的克星。

双基地或多基地雷达也具有反隐身功能。由于其发射和接收设备不在一处，外形隐身对其无效。此外，超宽带雷达、多频段雷达、谐波雷达和无源雷达等新体制雷达，也都有很好的反隐身性能。反隐身的另一重要手段是从空中探测目标。

隐身和反隐身在相互对立和相互促进中发展。

现代战争是高科技对抗的多兵种协同、大纵深内展开的立体战争。在陆、海、空、天各个战场同时展开交战。电子对抗技术装备也同时在这四个战场上广泛应用。电子对抗是当前军事的热门话题。随着新技术新材料的不断发展，电子对抗的方式和内涵也将不断进步和发展。

本 章 小 结

雷达(Radar，即 radio detecting and ranging)，意为无线电搜索和测距。它是运用各种无线电定位方法，探测识别各种目标，测定目标坐标和其他情报的装置。雷达是电磁场理论的一个典型应用，是 20 世纪人类在电子工程领域的一项重大发明。

雷达的基本任务是：探测天空中的航空航天器和飞行器，并对其进行识别和连续跟踪，测定空中的位置、运动方向和行动特点。根据雷达探测的目标，任务可分为警戒侦察，测定方位、距离和高度等坐标，识别种类、型号，目标引导，武器控制等。根据雷达的应用，按照雷达的工作特点和工作参数等，可将雷达进行多种分类。

雷达系统主要由天线、收发转换开关、发射机、接收机、定时器、显示器、电源等部分组成。半波振子是电磁波的发生装置。雷达想要探测目标，就要有电磁波。雷达中的天线是转换能量设备，即将高频电流或导行波转换成电磁波向空间发射。雷达天线是电磁波的定向发射装置。雷达接收机是电磁波的接收及处理装置。雷达显示器显示雷达信号。

雷达工作原理的核心是：雷达发射一定频率的电磁波，并接收目标反射回来的回波，根据回波判定目标的某些状态。雷达发射的电磁波的频率就是它的工作频率。工作频率对雷达起着重要的作用，直接影响雷达的探测距离、角分辨率、多普勒测速性能和雷达的尺寸、重量和造价等。

电子对抗是为削弱、破坏敌方电子设备的使用效能，保障己方电子设备发挥效能而采用的综合技术措施，其实质是斗争双方利用电磁波的作用来争夺对电磁频谱的有效使用权，是现代战争中一种重要的作战手段。电子对抗主要包括电子对抗侦察、电子干扰和电子防御三方面基本内容。

习　题　一

1. 说明雷达系统的组成。

2. 雷达天线旋转速度为 60 转/min，探测 300 km 的目标，天线的主瓣宽度至少多少度？

3. 雷达的工作波长能远大于目标尺寸吗？为什么？

4. 雷达是仿生的应用，雷达能像蝙蝠一样利用超声波发现目标，为什么？

5. 雷达接收机与电子侦察机有何异同?

6. 目标回波信号与发射信号之间时差为 1 ms, 那么目标距离雷达站多远? 能判断目标的高度吗?

7. 查找资料, 写出至少两个雷达的名称及工作频率, 计算出雷达的工作波长。

8. 电子对抗是什么? 电子对抗主要内容有哪些?

第 2 章　微波传输线与雷达天线

雷达的工作频率比较高，一般工作在微波波段。雷达系统中有很多微波器件，这些微波器件之间的连接线就是微波传输线。微波信号通过一段传输线进入某个微波器件，该微波器件可以看成是一段传输线的终端，或者是负载。传输线有特性阻抗，微波器件有输入阻抗，输入阻抗与特性阻抗之间的大小关系会影响微波信号的传输。雷达天线也可以看成是一个微波器件。

2.1　微波传输线

2.1.1　微波传输线的分类

微波传输线简称传输线，起着引导和传输电磁波能量的作用，微波信号沿传输线的走向传输。传输线的结构形式很多，如图 2-1 所示，都被称为传输线，其所引导的电磁波称为导波，因此，传输线也被称为导波系统。

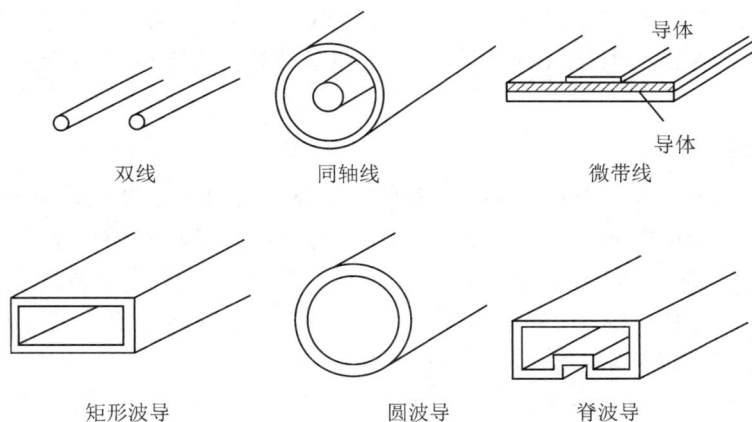

图 2-1　常见的几种传输线

雷达系统中常见的传输线有平行双线、同轴线、微带线和波导。平行双线是由两根平行的金属导线，通过介质固定和封装。平行双线由介质和金属导线组成，两根金属导线由介质包围，因此，有三种电磁波传播损耗：导体损耗、介质损耗和辐射损耗。对于平行双线，频率越高，对外的辐射加剧，对其他电子设备有干扰。20 世纪 80 年代，利用平行双线连接天线与电视机，现在很少采用平行双线的传输方式。同轴线由内导体和外导体构成，内外导体间通过介质固定它们之间的位置形状，电磁波在内外导体间传播，不存在辐射损耗。微带线是由介质基片上的上下两个导体组成。下导体是接地金属平板，基本上与介质一样宽，上导体比较窄，电磁波在介质及上导体的周围空间传播。微带线有体积小、重量轻、使用频带宽、可靠性高和制造成本低等优点,在雷达系统中应用广泛。波导是一种内部空的金属管,从横截面形状看,分矩形波导、圆波导、脊波导以及椭圆波导等。电磁波在金属波导内传播,不存在介质损耗和辐射损耗,因此,相比上述三种传输线,波导传输线损耗最低。

其实,传输线有很多种。能够引导电磁波沿一定方向传播的导体、介质都可称之为传输线。微波传输线不仅可以用来传输电磁波,还可以用来构成微波元件、同轴器件、波导器件和微带线器件等。电磁波在传输线上的场分布须满足传输线的边界条件。传输线按其传输的电磁波分布类型可以分为以下三类:

(1) TEM 波传输线,包括平行双线、同轴线、带状线和微带线等。TEM 波称为横电磁波,传输方向上没有电场和磁场的分量,电场和磁场的方向均和传播方向垂直。这类传输线主要用来传输 TEM 波,具有频带宽的特点。但在高频传输中,电磁波能量损耗较大。

(2) TE 波和 TM 波传输线,又称包微波传输线,包括矩形波导、圆波导、脊波导和椭圆波导等。TE 波称为横电波,传输方向上没有电场分量,但必须有磁场分量,电场的方向与传播方向垂直。TM 波称为横磁波,传输方向上没有场分量,但必须有电场分量,磁场的方向与传播方向垂直。这类传输线主要用来传输 TE 波和 TM 波等色散波,具有损耗小、功率容量大、体积大而带宽窄等特点。

(3) 表面波传输线,包括介质波导、镜像线、单极线。电磁波的模式为 TE 波和 TH 波的混合波,电磁波能量沿传输线表面传输,这类传输线具有结构简单、体积小、功率容量大等特点,主要用于毫米波段,用来制作表面天线及某些微波元件。

一般对微波传输线的基本要求是:能量损耗小,传输效率高,功率容量大,工作频带宽,单模传播等。目前,微波波段使用最多的是矩形波导、圆波导、脊波导、同轴线、带状线和微带线。

1. 平行双线

平行双线由两根互相平行的金属导线组成,两根导线间的绝缘介质起固定作用。平行双线结构简单,制作成本低。电磁波分布在两根金属导线周围的空间,传播的主要模式是 TEM 波,沿导线方向传播,存在着导体损耗、介质损耗和辐射损耗。特别是线上传输的电磁波频率升高时,波长变短,向周围空间的辐射增加,同时另外两种损耗也会增加。因此,平行双线一般适用传输低于 300 MHz 的电磁波。

传输线的特性阻抗与传输线的结构相关。平行双线的特性阻抗与金属导线的直径、金属导线的间距以及绝缘介质的参数有关。常用的平行双线的特性阻抗是 300 Ω。

2. 同轴线

同轴线是双导体结构,由两根轴线相同的圆形内导体和外导体组成。从横截面上看,外导体为空心圆,外导体的内部是内导体,内外导体间可存在介质,保证内导体和外导体轴线有相同的结构,电磁波分布在封闭的内外导体间,沿导线方向传播,因此,不产生辐射损耗,存在着导体损耗和介质损耗。同轴线是一种宽频带传输线,在微波范围内应用非常广泛。工作频率低于 3 GHz 时,波导传输线的尺寸过大显得笨重,同轴线的尺寸基本不变。早期工作频率上升到 20 GHz,同轴线的损耗逐渐增加,限制了同轴线的应用。随着新材料的出现,同轴线的工作频率能够上升到 110 GHz。同轴线结构的微波器件的带宽也比较宽。

同轴线的特性阻抗与外导体的直径、内导体的直径以及绝缘介质的参数有关。同轴线的内导体外径为 a，外导体内径为 b，内、外导体之间填充介质的相对介电常数为 ε_r，同轴线的特性阻抗为

$$Z_0 = \frac{60}{\sqrt{\varepsilon_r}} \ln \frac{b}{a}$$

常用的同轴线的特性阻抗有 75 Ω 和 50 Ω 两种。电视通信系统一般选用 75 Ω，雷达系统一般选用 50 Ω。同轴线之间的连接，不能直接将两根同轴线外导体和内导体对应焊接，连接时需要借助同轴接头，如 BNC、SMA、N 型接头等。

同轴线也分软同轴线和硬同轴线两种。软同轴线的内导体采用单根或多根铜线，便于弯曲。外导体采用铜箔或铜丝编织网，支撑介质也是编织构造。软同轴线一般用于有线电视信号的传输、小信号传输、实验室器件测量用的连接线。硬同轴线的内导体和外导体都采用比较硬的铜管，高频低损耗的介质垫圈，间隔支撑内导体，维持同轴结构。雷达系统中传输高功率的电磁波一般采用硬同轴线，如发射机的末端以及从发射机到天线的馈线。硬同轴线内可填充惰性气体，增强传输功率。填充空气的同轴线中，最大电场强度即击穿场强近似为 29 kV/cm。同轴线的电场强度在内导体的表面处最强，导体表面的平滑程度对传输线电场击穿影响较大。假如同轴线上电磁波的工作状态为行波状态，同轴线的击穿场强为 E_{br}，同轴线的功能容量为 P_{br}，即击穿功率为

$$P_{br} = \sqrt{\varepsilon_r} \frac{E_{br}^2}{120} a^2 \ln \frac{b}{a}$$

击穿功率与内外导体的直径比有关，$b/a = 1.65$ 时，传输功率有最大值，此时的特性阻抗为 30 Ω。

同轴线的衰减由两个部分构成，一部分是由导体引起的衰减，与导体的表面电阻和内外导体的直径有关；另一部分是由介质损耗引起的衰减。$b/a = 3.59$ 时，传输线有最小的导体损耗，此时的特性阻抗为 75 Ω。电视传输系统的同轴线的特性阻抗是 75 Ω。兼顾了损耗和功率容量的要求，雷达系统的同轴线特性阻抗是 50 Ω。

3. 波导传输线

波导由导电性能良好的空心金属管构成。一根金属导体管看起来相当于一根金属导线，按电路中的概念，一根金属导线不能构成回路，很难理解它能传输信号。电磁波能够在自由空间中传播，也能在空心的金属管内传播。波导管一般选用紫铜材料，损耗比较小，工程上都可将它近似看成理想波导。根据麦克斯韦方程组进行电磁场理论分析，金属管壁所限定的边界条件，可以得到无限多的电磁波分布的模式。波导中电磁波的模式分两种，一种叫横电波，电磁波中的电场分量与传播方向垂直，简称 TE 模；另一种叫横磁波，电磁波中的磁场分量与传播方向垂直，简称 TM 模。无限多的模式存在，对电磁波的能量交换或者波导器件的设计带来困惑，通常在设计波导尺寸时，对波导口径尺寸加以限制，如矩形波导，它的横截面形状为矩形，宽边为 a，窄边为 b，宽边和窄边的尺寸大小都有限定，使得 a、b 的尺寸一定，波导在一定的频率范围内只能传输一种模式，即主模 TE_{10} 模。标准矩形波导的部分尺寸如表 2-1 所示。

表 2 - 1　矩形波导型号及尺寸

中国国家标准	国际标准型号	频率范围/GHz	内截面宽度 a/mm	内截面高度 b/mm
BJ9	WR975	0.76～1.15	247.65	123.82
BJ12	WR770	0.96～1.46	195.58	97.79
BJ14	WR650	01.13～1.73	165.10	82.55
BJ18	WR510	1.45～2.20	129.54	64.77
BJ22	WR430	1.72～2.61	109.22	54.61
BJ26	WR340	2.17～3.30	86.36	43.18
BJ32	WR284	2.60～3.95	72.14	34.04
BJ40	WR229	3.22～4.90	58.17	29.08
BJ48	WR187	3.94～5.99	47.549	22.149
BJ58	WR159	4.64～7.05	40.386	20.193
BJ70	WR137	5.38～8.17	34.849	15.799
BJ84	WR112	6.57～9.99	28.499	12.624
BJ100	WR90	8.20～12.5	22.860	10.160

　　常用的波导管有矩形波导管、圆形波导管、椭圆形波导管、半圆形波导管、脊波导管（波导管内部有脊梁），槽波导管（波导没有封闭）。波导内传输的电磁场结构与双线、同轴线不同，沿传播方向具有纵向电场或纵向磁场分量。波导的这种特殊结构既避免了平行线的辐射损耗，又消除了同轴线内导体损耗，同时波导也很少填充介质，没有介质损耗。波导的最大优点是传输损耗小，因此被广泛用于大功率微波传输系统。波导传输线的缺点是体积大，重量重，加工困难，因此不易于小型化和集成化。

　　根据电磁场理论，矩形波导能够存在无限多的电磁场模式，用 TE_{mn} 和 TM_{mn} 表示，m、n 表示分别沿宽边、窄边电磁波的半个驻波数目。每一组 (m,n) 对应一种模式。矩形波导所用模式都存在截止现象，不同的模式都有不同的截止波长。标准矩形波导宽边为 a，窄边为 b，截止波长最长的是主模，即 TE_{10} 模，对应的频率称为截止频率。低于 TE_{10} 模截止频率的电磁波，传输衰减很大，不能正常传播。截止波长第二长的是 TE_{20} 模。矩形波导的工作频率在这两者之间：高于 TE_{10} 模截止频率，低于 TE_{20} 模截止频率。矩形波导中只能传输一种模式，即 TE_{10} 模的电磁波。

　　矩形波导的截止波长为

$$\lambda_c = \frac{2}{\sqrt{\left(\dfrac{m}{a}\right)^2 + \left(\dfrac{b}{n}\right)^2}}$$

　　对应 TE_{10}，其 $m=1$，$n=0$，代入方程，$\lambda_{cTE10}=2a$；
　　对应 TE_{20}，其 $m=2$，$n=0$，代入方程，$\lambda_{cTE20}=a$。

矩形波导电磁波的波长称为波导波长，与自由空间中的波长的长度不相同。不同的模式，其波导波长也不一样，通常只研究主模 TE_{10} 的波导波长，即

$$\lambda_g = \frac{\lambda}{\sqrt{1 - (\lambda/\lambda_c)^2}}$$

例 2-1　标准矩形波导 BJ100，其传输信号的频率为 10 GHz，其截止波长和工作波长分别为多少？

解：查表可知，标准矩形波导 BJ100 宽边为 22.86 mm，窄边为 10.16 mm，则

$$\lambda_c = 2a = 45.72 \text{ mm}$$

$$\lambda_g = \frac{30}{\sqrt{1 - (30/45.72)^2}} = 39.75 \text{ mm}$$

2.1.2　微波传输线方程及其解

传输线可分为长线和短线，长线和短线是与电磁波波长对比的结果。所谓长线是指传输线的几何长度和线上传输电磁波的波长的比值大于或接近于 1，反之称为短线。在长线理论中为了便于分析计算，引入了相对长度的物理量，即电长度。传输线的几何长度与所传输的电磁波波长之比为电长度。电力系统交流电的频率为 50 Hz，波长为 6000 km，一段导线的几何长度为 1000 m，仍远远小于波长，故视为短线；在微波波段，频率为 1 GHz 的电磁波波长为 30 cm，1 m 长的传输线的长度大于波长，该视为长线。如：传输线的几何长度为 10cm，传输的电磁波频率为 3 GHz，波长刚好与传输线的几何长度相等，电长度等于 1。一段长线上的电流是位置和时间的函数，电磁波传播按照正弦规律变化，在某个时刻，电磁波在传输线上的大小分布正好是一个正弦波形，位置不同，电压或电流是不相同的。

1. 分布参数及电路模型

在低频电路中，电阻、电感、电容都是以集总参数的形式出现的，常常认为连接元件的导线是理想的连接线，连接线可以任意延伸或缩短，不存在分布参数，即电场能量全部集中在电容器中，磁场能量全部集中在电感器中，电阻元件是消耗电磁能量的。由这些集总参数元件组成的电路称为集总参数电路。在微波波段，传输线的长度超过了波长或者与波长相当，沿线的电压、电流是时间和线上位置的函数，表明了传输线上的每一点都存在分布的电阻、电感、电容等参数。其主要原因是，频率不断增大，传输线上的辐射损耗、导体损耗和介质损耗增加。传输线上处处都有损耗，处处有电场和磁场，电场能量和磁场能量分布在线上的周围空间，导线的参数分布状态已不可忽略，这些参数虽然看不见，对电磁波的影响分布在传输线上的每一个点，称之为分布参数，分别用单位长的分布电阻、分布电感、分布电容和分布电导表示。微波波段的电路，由于连接线存在分布参数，称为分布参数电路。

根据传输线的分布参数是否均匀，可将其分为均匀传输线和不均匀传输线。均匀传输线是指传输线的几何尺寸、构成传输线的导体、介质材料以及周围媒质特性沿电磁波传输方向没有变化的传输线，即传输线沿线的分布参数是均匀分布的，不随位置而变化。一般

情况下均匀传输线单位长度上有四个分布参数：单位长度分布电阻 R_1、单位长度分布漏电导 G_1、单位长度分布电感 L_1 和单位长度分布电容 C_1。它们的数值均与传输线的种类、形状、尺寸及导体材料和周围媒质特性有关。

　　雷达系统中，连接源和器件之间的传输线，都具有分布参数。将均匀传输线划分成许多个非常短的线段 Δz，每段 Δz 都远小于波长，则每个 Δz 线段可视为集总参数电路，其集总参数值为单位长度分布参数与线段长度的积，其中，电阻 $R_1 \Delta z$ 与电感 $L_1 \Delta z$ 串联，漏电导 $G_1 \Delta z$ 与电容 $C_1 \Delta z$ 并联，等效电路为一个 Γ 型网络。实际的传输线则等效为许多个 Γ 型网络的级联，如图 2-2 所示。

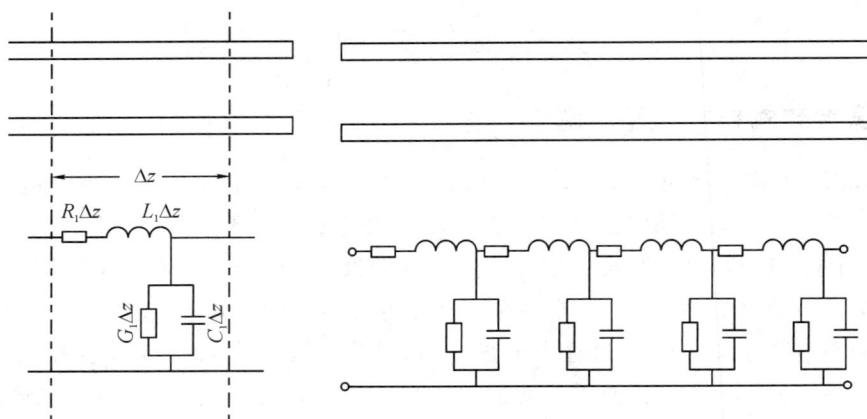

图 2-2　传输线的等效电路

2. 传输线方程及其解

　　均匀传输线每个 Δz 段均由集总参数组成，符合基尔霍夫电压定律和电流定律。

　　均匀传输线的始端接角频率为 ω 的正弦信号源，终端接负载阻抗，坐标的原点选在始端。设距始端 z 处的复数电压和复数电流分别为 $u(z)$ 和 $i(z)$，经过 $\mathrm{d}z$ 段后电压和电流分别为 $u(z)+\mathrm{d}u(z)$ 和 $i(z)+\mathrm{d}i(z)$。

　　这里电压的增量是由于分布电感 $L_1 \mathrm{d}z$ 和分布电阻 R_1 的分压产生的，而电流的增量是由于分布电容 $C_1 \mathrm{d}z$ 和分布电导 G_1 的分流产生的。根据基尔霍夫定律很容易写出下列方程：

$$u(z,t) - u(z+\Delta z,t) = R_1 \Delta z i(z,t) + L_1 \Delta z \frac{\partial i(z,t)}{\partial t}$$

$$i(z,t) - i(z+\Delta z,t) = G_1 \Delta z u(z+\Delta z,t) + C_1 \Delta z \frac{\partial u(z+\Delta z,t)}{\partial t}$$

其中，$u(z,t)$、$i(z,t)$ 为传输线上位置为 z 的电压和电流，均有两个变量：位置 z 和时间 t。

　　对上两式两边同除以 Δz，并取 $\Delta z \to 0$ 的极限，即得到：

$$-\frac{\partial u(z,t)}{\partial z} = R_1 i(z,t) + L_1 \frac{\partial i(z,t)}{\partial t} \tag{2-1}$$

$$-\frac{\partial i(z,t)}{\partial z} = G_1 u(z,t) + C_1 \frac{\partial u(z,t)}{\partial t} \tag{2-2}$$

式(2-1)、式(2-2)是一阶偏微分方程,即一般传输线方程,亦称电报方程。它表述了无耗传输线上每个 Δz 微分段的电压和电流的微变关系。在电路中,交流电的向量在电磁场理论中也存在复数表示,对于角频率 ω,电压、电流的瞬时值 u、i 与复振幅 U、I 的关系为

$$u(z,t) = \text{Re}[U(z)e^{-j\omega t}]$$

$$i(z,t) = \text{Re}[i(z)e^{-j\omega t}]$$

上式中的 Re 表示取复数的实数,代入式(2-1)、式(2-2)可以得到时谐传输线方程为

$$\frac{dU(z)}{dz} = -[R_1 + j\omega L_1]I(z) = -Z_1 I(z) \tag{2-3}$$

$$\frac{dI(z)}{dz} = -[G_1 + j\omega C_1]U(z) = -Y_1 U(z) \tag{2-4}$$

式中,Z_1、Y_1 分别称为传输线单位长度的串联阻抗和并联导纳。由此方程可以解出传输线上任一点的电压和电流以及它们之间的关系。

如果传输线任何位置的分布参数都没有变化,即均匀传输线,可以求解式(2-3)、式(2-4)方程。

将式(2-3)、式(2-4)两边对 z 微分得到:

$$\frac{d^2 U(z)}{dz^2} = -Z_1 \frac{dI(z)}{dz}$$

$$\frac{d^2 I(z)}{dz^2} = -Y_1 \frac{dU(z)}{dz}$$

再将式(2-3)和式(2-4)代入上式,并令 $\gamma^2 = Z_1 Y_1$,得到均匀传输线电压和电流的波动方程

$$\frac{d^2 U(z)}{dz^2} - \gamma^2 U(z) = 0$$

$$\frac{d^2 I(z)}{dz^2} - \gamma^2 I(z) = 0$$

它是二阶齐次线性常系数微分方程,其通解为

$$U(z) = A_1 e^{-\gamma z} + A_2 e^{\gamma z} \tag{2-5}$$

$$I(z) = \frac{1}{Z_0}(A_1 e^{-\gamma z} + A_2 e^{\gamma z}) \tag{2-6}$$

式中,$Z_0 = \sqrt{\dfrac{Z_1}{Y_1}} = \sqrt{\dfrac{R_1 + j\omega L_1}{G_1 + j\omega C_1}}$ 是复数,具有阻抗量纲,称为传输线的特性阻抗;$\gamma = \sqrt{(R_1 + j\omega L_1)(G_1 + j\omega C_1)} = \alpha + j\beta$ 也是复数,称为传输线的传播常数,实数部分称为衰减常数,表示沿传输线电压或电流幅度的变化,虚数部分称为相移常数,表示沿传输线电压或电流相位的变化。

3. 均匀传输线的定解

式(2-3)和式(2-4)中积分常数 A_1 和 A_2 由传输线的端口连接条件确定,如图 2-3

所示。这里仅讨论已知均匀传输线终端电压、终端电流情况下的解。已知均匀传输线始端电压、始端电流情况下的解，可参见有关资料。

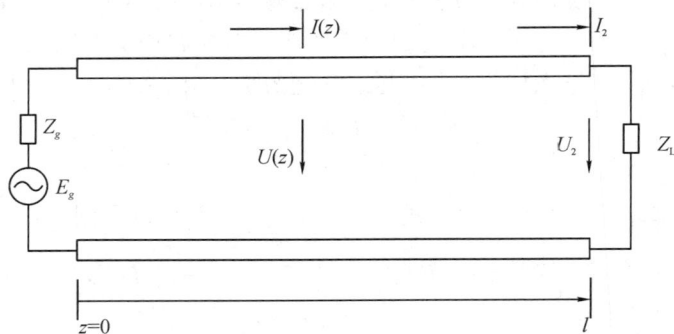

图 2-3　均匀传输线终端情况

设传输线长度为 l，在终端 $z=l$ 处，$U(l)=U_2$，$I(l)=I_2$ 代入式（2-5）和式（2-6）得

$$U_2 = A_1 e^{-\gamma l} + A_2 e^{\gamma l}$$

$$I_2 = \frac{1}{Z_0}(A_1 e^{-\gamma l} + A_2 e^{\gamma l})$$

可以解得

$$A_1 = \frac{U_2 + I_2 Z_0}{2} e^{\gamma l}$$

$$A_2 = \frac{U_2 - I_2 Z_0}{2} e^{-\gamma l}$$

则传输线上电压、电流的解为

$$U(z) = \frac{U_2 + I_2 Z_0}{2} e^{\gamma l} e^{-\gamma z} + \frac{U_2 - I_2 Z_0}{2} e^{-\gamma l} e^{\gamma z} \qquad (2-7)$$

$$I(z) = \frac{1}{Z_0}\left(\frac{U_2 + I_2 Z_0}{2} e^{\gamma l} e^{-\gamma z} - \frac{U_2 - I_2 Z_0}{2} e^{-\gamma l} e^{\gamma z}\right) \qquad (2-8)$$

上式中，$\dfrac{U_2 + I_2 Z_0}{2}$ 表示终端的入射波电压，$\dfrac{U_2 - I_2 Z_0}{2}$ 表示终端的反射波电压，分别用 U_i 和 U_r 表示，可以看出传输线上任何位置处的电压都是由有两个分量组成的，即入射波电压分量 U_i 和反射波电压分量 U_r，对应的电流也由两个分量组成，即入射波电流分量 I_i 和反射波电流分量 I_r。则

$$U(z) = U_i e^{\gamma l} e^{-\gamma z} + U_r e^{-\gamma l} e^{\gamma z} = U_i(z) + U_r(z)$$

$$I(z) = I_i e^{\gamma l} e^{-\gamma z} - I_r e^{-\gamma l} e^{\gamma z} = I_i(z) + I_r(z)$$

2.1.3　微波传输线参数

1. 传输线的特性参数

在求解传输线方程过程中，得到的 Z_0 和 γ 由传输线的分布参数决定，分布参数由传输线的结构尺寸、材料等确定。因此，Z_0 和 γ 称为传输线的特性阻抗和传播参数。

1) 特性阻抗 Z_0

特性阻抗是反映具有分布参数性质的传输线的固有特性的一个物理量，频率较低时，这个特性可以忽略，随着频率升高，这个特性比较明显。

传输线上的行波电压与行波电流的比值称为特性阻抗，用 Z_0 表示，或者用传输线上的入射波电压与入射波电流的比值表示。

$$Z_0 = \sqrt{\frac{Z_1}{Y_1}} = \sqrt{\frac{R_1 + j\omega L_1}{G_1 + j\omega C_1}}$$

从表达式可以看出，特性阻抗 Z_0 是一个与角频率有关的复数，工程上一般简化处理：

(1) 对于无耗传输线，$R_1 = G_1 = 0$，则

$$Z_0 = \sqrt{\frac{L_1}{C_1}}$$

(2) 对于一般传输线，线上的损耗都比较低，同时在微波波段频率很高，$R_1 \ll \omega L_1$，$G_1 \ll \omega C_1$，则

$$Z_0 \approx \sqrt{\frac{L_1}{C_1}}$$

根据平行双线的单位长的分布参数，可得其特性阻抗为

$$Z_0 = \sqrt{\frac{L_1}{C_1}} = 120\ln\frac{2D}{d}$$

式中，d 为导线的直径，D 为两根导线的间距。连接电视接收天线与电视机平行双线的特性阻抗为 300 Ω。

根据同轴线的单位长的分布参数，可得其特性阻抗为

$$Z_0 = \frac{60}{\sqrt{\varepsilon_r}}\ln\frac{b}{a}$$

同轴线的特性阻抗常用的有 50 Ω 和 75 Ω 两种。

2) 传播常数 γ

传播常数 γ 表示电磁波在传输线上传播，经过单位长度后电压、电流的幅度和相位的变化的物理量，表达式为

$$\gamma = \sqrt{(R_1 + j\omega L_1)(G_1 + j\omega C_1)} = \alpha + j\beta$$

式中，α 称为衰减常数，由于传输线上存在损耗，γ 表示电磁波沿传输方向上幅度逐渐变小的程度，α 越大，衰减越快；β 称为相移常数，由于传输线上存在分布电感和电容，β 表示电磁波沿传输方向上相位变化快慢的程度，β 越大，相位变化越快。

对于无耗传输线，$R_1 = G_1 = 0$，则 $\alpha = 0$，$\beta = \omega\sqrt{L_1 C_1}$。

对于一般传输线，$R_1 \ll \omega L_1$，$G_1 \ll \omega C_1$，则

$$\alpha \approx \frac{R_1}{2Z_0} + \frac{G_1 Z_0}{2}$$

$$\beta = \omega\sqrt{L_1 C_1}$$

其中，$\dfrac{R_1}{2Z_0}$ 表示传输线上因导体产生的衰减正比于单位长分布电阻 R_1；$\dfrac{G_1 Z_0}{2}$ 表示传输线上

因介质产生的衰减正比于单位长分布漏电导 G_1。

2. 传输线的工作参数

1）输入阻抗 Z_{in}

输入阻抗 Z_{in} 表示传输线上任意一点向负载方向看过去的阻抗,定义为该点的电压与电流之比。对于一段长度为 l 的传输线,传输线终端接有负载 Z_L,传输线始端的输入阻抗 Z_{in} 为

$$Z_{in} = Z_0 \frac{Z_L + jZ_0 \tan(\beta l)}{Z_0 + jZ_L \tan(\beta l)}$$

当传输线长度为 $\lambda/4$ 时,$Z_{in} = \frac{Z_0^2}{Z_L}$,可见 $\lambda/4$ 的传输线具有阻抗变换的特性;当传输线长度为 $\lambda/2$ 时,$Z_{in} = Z_L$。可见 $\lambda/2$ 的传输线具有阻抗重复的特性。

2）反射系数

电磁波在空间中传播,遇到物体会发生反射现象,或者说电磁波传播途中,空间中的媒质参数发生了变化,从空气中进入玻璃,电磁波会发生部分反射,从空气中进入导体,电磁波还会发生全反射。电磁波在传输线中传输,传输线上有变化,如传输线的特性阻抗发生变化,或者传输线终端连接了不匹配的负载,均会有反射现象。传输线上任意一点的反射系数为该点的反射波电压与入射波电压之比,用 $\Gamma(z)$ 表示

$$\Gamma(z) = \frac{U_r(z)}{U_i(z)}$$

在传输线的终端,负载为 Z_L,传输线的特性阻抗为 Z_0,此处的反射系数称为终端反射系数 Γ_L,也叫负载发射系数,即

$$\Gamma_L = \frac{Z_L - Z_0}{Z_L + Z_0}$$

通常情况下,负载都是无源的,反射波的大小总是小于入射波的大小,因此,$0 \leqslant |\Gamma_L| \leqslant 1$。

3）驻波系数

传输线上由于负载不匹配,传输线有入射波和反射波的存在。传输线上的电压与电流是入射波和反射波的矢量相加,传输线上的电压与电流大小周期性地分布,存在最大值和最小值。最大值和最小值之间相隔 $\lambda/4$,反射系数 $|\Gamma_L|$ 越大,最大值与最小值相差也越大,即 $|U_{min}|$ 与 $|U_{max}|$ 的差也越大,电压与电流大小的分布表现为起伏越大,实际上也是反映了传输线上的反射系数。为了衡量这种起伏程度,定义传输线上的电压(电流)最大值 $|U_{max}|$ 与电压(电流)最小值 $|U_{min}|$ 之比为驻波系数,或驻波比,用 ρ 表示。电压驻波比可用 VSWR 表示。

$$\rho = \frac{|U_{max}|}{|U_{min}|} = \frac{|I_{max}|}{|I_{min}|} = VSWR$$

驻波系数 ρ 与反射系数的关系为

$$\rho = \frac{1 - |\Gamma_L|}{1 + |\Gamma_L|}$$

由于 $0 \leqslant |\Gamma_L| \leqslant 1$,传输线匹配时,没有反射,反射系数 $|\Gamma_L| = 0$,驻波比 $\rho = 1$;传输

线全反射时，反射系数 $|\Gamma_L|=1$，驻波比 $\rho=\infty$。所以，$1\leqslant\rho<\infty$。

2.1.4　传输线的工作状态

对于均匀无耗传输线，传输线终端连接的负载不同，电磁波的反射和驻波系数 ρ 也不一样，电压、电流沿传输线大小起伏状态为传输线的工作状态。一般将其工作状态分为三种：行波状态，驻波状态，行驻波状态。

1. 行波状态

当传输线的负载阻抗等于特性阻抗时，线上只有电压、电流的入射波，没有反射波，此时反射系数 $|\Gamma_L|=0$，驻波比 $\rho=1$，入射功率全部被负载吸收。这是最佳的工作状态，由源馈送到传输线的能量，全部被终端的元件或负载吸收，传输线工作在匹配状态，是一种理想的情况。传输线工作在匹配状态时，线上传输的是行波，即只有入射波，无反射波，任何位置的输入阻抗都相等，等于特性阻抗，沿线电压、电流的幅值不变。在实际工程中，负载很难实现与传输线的理想状态匹配，这种状态是不存在的。

2. 驻波状态

当传输线终端短路、开路或接纯电抗负载时，此时终端负载不消耗能量，而将入射波全部反射回去，表明了传输线上发生全反射现象，此时反射系数 $|\Gamma_L|=1$，驻波比 $\rho=\infty$。此时传输线上出现了入射波和反射波相互叠加，由于入射波和反射波的幅度大小相等，在一些位置入射波和反射波的相位相反而相互叠加为最小值零，在一些位置入射波和反射波的相位相同而相互叠加为最大值，并且最大值、最小值的位置固定不变，形成了驻波。这种状态称为驻波工作态。这是传输线工作在完全失配状态，是一种不希望出现的工作状态。在驻波状态下，传输线上的电压、电流的幅值是位置 z 的函数，且电压波腹点是电流波节点（此位置的电压为最大值，而电流值等于零），电压波节点是电流波腹点（此位置电压为零，电流为最大值），电压节点与电压腹点相距 $\lambda/4$。

3. 行驻波状态

当终端接一般负载时，负载会反射部分电磁波，吸收部分电磁波，反射波的幅度小于入射波波的幅度，传输线呈现部分反射的状态。此时传输线上的电压和电流波由两部分组成，一部分是行波，一部分是驻波，由两个部分波叠加。传输线上的电压和电流波有行波和驻波的性质，工作波形称为行驻波。这种分布与驻波不同之处是电压（或电流）波节点处的值不为零，但电压、电流的幅度仍是位置 z 的函数，电压波腹点是电流波节点（电压最大值点是电流最小值点），反之亦然。最大值点与最小值点之间的间距为 $\lambda/4$；两个电压、电流最大值点或两个电压、电流最小值点之间的间距为 $\lambda/2$。

负载 $Z_L=R>Z_0$ 时，负载为纯电阻且大于特性阻抗，终端为电压波腹点，电流波节点。

负载 $Z_L=R<Z_0$ 时，负载为纯电阻且小于特性阻抗，终端为电压波节点，电流波腹点。

对于其他的负载阻抗，终端既不是电压波腹点，也不是电压波节点。离开终端会出现第一个电压最大点或电压最小点。

当终端接一般负载时，确定了电压(电流)波腹点或电压(电流)波节点的位置以及电压(电流)最大点、最小点的幅值，根据半波长重复的规律，即可画出沿线电压、电流的大小分布曲线。

2.2　雷达天线

雷达通过天线发射电磁波和接收电磁波。天线是一个能量转换的装置，完成导行波与自由空间电磁波之间的转换。发射机产生的高频已调的导行波，经过连接天线的传输线，即馈线，传输到雷达天线，转换成自由空间的电磁波，并向特定的方向辐射出去。目标反射的回波到达接收天线后，接收天线将来自空间的电磁波转换为导行波，经馈线传送至接收机。天线实现了发射和接收两个作用。有的雷达采用两部天线，一部发射，一部接收。有的雷达发射和接收天线相距较远，即多基雷达。大多数雷达采用一部天线完成收发功能。

天线是雷达系统末端的器件，它的频率选择与技术参数设计，对雷达的功能影响很大。它的结构是一个开放系统，能有效辐射电磁波，所以天线也称为辐射源。天线是馈线的终端负载，天线需要在工作频率范围内与馈线匹配。天线需要有将电磁波集中于特定方向辐射的能力，即具有方向性；接收目标微弱的回波，同时能抑制其他方向的杂波或干扰。天线还是一种极化器件，辐射的电磁波具有极化特性，包括线极化、圆极化和椭圆极化。同一个雷达系统的收、发天线应具有相同的极化形式。天线按结构形式分为两大类：一类是线天线，由导线、金属棒或金属条构成；另一类是面天线，由金属面或介质面构成。

2.2.1　天线的主要特性参数

天线是一种互易器件，在完成电磁波与导行波之间的转换过程中，发射天线和接收天线的转换方向是相反的，但同一个天线用作收、发的特性参数的数值是相同的。天线的主要特性参数即电参数、电特性，一般有效率、方向图、方向性系数、增益、输入阻抗、极化和工作带宽等参数描述。

1. 效率

天线从馈线接收到导行波能量，即天线的输入功率，转换成电磁波辐射出去，即天线辐射功率。效率是天线辐射功率与输入功率的比值。

天线的输入功率中的一部分，在转换过程中存在导体损耗、介质损耗等。一般来说，长波、中波天线的尺寸与工作波长(电尺寸)比很小，天线的效率很低，甚至仅仅百分之几。采用一些特殊措施，如铺设地网和设置顶负载来改善其效率。微波波段的电尺寸能够做得很大，天线的效率可接近 1。

2. 方向图

天线辐射或接收无线电波时，在有些方向上辐射或接收能力较强，在有些方向上则辐射或接收能力较弱，甚至有些方向上辐射电磁波能量为零，这个方向上也不能接收电磁波能量。这表明天线具有方向性，随着方向的改变，辐射电磁波能量不同，或者天线对于从各个方向传来的等强度的电磁波接收的能量不同。天线的方向性是指天线将辐射出去的电磁波集中在某一个特定方向上的程度。方向图能够形象地描述天线各个方向辐射电磁波能量的能力。

以天线为中心的等距离位置，测量各个方向辐射（或接收）电磁波的场强，在三维直角坐标中将归一化场强绘成立体图，即天线的三维空间方向分布图。任何过原点的平面，与立体图相交的轮廓线称为天线在该平面的平面上的方向图。工程上一般采用两个相互正交的主平面上的方向图来表示天线的方向性，这两个主平面常选 E 面和 H 面。E 面是平行于电场矢量并通过天线最大辐射方向的平面，H 面是平行于磁场矢量并通过天线最大辐射方向的平面。

雷达天线的方向图包含多个波瓣，如图 2-4 所示。大部分辐射能量集中在天线主要辐射方向锥状区域内，这个区域称为主瓣。主瓣集中了天线辐射功率的大部分。主瓣宽度，就是主瓣最大辐射方向两侧、半功率点之间的夹角，即辐射功率密度降至最大辐射方向上功率密度一半时的两个辐射方向间的夹角，用 $2\theta_{0.5}$ 表示。主瓣最大方向两侧的第一个零辐射方向间的夹角，称为零点波瓣宽度，并用 $2\theta_0$ 表示。半功率点间的宽度也称为 3 dB 波束宽度，雷达天线的主瓣宽度一般指 3 dB 波束宽度。天线在某一平面内的主瓣宽度与在这一面内天线的最大电长度成反比。米波的引向天线的主瓣宽度约为几十度，微波波段的抛物面天线为几度，甚至一度以下。主瓣宽度越窄，表明天线集中辐射能量的能力越强，天线的方向性就越强。雷达天线的方向图主瓣宽度称为波束宽度，单位是角度。波束一般不是对称的圆锥体，常常要区分水平面和垂直面上的波束宽度。

图 2-4　雷达天线的方向图

雷达天线旋转的速率有三挡，24 转/分钟、36 转/分钟、48 转/分钟，波束也随天线旋转，旋转速度最快为 48 转/分钟，旋转一圈需要的时间为 1.25 s。假如目标距离天线 300 km，雷达发射电磁波并接收回波需要的时间为 2 ms，这个时间内波束旋转的角度为 0.576°，一般的主瓣宽度超过了这个值，因此，波束虽然旋转，停留在目标上的时间足够电磁波往返于目标和天线。另外，波束宽度影响雷达的分辨率，假如两个目标相距较近，同时处在波束照射范围内，两个目标的回波很容易混合在一起进入接收机，雷达对目标的分辨率下降。

主瓣周围有一些相对较小的瓣，这些瓣称为旁瓣（副瓣），有些天线会出现与主瓣方向相反的旁瓣，称为后瓣。雷达天线希望辐射能量都集中在主瓣内，旁瓣是天线辐射浪费的能量，不是雷达的探测方向，同时旁瓣接收到地面的杂波、干扰信号等给雷达带来一系列问题。低副瓣雷达天线也是雷达天线的研究课题。

3. 方向性系数

方向图形象地描述天线各个方向的辐射情况，方向性系数在数值上定量天线的方向性，它表明天线在空间集中辐射的能力。

通常以理想的无方向性天线（点源）作为参考的标准。无方向性天线在各个方向的辐射强度相等，其方向图为一球面，无方向性天线的方向性系数取为 1。方向性系数的定义是：被研究天线的辐射功率 P_Σ 与作为参考的无方向性天线的辐射功率 $P_{\Sigma 0}$ 相同的条件下，被研究天线在最大辐射方向上与理想的无方向性天线在同一点产生的功率通量密度（或场强的平方）之比，称为天线的方向性系数，用字母 D 表示。

$$D = \frac{S_{max}}{S_0}\bigg|_{P_\Sigma = P_{\Sigma 0}} \quad 或 \quad D = \frac{|E_{max}|^2}{|E_0|^2}\bigg|_{P_\Sigma = P_{\Sigma 0}}$$

方向性系数也可以表示在辐射场中同一点要获得相同的场强 E 时，有方向性天线的辐射功率 P_Σ 比无方向性天线的辐射功率 $P_{\Sigma 0}$ 节省的倍数。天线的主瓣宽度越小，天线方向性系数越大，雷达辐射的能力越集中，在同等的辐射功率条件下，雷达探测的距离越远。增强方向性系数的方法一般有两种：天线组成阵列和增加反射面。电基本振子，$D = 1$；常用的半波对称振子，$D = 1.65$；米波引向天线是一种阵天线，方向性系数与振子数量有关，方向性系数能达到几十；米波同相水平天线阵，天线的单元数量较多，方向性系数能达到几百；微波抛物面天线可达几千、几万或更高。

4. 天线的增益系数

工程上，天线的辐射功率测量较困难，描述天线集中辐射的能力常常用天线的增益系数。增益系数的定义是：在相等的输入功率条件下，天线在最大辐射方向上与理想的无方向性天线在同一点处产生的功率密度（或场强振幅的平方值）之比，用字母 G 表示。

$$G = \frac{S_{max}}{S_0} = \frac{|E_{max}|^2}{|E_0|^2}\bigg|_{P_i = P_{i0}}$$

与方向性系数相似，天线的增益系数也可以定义为：在天线最大辐射方向上的某点，产生相等的辐射场强时，无方向性天线所需要的输入功率 P_{i0} 与所研究的实际天线需要的输入功率 P_i 之比。

定义方向性系数的条件是相同的辐射功率，定义天线的增益系数的条件是相同的输入功率。理想的无方向性天线效率为 1。当天线的效率为 1 时，天线的增益系数就等于方向性系数；若实际天线的效率为 η_A，则 $G = D\eta_A$。

增益与天线的工作波长平方成反比，雷达天线在其他参数不变的情况下，频率越高增益越大。相同条件下，增益越高，雷达辐射电磁波传播的距离越远。天线增益用来衡量天线对一个特定方向收发信号的能力。天线的接收能力也用增益表示，天线收、发是具有互易性质的，同一部天线可以认为发射时的增益与接收时的增益相等。有的厂家在采用增益系数时，缺乏理想的无方向性天线，常用一种线天线半波对称振子作为对比标准。半波对称振子的方向性系数等于 1.64。以半波对称振子作为对比标准时，所得的增益系数 G_A 和用点源作为对比标准的增益系数 G 之间的关系为

$$G_A = \frac{G}{1.64}$$

用分贝表示时，采用点源作为对比标准得到的增益系数 dB_i 称为绝对增益，采用半波对称振子作为对比标准得到的增益系数 dB_d 称为相对增益。$dB_i = dB_d + 2.15(dB)$。

5. 输入阻抗

天线输入阻抗是指馈电点阻抗值，即在天线输入端的高频电压与输入端电流之比。天线是馈线的终端，天线输入阻抗相当于馈线的负载，天线与馈线的匹配，就是天线输入阻抗与馈线的特性阻抗关系，影响着天线的输入功率。提高雷达系统的效率，天线与馈线需要良好的匹配，也就是天线的输入阻抗等于馈线传输线的特性阻抗，这样才能使天线获得最大功率。完成天线和馈线的匹配，经常采用匹配网络消去天线的电抗，变换天线的电阻值，使变换后的电阻值接近馈线的特性阻抗。天线输入阻抗受多种因素影响，如天线的结构、尺寸、工作频率甚至天线附近的环境。工程上，天线输入阻抗一般采用阻抗分析仪测量。天线输入阻抗是复数形式，分为电阻及电抗两部分，即 $Z_{in} = R_{in} + jX_{in}$。其中 R_{in} 为输入电阻，X_{in} 为输入电抗。

6. 天线的极化特性

极化可以描述辐射电场的特性。极化是指沿最大辐射方向上，组成电磁波的电场矢量端点随时间运动的轨迹。天线的极化是辐射具有某种极化特性的电磁波。电磁波的极化有三种形式：线极化、圆极化和椭圆极化。按天线辐射电磁波的极化形式，可将天线分为线极化天线、圆极化天线和椭圆极化天线。

当电场矢量大小随时间变化，其端点运动的轨迹为一直线时，称为线极化。对于线极化波，电场矢量在传播过程中总是在一个确定的平面内，这个平面就是电场矢量的振动方向和传播方向所决定的平面，常称为极化平面。因此线极化又称为平面极化。当电磁波的电场矢量与地面垂直时，称为垂直极化，与地面平行时称为水平极化。

当电场振幅为常量而电场矢量以角速度 ω 围绕传播方向旋转时，电场矢量端点的轨迹为一个圆，称为圆极化。矢量端点旋转方向与传播方向成右手螺旋关系的叫右旋圆极化波，成左手螺旋关系的叫左旋圆极化波。

当电场矢量以角速度 ω 围绕传播方向旋转时，电场振幅也变化，在垂直于传播方向的平面内，电场矢量端点的轨迹为一椭圆，则称为椭圆极化波。椭圆极化波可以看作是两个频率相同，但振幅不等、相位不同的互相垂直的线极化波合成的结果。

电基本振子、对称振子和直立天线等均为线极化天线。螺旋天线是圆极化天线，将两个尺寸相同、激励电流幅度相同但相位相差 90°的电基本振子或半波振子垂直放置，则构成了圆极化天线。任何一个线极化可以分解成两个幅度相等、旋转方向相反的圆极化；任何一个圆极化可以分解成两个幅度相等、相位相差 90°线极化；任何一个椭圆极化可以分解成两个幅度不相等、相位相差 90°线极化。极化问题具有重要的意义。垂直极化波要用垂直极化特性的天线来接收，水平极化的天线不会感应出电流；左旋圆极化波要用具有左旋圆极化特性的天线来接收，右旋圆极化特性天线接收不到来波的能量；圆极化天线能够接收任一线极化波的部分能量，线极化天线接收任一圆极化波的部分能量。接收天线的极化特性与电场极化特性及方向需要一致，也称为极化匹配，在天线上产生的较大感应电动势。否则将产生"极化损耗"，甚至天线不能有效地接收。

7. 天线的工作带宽

天线的方向性、增益、输入阻抗等许多电参数都和频率有关，当工作频率变化时，会引起各种电参数变化，如最大辐射方向发生改变，主瓣宽度增大，副瓣数量变化，有的副瓣电平增高甚至超过主瓣，方向性系数和增益系数降低，极化特性变化，输入阻抗改变与馈线失配加剧等。天线的频带宽度是一个频率范围。要求天线的各种电参数变化不超过容许的范围，满足天线系统规定的要求。天线的频带宽度的定义为：在一定的工作频率范围，天线的电参数在容许的范围变化，这个工作频率范围称为天线的工作频带宽度，简称带宽。

天线的各个电参数指标均是工作频率的函数，有些电参数随频率变化得缓慢，如，对于几何尺寸远大于波长的天线或天线阵，它们的输入阻抗可能对频率不敏感。在实际的工程应用中，有些天线对一个或几个电参数要求严格限制，如低副瓣天线对副瓣电平的增高严格限制。对于不同特殊应用的天线，有不同的频带宽度，所以天线的频带宽度不是唯一的。实际应用中应根据具体情况而定。天线的频带宽度主要根据波瓣宽度的变化、副瓣电平的增大及主瓣偏离主辐射方向的程度等因素确定。对于圆极化天线，其极化特性常成为限制频宽的主要因素。一些结构比较简单的线天线，电尺寸较小时，最常见的限制因素是输入阻抗特性。针对天线输入阻抗的变化的限制称为"阻抗带宽"。设天线的中心频率为 f_0，当频率上偏移到 f_2 或下偏移到 f_1，引起天线输入阻抗的变化，均导致馈入天线的功率是中心频率为 f_0 时的一半，则 f_2-f_1 为输入阻抗的 3 dB 带宽。带宽经常有绝对带宽和相对带宽两种表述。绝对带宽是指上限频率与下限频率差 Δf，即 f_2-f_1；相对带宽是指频差 Δf 与中心频率 f_0 的百分比。对于宽频带天线，常用天线的最高频率与最低频率的比值表示，如 8：1 的频带宽度。

2.2.2　常见的雷达天线

1. 半波对称振子

半波对称振子由两段相同的直导线或金属条构成，在中间的两个端点间馈电，每段导体的长度为 l，总长度 $2l$ 正好为半个工作波长，结构如图 2-5 所示。半波对称振子是一种应用广泛的天线，在雷达系统中可以作为独立的天线，可以是组成天线阵的单元，也可以是面天线的馈源。半波对称振子馈以高频电压，两段导体上产生按正弦规律变化的电流驻波分布，图中标注的电流方向向左，半个周期后，电流方向变成向右，两段导体上电流的方向始终保持一致。

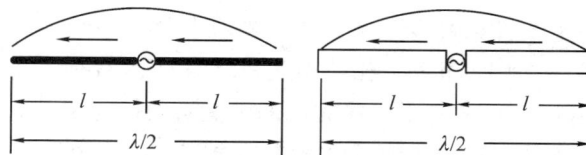

图 2-5　半波对称振子及电流分布

理论分析半波对称振子的辐射场，是将振子分成无数小段，每个小段非常短，远小于波长，小段上各点的电流仅随时间变化，振幅和相位是相同的，属于电基本振子。根据电磁场理论可得到各向同性均匀无限大空间电基本振子辐射场的表达式，应用叠加定理，将无数小段电基本振子的场叠加起来，结果就是半波对称振子辐射场的表达式：

$$|E_{\theta}| = \left| \frac{60I_{m}}{r} \cdot \frac{\cos(\beta l \cos\theta) - \cos\beta l}{\sin\theta} \right|$$

这是半波对称振子沿 z 轴放置，中心点在坐标原点，在球坐标系中的辐射场表达式。只有在对称振子的直径远小于波长条件下，观察点离振子很远时，表达式较为准确。对称振子的辐射场只有 E_{θ} 分量，与距离反比，在不同的 θ 方向上是不同的，将辐射场 E_{θ} 的表达式归一化，得到半波对称振子的方向性函数为

$$F(\theta, \varphi) = \frac{|E_{\theta}|}{\dfrac{60I_{m}}{r}} = \left| \frac{\cos(\beta l \cos\theta) - \cos\beta l}{\sin\theta} \right|$$

由上式可画出方向图如图 2-6(a) 所示，表示半波对称振子的立体图，振子在 z 轴上。通过振子的平面是 E 面，E 面方向图是一个 8 字形，在 z 轴的正反方向上辐射为零，过中心点垂直振子的方向辐射最大，如图 2-6(b) 所示。过振子的中心点，垂直于振子的平面是 H 面，H 面方向图是一个圆，各个方向辐射相同，没有方向性，如图 2-6(c) 所示。

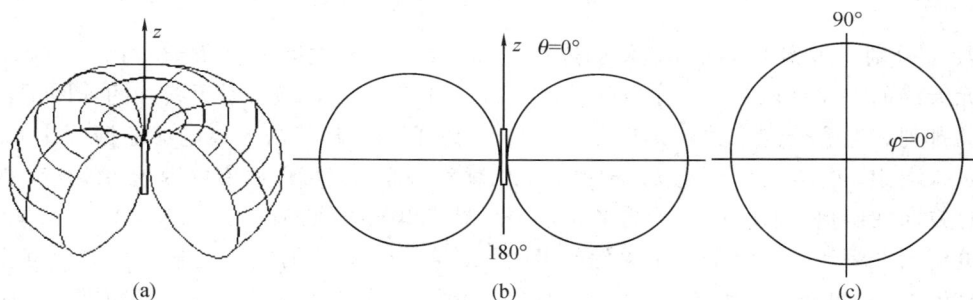

图 2-6　半波对称振子方向图

半波对称振子的方向性系数为 1.64，方向性比较弱，雷达天线需要很强的方向性，将电磁波能量集中成窄波束。对称振子的电长度增加，方向性系数也增大，当电长度增加到 0.5 时，对称振子的总长度为一个波长，成为全波天线；当电长度继续增加，方向图由 8 字形额外添加了副瓣。通过增加电长度的手段提高方向性，效果是有限的，需要寻找新的方法，如将半波对称振子组成阵列，或者在天线的背后增加反射面。

2. 相控天线阵

天线阵是增加方向性系数的有效并实用的方法。天线阵就是将若干个天线单元，按一定规律排列起来组成的天线阵列系统。输入天线的总能量没有增加，均匀分配或按照一定规律分配给天线阵中的天线单元，可以增强方向性系数。组成天线阵的天线单元的结构、尺寸、取向都相同，即具有相同的方向性函数 $F(\theta, \varphi)$，天线阵中的天线单元称为阵元。阵元可以是任何类型的天线，可以是对称振子、缝隙天线、螺旋线、抛物面天线，或其他形式的天线。阵元在空间的排列方式根据需要可组成直线阵列、平面阵列、曲面阵和立体空间阵。

通过分析天线阵排列，天线单元的数量，单元之间的间距，各天线单元的电流幅度与相位，可得到天线阵的方向性。为了满足实际需要，先确定天线阵的方向图，根据天线阵的综合理论设计天线单元的数量，单元的排列，各单元的电流幅度与相位。

　　两个天线单元构成的天线阵称为二元天线阵，如图 2-7 所示。单元之间的间距为 d，两天线电流的振幅比为 m、相位差为 φ，得到二元天线阵的方向性函数，进一步推广，得到多元方向性函数。由相同天线单元构成的天线阵的总方向性函数（或方向图），等于单个天线元的方向性函数（或方向图）与阵因子（方向图）的乘积，这是阵列天线的方向性乘积定理。

$$F(\theta, \varphi) = f_1(\theta, \varphi) \cdot f(\theta, \varphi)$$

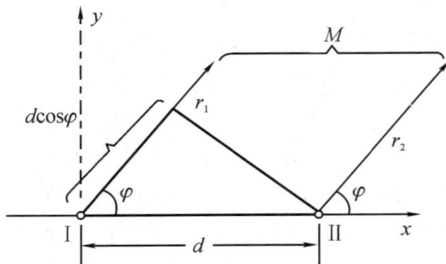

图 2-7　二元天线阵

　　θ、φ 分别为观察点与天线之间的连线，与 z 轴、x 轴之间的夹角。式中，$f_1(\theta, \varphi)$ 表示单元天线的方向性函数，也称为单元天线的自因子。$f(\theta, \varphi)$ 表示天线阵的阵因子，与天线阵的排列和电流分配有关，由各天线单元间的间距 d、相邻两天线电流的振幅比 m 和相位差 ψ 来决定。调节三个参数 d、m 和 ψ 中的任意一个，都可以改变阵因子，最终改变天线阵的总方向性函数。天线阵的天线单元很多，调节单元天线的间距很难实现。调节单元天线的电流的振幅比 m，对于 n 个单元的天线阵，第 n 个单元的电流是第 1 个单元电流的 $n-1$ 次方，天线单元上过大的电流会引起诸多问题。调节单元天线电流的相位差，无疑是最好的选择。相位控制阵列简称为相控阵。相控阵天线，通过计算机控制电控移相器和开关，调节每一个单元天线电流的相位，改变天线阵的总方向性函数，并且能快速实现波束的电扫描。

　　相控阵有两种，有源相控阵和无源相控阵。有源相控阵的每一个天线单元配置了单独的发射和接收装置，称为 T/R 组件；无源相控阵的天线单元共用一个或几个发射机和接收机。有源相控阵和无源相控阵雷达，除了收发系统的部分功能不同，其余部分都相似。

　　采用了相控阵天线的雷达，调节相位可以改变波束方向，是电扫描。机械旋转天线的雷达属于机械扫描。两种雷达相比较，工作时有一些差异。

　　相控阵天线是电扫描形式，天线可以固定，不需要机械驱动旋转，天线的总体尺寸可以做得很大。地面预警相控阵天线长达百米，宽几十米，天线单元数量多，提高了方向性；增大了雷达探测距离，角跟踪和距离跟踪精度高；不存在机械扫描误差以及机械旋转过程中天线单元长期运动出现的松动；不存在机械旋转时的惯性；电扫描速度比机械扫描快100 万倍。

　　相控阵天线单元由电脑控制，可以组成多个天线子阵，各个子阵有各自的工作频率，辐射功率，波束宽度，扫描速度等。这些波束根据需要进行分配，一些波束作为一般扫描，一些波束作为重点扫描，一些波束作为跟踪扫描，具有多目标，多功能的特点。

　　有源相控阵天线的天线单元单独配置发射源，天线单元数量庞大，成千上万个天线单元合成的总输出功率能达到十几兆瓦，甚至几十兆瓦。探测目标的作用距离能提高到 1000 km 以外。

计算机控制的相控阵天线，智能化能力强，能根据扫描结果实时调整雷达的工作方案、分配波束数量和功率等，保存和更新目标的位置、数量、运动轨迹，对接收数据进行分析、处理和识别，并进行分类处理，对来历不明的目标重点跟踪或准备制导。

相控阵天线的天线单元多，天线单元组合成阵灵活快捷，即使系统中部分组件损坏也不影响正常工作，工作中 10% 的天线阵单元损坏，天线的增益仅下降 1 dB。相控阵天线不需要机械旋转，机械旋转处的连接部件故障率较高，特别是高功率击穿问题。相控阵天线的可靠性大大提高。

相控阵天线波束的形状、扫描方式可以改变，工作频率和调制方式在一定范围内也可以调整，方便对信号灵活处理，提高了对目标测量的精确度。调节波束方向，控制旁瓣电平，采用快速变化工作频率等工作模式，提高了天线的抗干扰能力。

平面相控阵天线的波束扫描范围有限，俯仰角大约 $\pm 45°$，方位角大约 $\pm 60°$，常需要 3 个或 4 个平面阵组合，监视半个球坐标的空间范围。相控阵天线的单元数量多，相控阵天线的系统体积庞大，结构复杂，造价和维护费用高，性价比超过了机械扫描天线，因此，相控阵天线是雷达系统的优良选择。

"铺路爪"雷达是一种相控阵雷达，如图 2-8 所示，天线阵由成千上万个天线单元和移相器组成，并按一定的要求排成阵列形式，每个天线单元的相位由计算机控制，改变相邻天线的相位差，在极短时间内迅速改变波束的方向。在计算机控制下，可以灵活地组成多个子阵，对多批目标进行高精度地搜索和追踪。该雷达系统由四面相控阵天线单元组成，每面侦测角度达 60°，经三角锥体设计后，其搜索和追踪的方位角度可达 240°，侦测范围达 3000 km。

图 2-8　"铺路爪"雷达

3. 反射面天线

反射面天线也是增强天线方向性的一个方法。反射面天线结构简单，成本低，方向很强，在雷达系统中应用广泛。常见的反射面如图 2-9 所示。图 2-9(a) 为旋转抛物面；图 2-9(b) 为柱状抛物面；其中也分垂直和水平柱状抛物面；图 2-9(c) 为切割抛物面。

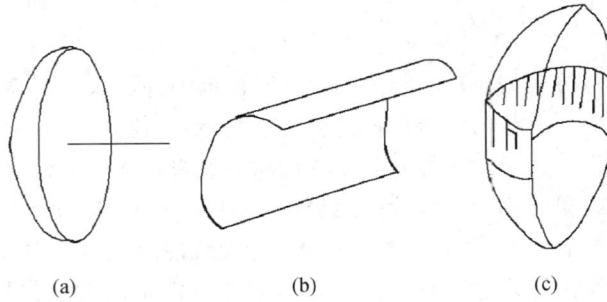

图 2-9　抛物型天线的反射面

如图 2-9(a)所示，抛物线绕对称轴旋转，构成圆形口径对称反射面；如图 2-9(b)所示，抛物线平移，构成矩形口径对称反射面；如图 2-9(c)所示，抛物线绕对称轴旋转后再切割，构成矩形口径对称反射面。从抛物面的焦点发射到抛物面上的电磁波，沿轴线方向反射，到达口径平面时路径相等。因此，口径面上各点的电场有相同的相位，口径面是一个等相位面。

如果将点源放在抛物面的焦点上，抛物面将焦点上的点源发出的球面波变成平面波，如图 2-10 所示，如果将电磁波辐射器放在抛物面的焦点上，它辐射的方向性弱的电磁波，经抛物面天线反射后，就能聚焦成窄波束，沿轴线方向反射。

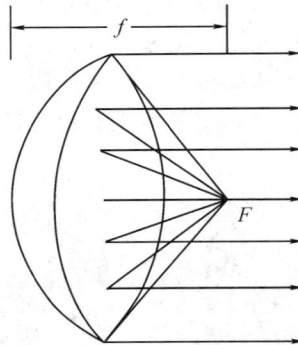

图 2-10　抛物面天线反射示意图

抛物面天线的馈源，即辐射器，一般是喇叭辐射器，即喇叭天线。常见喇叭天线的形状如图 2-11 所示。

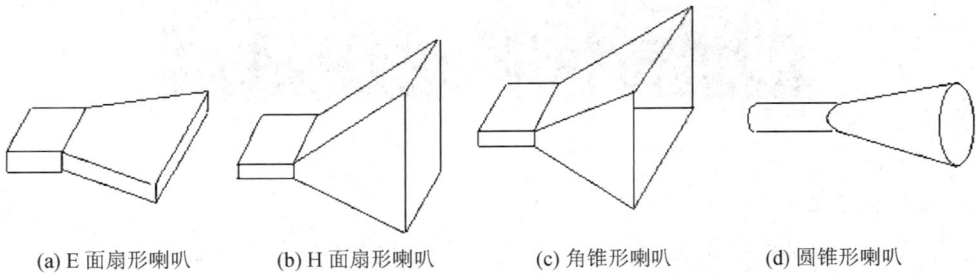

(a) E 面扇形喇叭　　　(b) H 面扇形喇叭　　　(c) 角锥形喇叭　　　(d) 圆锥形喇叭

图 2-11　常见喇叭天线的形状

抛物面天线的方向性与抛物面天线的结构及辐射器的结构、位置等有关。辐射器辐射的电磁波完完全全地均匀投射到抛物面上，并且对抛物面的反射遮挡少，充分发挥抛物面的反射作用，在口径面上形成等幅等相位面的电场，利于将波束聚焦。喇叭天线辐射器位置对抛物面天线的方向性有重大影响。辐射器在轴线上且在焦距外，距离抛物面的顶点（抛物面与轴线的交点）大于焦距，电磁波在抛物面上的入射角，小于辐射器在焦点上各对应点的入射角，反射后电磁波向轴线聚拢，过轴线后再分散；辐射器在轴线上且在焦距内，距离抛物面的顶点（抛物面与轴线的交点）小于焦距，电磁波在抛物面上的入射角，大于辐射器在焦点上各对应点的入射角，反射后电磁波偏离轴线分散。分散的结果都引起天线的主瓣宽度增加，天线的增益下降。辐射器偏离轴线，反射后电磁波不仅偏离轴线分散，而且引起天线的主瓣轴线偏离抛物面的轴线。辐射器的位置一般都固定在轴线上，安装调试后不能随便变动。有时为实现波束能够向上仰扫描或向下俯扫描，设计辐射器偏离抛物面轴线的位置安装，甚至配置多个喇叭，上喇叭形成向下俯扫描，下喇叭形成向仰扫描。

抛物面与馈源位置的多种形状，能够实现多种用途。切割抛物面的口径是矩形，长边方向的反射面多聚焦能力强，波束很窄，短边方向的反射面少聚焦能力差，波束较宽。抛物面的外形也可以是其他形状，如橘瓣状抛物面，橘瓣垂直放置时，垂直方向聚焦强波束窄，水平方向聚焦弱波束宽。橘瓣状抛物面采用喇叭口辐射器，能形成一水平方向宽、垂直方向窄的扇形波束。喇叭口固定不动，橘瓣状抛物面上下连续摆动，波束表现为上下扇形扫描。雷达发现目标时，可以测量目标的距离和目标的仰角，在显示器上直接显示目标的高度，这就是测高雷达。

炮瞄雷达的抛物面天线，辐射器偏离轴线形成偏离轴线的波束，辐射器转动过程中，波束围绕轴线作圆周运动，波束旋转的轨迹是圆锥形，在空间扫描出圆锥面，称为圆锥扫描，可以测量雷达周围的目标和方位，并实现对目标的跟踪。

柱状抛物面有很多焦点，形成一条焦线，辐射器采用线状的天线，水平抛物柱面天线形成的波束，水平面窄垂直面宽的扇形波束。线状的辐射器长度尺寸可达 1m 以上，适合工作在 L 波段和米波波段，用于大型远程警戒雷达和搜索雷达。

抛物面天线产生的波束形状简单，圆锥状波束和扇形波束，采用其他曲面形状的反射面，可以产生较为复杂的形状波束。如双弯曲面反射面天线能产生特殊的波束，用于许多地面监视雷达。抛物面天线的辐射器会遮挡部分反射波，影响增益。

卡塞格伦天线是双反射面天线，利用两个反射面组合，获得更窄波束的强方向性天线。卡塞格伦天线由主反射面、副反射面和辐射器组成，如图 2-12 所示。主反射面是旋转抛物面，副反射面通常为旋转双曲面，也有旋转椭圆面，辐射器一般采用一个喇叭或几个喇叭组合，从主反射面的中心后面馈入。辐射器位于副反射面的焦点处，副反射面的虚焦点与主反射面焦点重合。辐射器发出的电磁波投射到副反射面上，相对于从副反射面的虚焦点处发射的电磁波，即从主反射面焦点处发射，经主反射面反射形成平行于轴线的平面波。双反射面天线结构，等效于一个具有较长焦距的抛物面天线，焦距加长使得口径面上场分布更加均匀，馈线位于主反射面后，便于安装，利于缩短辐射器馈线的长度，结构紧凑，馈线上损耗降低，减小了噪声。双反射面天线常常应用于远距离高精度的警戒、搜索和跟踪雷达等。

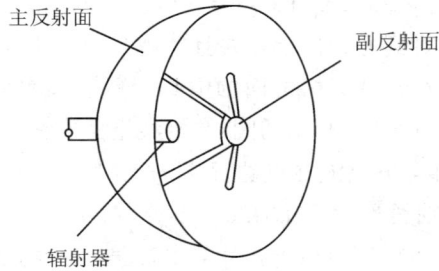

图 2 - 12　双反射面天线结构

本 章 小 结

　　雷达的工作频率比较高，一般工作在微波波段。雷达系统中有很多微波器件，这些微波器件之间的连接线，就是微波传输线。微波信号在一段传输线中进入了某个微波器件，该微波器件可以看成是一段传输线的终端，或者是负载。传输线有特性阻抗，微波器件有输入阻抗，输入阻抗与特性阻抗之间的大小关系，会影响微波信号的传输。雷达天线也可以看成是一个微波器件。

　　微波传输线简称传输线，起着引导和传输电磁波能量的作用，沿传输线的走向传输微波信号。这些传输线所引导的电磁波称为导波，因此，传输线也被称为导波系统。传输线的结构影响着传输线的特性参数。特性参数是传输线固有的，与传输线的材料组成、结构尺寸、形式有关。传输线的终端连接不同的负载，传输线上电磁波振幅的分布不同，影响着天线的工作参数。工作参数主要包括输入阻抗，反射系数，驻波系数等。

　　雷达通过天线发射电磁波和接收电磁波。天线是一个能量转换的装置，完成导行波与自由空间电磁波之间的转换。发射机产生的高频已调的导行波，经过连接天线的传输线，即馈线，传输到雷达天线，转换成自由空间的电磁波，并向特定的方向辐射出去。

　　天线是雷达系统末端的器件，它的频率选择与技术参数设计对雷达的功能影响很大。它的结构是一个开放系统，能有效辐射电磁波，天线也称为辐射源。天线是馈线的终端负载，天线需要在工作频率范围内与馈线匹配。天线需要有将电磁波集中特定方向辐射的能力，即具有方向性。接收目标微弱的回波，同时能抑制其他方向的杂波或干扰。天线还是一种极化器件，辐射的电磁波具有极化特性：线极化、圆极化和椭圆极化。同一个雷达系统的收、发天线应具有相同的极化形式。天线按结构形式分为两大类：一类是线天线，由导线、金属棒或金属条构成；另一类是面天线，由金属面或介质面构成。

　　天线是一种互易器件，在完成电磁波与导行波之间的转换过程中，发射天线和接收天线的转换方向是相反的，但同一个天线用作收、发的特性参数的数值是相同的。天线的主要特性参数即电参数、电特性，一般有效率、方向图、方向性系数、增益、输入阻抗、极化和工作带宽等参数描述。

习　题　二

1. 平行双线、同轴线、微带线和波导传输的电磁波分布类型。

2. 试计算矩形波导的模式为 TE_{10}、TE_{20}、TM_{11}、$TE_{1,1}$ 的截止波长。

3. 设传输线的特性阻抗为 50 Ω，终端负载为 75 Ω，试计算：反射系数和驻波比。

4. 当传输线工作在行波、驻波与行驻波时，反射系数和驻波比分别是多少？

5. 天线的主要技术参数有哪些？

6. 什么是天线阵？什么是相控式天线阵？

7. 反射面天线有哪几个组成部分？分别有什么作用？

8. 天线主瓣宽度大小与天线的方向性有关系吗？查资料找出三个不同结构形式天线，写出它们的主瓣宽度与方向性的参数。

第3章 雷达系统中的高频电路

雷达天线接收到回波信号，转换成高频电压或电流的形式，传输到接收机。这个高频信号很微弱，需要进行放大，频率变换，抑制杂波，信号处理等操作以满足终端数据显示等要求。

3.1 高频放大器

雷达天线接收高频的回波信号时，同时也接收到同一频段内其他信号，如干扰信号和噪声，接收端要采用高频放大器有选择地对信号进行放大。将高频的回波信号在载波频率上进行放大，放大到一定的幅度，送进混频器进行混频，输出中频的回波信号。在放大微弱接收信号的场合，使用高频小信号放大器，或者低噪声放大器。这类放大器一般用作各类无线电接收机的高频前置放大器。雷达接收机的灵敏度要求很高，噪声信号会影响接收机的灵敏度。与回波频率相同的噪声，它与微弱的回波信号一起被放大，影响对信号的处理，噪声成为限制接收机灵敏度的主要因素。在传输和放大信号的电路中，也会产生噪声信号。放大器内部的噪声对信号的干扰可能很严重，因此希望减小这种噪声，以提高输出的信噪比，提高接收机的灵敏度。接收机前端的放大器十分重视低噪声性能。

3.1.1 高频放大器的种类

这里的高频放大器的频率，比高频电子线路中的频率高很多，一般从几百兆赫兹到几十吉赫兹。雷达的工作频率不同，放大器的结构和工作模式也不一样，不论何种类放大器，其噪声系数都要求尽可能小。下面介绍几种高频放大器。

1. 低噪声参量放大器

微波低噪声放大器采用变容二极管参量放大器，利用非线性的电容，在微波信号下周期性的变化进行能量交换，放大高频信号。常温参量放大器的噪声温度 Te 可低于几十度（绝对温度），噪声系数约 $2\sim3$ 束 dB，增益可达 20 力 dB。制冷参量放大器的噪声温度可达 20 K 以下，但设备复杂，运行成本昂贵。随着关键技术及先进工艺的出现，常温参量放大器的噪声温度接近制冷参量放大器，性能稳定，应用集成电路工艺和微波网络技术，实现了参量放大器的固态化。其缺点是工作稳定性差，动态范围小。在射电天文中还存在应用，雷达系统中大多被微波场效应晶体管替代。

2. 低噪声晶体管放大器

晶体管分为双极晶体管和单极晶体管两种。双极晶体管是指 PNP 或 NPN 型这类有两种极性不同的载流子参与导电的晶体管，也称为晶体三极管。单极晶体管只有一种载流子参与导电，通常指场效应晶体管。晶体管放大器噪声系数还与晶体管的工作状态以及信源内阻有关。为了兼顾低噪声和高增益的要求，常采用共发射极与共基极级联的低噪声放大电路。晶体管放大器的工作频率范围较宽。米波雷达的工作频率为 $30\sim300$ MHz，这个频段的晶体管放大器，需要 $2\sim3$ 级，保证放大器的输出足够的电压或功率。

普通晶体管的特征频率受到限制，频率上升到 3 GHz 放大倍数下降迅速，失去了正常放大作用。砷化镓微波场效应晶体管，具有噪声较低，动态范围大和稳定性好的特点，取代了电路中大量使用的参量放大器，广泛应用在雷达接收机的前端。砷化镓场效应晶体管低噪声放大器的噪声系数可低于 2 dB，在 20% 的相对带宽内工作稳定，容易实现微波单片集成电路。具有异质结的砷化镓场效管，通常所称 PN 结是由一种半导体材料的相邻区进行不同元素的掺杂而构成的，也称为同质结；如果由两种不同的半导体材料构成的结，则称为异质结。异质结砷化镓场效管的噪声系数更低，增益和工作频率更高，能制成单片集成电路，是微波波和毫米波波段低噪声放大器的首选。

3. 行波管放大器

行波管放大器是一种腔体结构的放大器，是电真空器件，需要很高的电压产生高速电子流，信号的电磁场与电子流之间相互作用，电子流的速度降低，信号的能量在转换过程中得到放大。行波管噪声系数小，工作稳定性高，抗饱和能力强，但体积较大，目前应用较少。

3.1.2　高频放大器的技术指标

1. 放大器的噪声系数

低噪声放大器是射频接收机前端的重要部分，前级低噪声放大器的噪声系数，制约着接收机的噪声系数，放大器的噪声系数应尽可能小，提高接收机的灵敏度。

信号大于噪声，信号比较清晰，雷达容易发现目标；信号小于噪声，信号比较模糊，雷达难以发现目标。信噪比是信号功率与噪声功率之比值，是衡量接收机能否正常工作的一个重要因素。信号功率用 S 表示，噪声功率用 N 表示，S/N 就是信噪比。

放大器输入端的信噪比 S_i/N_i 与输出端 S_o/N_o 的比值定义为噪声系数，用 F 表示，即

$$F = \frac{S_i/N_i}{S_o/N_o}$$

天线同时接收信号与噪声，工作频率范围内的信号与噪声通过高频后，都同时放大。理想情况下放大器自身不产生内部噪声，放大器输入端的信噪比 S_i/N_i 与输出端的信噪比 S_o/N_o 相同，此时 $F=1$；实际的放大器自身总会产生内部噪声，放大器输出端的噪声比理想情况下增加了内部分噪声部分，输出端 S_o/N_o 的值显示有所下降，此时 $F>1$。F 表征了高频放大器的内部噪声大小，噪声系数越接近 1，说明放大器的低噪能力越强，输出信号的质量越好。

噪声系数也出现在其他器件指标中。经常也用噪声温度 T_e 表征，噪声温度 T_e 与噪声系数 F 之间的关系为

$$T_e = (F-1)T_A$$

式中：$T_A = 290$ K 是取天线的常温值，部分噪声温度 T_e 与噪声系数 F 数值关系如表 3-1 所示。

表 3 - 1　　噪声温度 T_e 与噪声系数 F 数值关系 ($T_A = 290$ K)

F（倍数）	1	1.05	1.1	1.25	1.5	2	3	5	10
T_e/K	0	14.5	29	72.5	145	290	580	1160	2610

2. 放大器的增益

高频放大器的放大倍数要足够高，输出较大的信号，可降低系统中放大器后面的混频器和中频放大器的噪声对系统的影响。同时，高频放大器的放大倍数也不能太高，否则会影响放大器的工作稳定性和接收机的动态范围。

雷达天线接收到频带内的所有信号和噪声，高频放大器只需选择所需要的信号进行放大。因此接收机中的高频放大器还应具有选择不同频率的信号能力，于是便产生了各种各样的选频放大器，选频放大器一般由放大器和选频电路组成，选频电路谐振时增益最大。放大器的谐振电压增益是指放大器在谐振频率上的电压增益，$A_{u0} = U_o/U_i$，用分贝（dB）表示，表达式则为 $A_{u0} = 20\log(U_o/U_i)$。

3. 通频带

通频带是放大器选择频率的带宽，谐振时电压增益最大，频率偏移谐振点电压增益下降。通频带指放大器的电压增益下降到谐振电压增益的 0.707 倍时所对应的频率范围，一般用 $\mathrm{BW}_{0.7}$ 表示，也称为 3 dB 带宽，如图 3 - 1 所示。

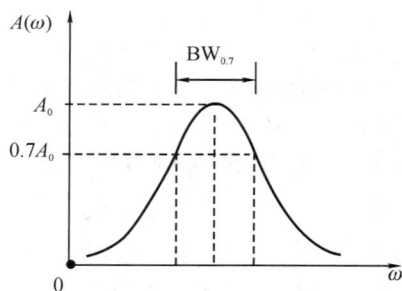

图 3 - 1　电压增益与频率关系

4. 稳定性

高频放大器在工作频段内应该是绝对稳定，不能产生自激现象，有足够的线性范围，有一定可调的增益，为了不使后级器件过载，产生非线性失真，它的增益又不能太大。低噪声放大器的输入端和输出端，通过传输线与其他的器件相连，输入端和输出端都存在反射，反射会影响放大器的工作稳定性，一般需要在输入端和输出端添加匹配网络，如图3 - 2 所示，同时也达到传输最大功率的目的。

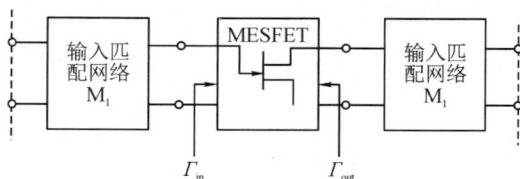

图 3 - 2　输入、输出匹配网络构成

5. 对数放大器

雷达工作时会遇到海浪、丛林等物体反射的杂波影响，物体反射的干扰功率随距离增加而减小。为了探测远距离的目标，设计的雷达放大器高增益，存在物体反射的杂波干扰时，近距离的目标会导致接收机过载；如果为了避免接收机过载现象，设计的雷达放大器低增益，直接影响接收机的噪声系数，降低接收机的灵敏度。解决这一矛盾的方法是，控制增益与接收到的回波的关系，信号较弱时增益较大，信号较强时增益较小。扩大了接收机接收信号的幅度范围，即接收机的动态范围。

采用对数放大器是一种常用的扩大接收机的动态范围的方法。输入信号电压较小时，输出电压与输入电压呈线性关系，输出电压幅度上升较快；输入信号电压较大时，输出电压与输入电压呈对数关系，输出电压幅度上升较慢。输出电压幅度与输入电压幅度的关系，即为对数放大器的电压幅度特性，如图 3-3 所示。

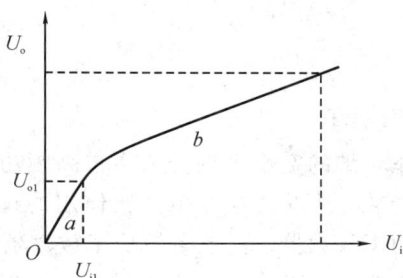

图 3-3　对数放大器的电压幅度特性

图中 a 段为线性段，输出电压幅度与输入压幅度的关系为

$$U_o = KU_i$$

图中 b 段为对线段，输出电压幅度与输入压幅度的关系为

$$U_o = U_{o1} \lg(U_i/U_{i1}) + U_{o1}$$

3.1.3　高频单调谐放大器

图 3-4(a)所示是一典型的高频单调谐放大器的实用电路。电路中 U_{CC} 通过 R_{b1}、R_{b2} 构成分压式偏置电路，T_{r1} 的次级线圈对直流视为短路，R_e 和 C_e 组成稳定工作点直流负反馈电路，C_b 为高频旁路电容，Z_L 为负载阻抗，T_{r1}、T_{r2} 为互感耦合变压器，T_{r1} 将输入高频小信号耦合进来，加在晶体管的基极与地之间，T_{r2} 的初级电感 L 和电容 C 组成的并联谐振回路作为放大器的集电极负载，采用变压器耦合使前后级直流电路分开，同时也能完成前后级的阻抗匹配的任务。

高频单调谐放大器与低频放大电路的区别在于：高频单调谐放大器中，所放大信号的频率远比低频放大电路信号频率高，晶体管的基极与地之间是 T_{r1} 的次级线圈，线圈在此频率下，呈现一定的感抗；高频单调谐放大器的频宽较窄，仅放大中心频率的载波信号，集电极负载是 LC 选频网络，在中心频率上谐振，产生较大的输出电压，偏离了谐振频率，输出电压有所下降；晶体三极管有特征频率，即截止频率，高频单调谐放大器电路中需要更高截止频率的三极管。在电路分析与设计中，应重点考虑电路的高频特性与选频特性。高频单调谐放大器的核心部分是高频晶体管和 LC 并联谐振回路。图 3-4(b)为其交流等效

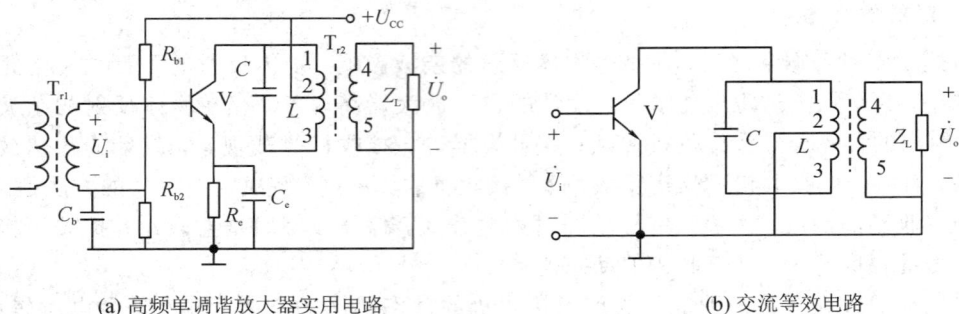

(a) 高频单调谐放大器实用电路　　　　　　　　　(b) 交流等效电路

图 3-4　高频单调谐放大器

电路，输入回路中，C_b 为高频旁路电容，高频下 R_{b1}、R_{b2} 被旁路，输出回路中，U_{CC} 视为接地，谐振回路为放大器的负载。放大器工作在甲类状态。

3.1.4　高频功率放大器

1. 高频功率放大器的工作原理

高频功率放大器按其工作频带的宽窄可划分为窄带高频功率放大器和宽带高频功率放大器两种。窄带高频功率放大器通常以具有选频滤波作用的选频电路作为输出回路，故又称为调谐功率放大器或谐振功率放大器。宽带高频功率放大器的输出电路是传输线变压器或其他宽带匹配电路，因此又称为非调谐功率放大器。高频功率放大器是一种能量转换器件，它将电源供给的直流能量转换成为高频交流输出。

功率放大器按通角的不同，可分为甲类、乙类、丙类三种工作状态，甲类功率放大器，在整个信号周期中，晶体管都工作于它的放大区，整个周期晶体管都导通（$2\theta = 360°$），电流的通角 θ 为 $180°$，静态工作点在负载线的中点。乙类功率放大器是指晶体管在半个周期内导通，电流的通角 θ 为 $90°$，静态工作点在临界点。丙类功率放大器是指晶体管在小于半个周期导通，电流的通角 θ 小于 $90°$，基极偏置为负值。丙类工作状态的输出功率和效率是三种工作状态中最高的。晶体管的输入基极电压及集电极电流波形如图 3-5 所示。

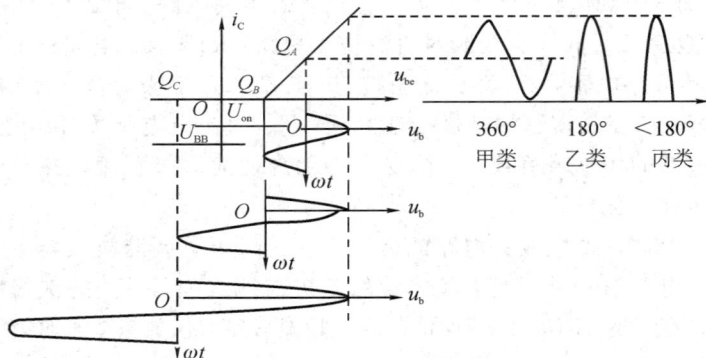

图 3-5　基极电压及集电极电流波形

丙类谐振功率放大器基极静态电压为负值，即 $U_{BB} \leqslant 0$，如果输入信号为 $u_i = U_m \cos\omega t$，则基极回路电压为：$u_{ne} = U_{BB} + U_m\cos\omega t$，只有基极回路电压大于门槛电压 U_{ON} 时，三极管导通时才产生基极电流 i_b 和集电极电流 i_c。三极管的基极电压为余弦波形，集电极电流 i_c 也为余弦波形，如图 3-6 所示。

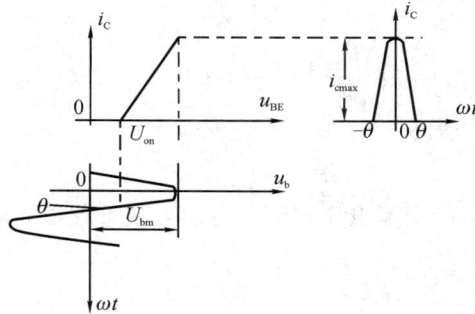

图 3-6 基极电压与集电极电流的波形

由傅立叶级数可知，一个周期性函数可以分解为无限多的余弦波（或正弦波）的叠加，因此周期性脉冲可以分解成直流、基波（信号频率分量）和各次谐波分量。

$$i_c(t) = I_{c0} + I_{c1}\cos\omega t + \cdots + I_{cn}\cos n\omega t + \cdots$$

式中，I_{c0} 为直流分量，I_{c1}，I_{cn}，…分别为基波分量和各次谐波分量振幅。LC 选频网络对基波谐振，基波电流 I_{c1} 有最大的取值，谐振阻抗为 R_p，集电极输出的交流电压为

$$u_c = -R_p \times I_{c1m}\cos\omega_c t = -U_{cm}\cos\omega_c t$$

因此

$$u_{ce} = U_{CC} - U_{cm}\cos\omega_c t$$

谐振放大器各电压与电流的波形如图 3-7 所示。

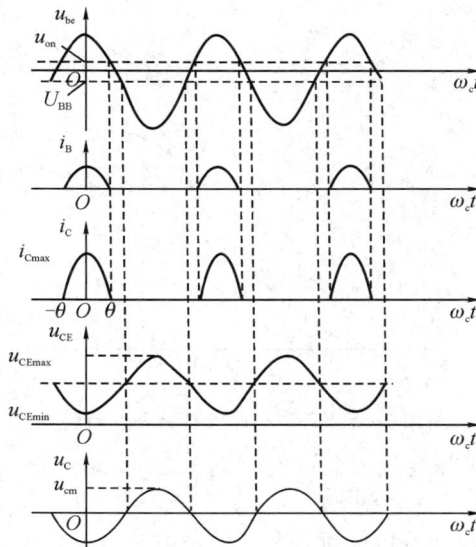

图 3-7 谐振放大器各电压与电流的波形

2. 高频功率放大器的参数

输出功率 P_o：集电极电流基波在谐振电阻 R_p 上的功率，即

$$P_o = \frac{1}{2} I_{cm1} \times U_{cm} = \frac{1}{2} I_{cm1}{}^2 \times R_p$$

$$= \frac{1}{2} \frac{U_{cm}{}^2}{R_p} = \frac{1}{2} \alpha_1(\theta)^2 \times i_{C\max}^2 \times R_p$$

直流电源提供的直流功率为

$$P_V = I_{co} \times U_{CC}$$

电压利用系数：集电极输出的交流电压幅值与电源电压的比值，即

$$\xi = \frac{U_{cm}}{U_{CC}}$$

效率：输出功率与电源提供功率的比值，效率一般在 75% 以上。

$$\eta = \frac{P_o}{P_V} = \frac{1}{2} \frac{U_{cm} \times I_{cm1}}{U_{CC} \times I_{co}} = \frac{1}{2} \xi \times g_1(\theta)$$

集电极的功耗：直流功率 P_V 与输出功率 P_o 之间的差，即

$$P_c = P_V - P_o$$

其中，$g_1(\theta) = \dfrac{I_{cm1}}{I_{c0}} = \dfrac{\alpha_1(\theta)}{\alpha_0(\theta)}$ 称为波形系数。

3. 高频功放的调制特性

高频功放的调制特性：指功放的性能随放大器的偏置电压和电源的变化特性，包括基极调制特性和集电极调制特性。

基极调制特性：指仅改变放大器的基极偏置电压 U_{BB}，放大器的电流、电压、功率及效率的变化特性，如图 3-8 所示。

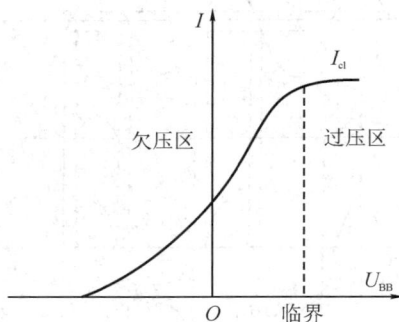

图 3-8　高频功放的基极调制特性

集电极调制特性：指仅改变放大器的电源电压 U_{CC}，放大器的电流、电压、功率及效率的变化特性，如图 3-9 所示。

利用高频功放的调制特性可以实现调幅，不过要求选择输出高频信号振幅 U_C 与直流电压（U_{CC} 或 U_{BB}）呈线性关系或近似线性关系的工作区域。为此，在基极调制中，应工作在欠压状态；而在集电极调制中，应工作在过压状态。

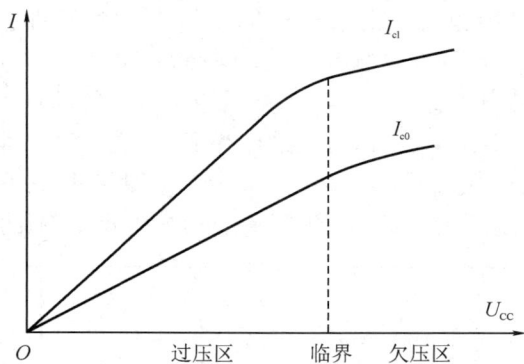

图 3 - 9　高频功放的集电极调制特性

3.2　*LC* 正弦波振荡器

振荡器与放大器都是能量转换装置，放大器需要有信号输入，振荡器没有外信号输入，将噪声中某个频率选出，经正反馈不断放大，最终输出正弦波信号，凡是能实现这一功能的装置都可以作为振荡器。因为振荡器产生的信号是"自激"的，故常称为自激振荡器。

正弦波振荡器由放大器和反馈网络组成，电路包含了选频网络和稳定幅度的环节，组成框图如图 3 - 10 所示。

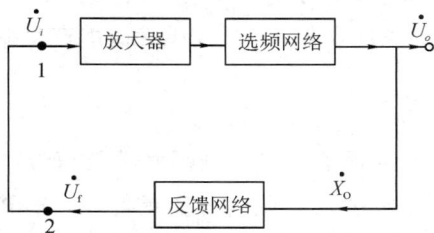

图 3 - 10　振荡器组成框图

选频网络采用 *LC* 谐振回路的反馈方式，称为 *LC* 正弦波振荡器，简称 *LC* 振荡器，常用分立电感、电容元件组成。若忽略偏置电阻，*LC* 三点式振荡器交流通路的一般形式如图 3 - 11 所示。

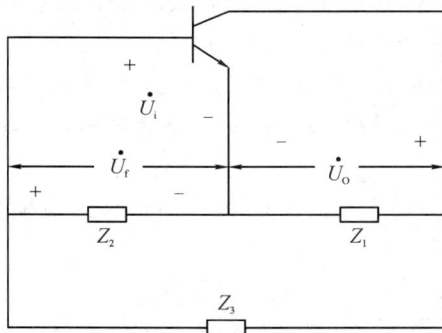

图 3 - 11　*LC* 三点式振荡器交流通路

一般情况下，回路 Q 值很高，因此流经 Z_1、Z_2 与 Z_3 的回路电流 I 远大于晶体管的基极电流 I_b、集电极电流 I_c 以及发射极电流 I_e。当回路元件的电阻很小，可以忽略不计时，Z_1、Z_2 与 Z_3 可以换成纯电抗 X_1、X_2 与 X_3。若忽略三极管的输入和输出电阻，则当回路谐振时，回路内只有循环电流 I 在流动，显然，想要产生振荡，必须满足下列条件：与发射极相连的 Z_1、Z_2 的电抗性质相同，Z_3 必须与此相反，即"射同它反"。

例 3.1 利用三点式振荡器的组成原则判断图 3-12 所示的振荡器能否产生振荡。

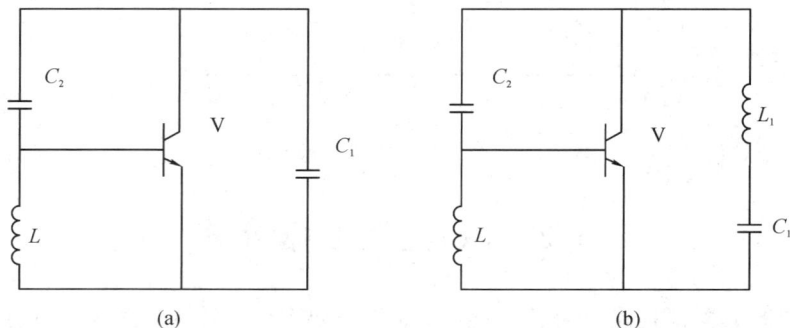

图 3-12 三点式振荡器

解 图 3-12(a) 为三点式振荡器，与发射极相连的 $X_{be}(L)$ 和 $X_{ce}(C_1)$ 电抗性质相反，不满足射同的条件，不能产生振荡。

图 3-12(b) 为三点式振荡器，与发射极相连的 $X_{be}(L)$ 和 X_{ce}（L_1 与 C_1 串联）电抗性质相同情况下，满足射同它反的条件，当 X_{ce} 呈现感性时能产生振荡。

3.2.1 振荡器的性能指标

由于正弦波振荡器产生一定频率和一定振幅的正弦信号，因此正弦信号的 f_0 和振幅 U_{om} 是其主要性能指标。此外，还要求正弦信号的重复性，波形失真小。因此频率稳定度、振幅稳定度和波形失真系数也是振荡器的主要性能指标。这里只讨论振荡器的频率稳定度和振幅稳定度。

1. 频率稳定度

振荡器的频率稳定度是非常重要的技术指标。因为通信系统的频率不稳，就会影响通信的可靠性；测量仪器的频率不稳，就会引起较大测量的误差。通信设备、电子测量仪器等的频率是否稳定，取决于这些设备中的振荡器的频率稳定度。

振荡器的频率稳定度是指由于外界条件的变化，引起振荡器的实际工作频率偏离标称频率的程度，它是振荡器的一个很重要的指标。评价振荡器频率的主要指标有频率准确度和频率稳定度两种。

（1）频率准确度：振荡器的实际振荡频率 f 与标称振荡频率 f_0 之差 Δf，称为绝对频率准确度，即

$$\Delta f = f - f_0$$

绝对频率准确度与标称频率之比值，称为相对频率准确度，即 $\Delta f / f_0$。

相对频率准确度在设备的技术指标中常见，更能衡量频率的准确程度，$\Delta f = 100$ Hz 对

于中心频率 1 kHz，$\Delta f / f_0 = 10\%$，显得偏差较大，对于中心频率 1 GHz，$\Delta f / f_0 = 0.01\%$，显得偏差较小。

（2）频率稳定度：在规定的时间间隔内和规定的温度、湿度、电源电压等变化范围内，相对频率准确度变化的最大值（绝对值）。应该指出，在准确度与稳定度两个指标中，稳定度更为重要。因为频率源的准确度是由其稳定度来保证的，只有频率"稳定"，才能谈得上准确。频率稳定度分为长期频率稳定度（一般是指一天以上甚至几个月的时间间隔内频率的相对变化）、短期频率稳定度（一般是指一天以内频率的相对变化）和瞬时频率稳定度（一般是指秒或毫秒的时间间隔内频率的相对变化）。通常讲的频率稳定度指的是短期频率稳定度。

2. 振幅稳定度

振幅稳定度常用振幅的相对变化量 S 来表示，即

$$S = \frac{\Delta U_{om}}{U_{om}}$$

式中：U_{om} 为某一参考的输出电压振幅，ΔU_{om} 为偏离参考振幅 U_{om} 的值。振幅稳定度与电源电压、元器件的参数和温度等的变化有关。

3.2.2　三点式振荡器电路

1. 电容三点式振荡器

电容三点式振荡器又称考毕兹振荡器，其电路如图 3-13(a)所示。L 和 C_1、C_2 组成振荡回路，反馈电压取自电容 C_2 两端，C_b 与 C_c 均对高频旁路；R_{b1} 与 R_{b2} 为三极管基极提供合适的偏置；R_e 稳定工作点；c 为集电极偏置电阻，有时可用高频扼流圈 L_c 代替。

图 3-13(b)为该电容三点式振荡器的交流通路，可以看出，管子的三个极分别接 LC 回路中电抗连接的三个点。与发射极相连的两个电抗元件均为电容，另外一个电抗元件为电感，故称为电容三点式。

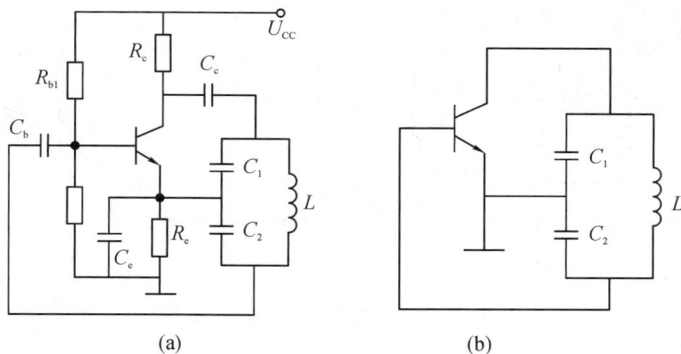

(a)　　　　　　　　　　　　　　(b)

图 3-13　电容三点式振荡器

（1）振荡频率。根据交流等效电路，其振荡频率为

$$f_0 = \frac{1}{2\pi\sqrt{LC}}$$

式中：$C=C_1C_2/(C_1+C_2)$ 为回路的总电容，考虑到 r_{be} 和 r_{ce} 的影响，实际振荡频率稍高于 f_0。

（2）电压反馈系数 F_u。

电容三点式振荡器中的放大电路采用的共射组态，其输出电压取自于电容 C_1 两端，反馈电压取自于电容 C_2 两端，故电压反馈系数为

$$F_u = \frac{Z_2}{Z_1} = \frac{C_1}{C_2}$$

经验证明，C_1/C_2 取 $1/2 \sim 1/8$ 较为适宜。

（3）电容三点式振荡器具有以下特点：

① 输出波形较好。由于反馈信号取自电容两端，而电容对高次谐波阻抗小，所以振荡波形中高次谐波分量也小，输出波形较好。

② 工作频率调节困难，调节 C_1 或 C_2 改变振荡频率时，反馈系数 $F_u = C_1/C_2$ 也将改变，从而导致振荡器工作状态的变化，因此该电路只适于作固定频率的振荡器。经过改进后的电容三点式振荡器，分克拉泼振荡器和西勒振荡器，其中西勒振荡器能够在高频时作为可变频率振荡器。

③ 晶体管的输入电容与 C_1 并联，输出电容与 C_2 并联，为保证振荡频率的稳定，振荡频率的提高将受到限制。

2. 电感三点式振荡器

电感三点式振荡电路如图 3-14(a) 所示，图中，R_{b1}、R_{b2} 与 R_e 为三极管基极提供稳定偏置电路；C_b、C_c 为耦合电容，C_e 为交流旁路电容；C 和 L_1、L_2 组成振荡回路。

图 3-14(b) 为电感三点式振荡器的交流通路，满足三点式振荡器组成原则，故称为电感三点式振荡器。

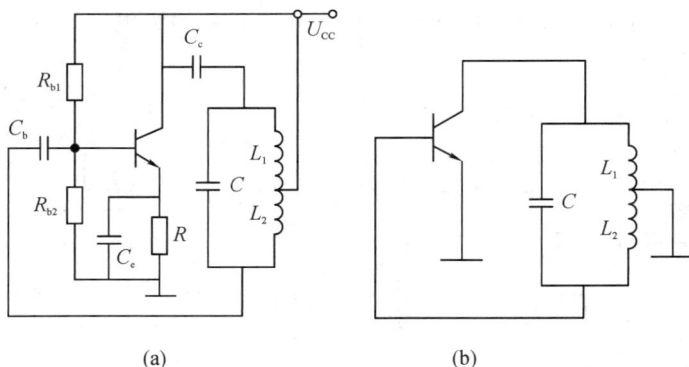

图 3-14　电感三点式振荡器

（1）振荡频率。根据交流等效电路，其振荡频率为

$$f_0 = \frac{1}{2\pi\sqrt{LC}}$$

式中：$L=L_1+L_2$ 为回路的总电感。

（2）电压反馈系数 F_u。

电感三点式振荡器中的放大电路采用的共射组态，其输出电压取自于电容 L_1 两端，反

馈电压取自于电容 L_2 两端，故电压反馈系数为

$$F_u = \frac{Z_2}{Z_1} = \frac{L_2}{L_1}$$

（3）电容三点式与电感三点式振荡器相比较：

① 工作原理相似，都满足"射同它反"的条件，振荡频率表达式相同。

② 电容三点式振荡器输出波形较好，输出频率较高，调节振荡频率不方便。

③ 电感三点式振荡器输出波形较差，输出频率不高，容易起振，调节振荡频率比较方便。

3. 晶体振荡器

LC 振荡器电路结构简单，成本低，但它们的频率稳定度较差，大约为 $10^{-2} \sim 10^{-3}$ 的数量级。即使采用了一系列稳频措施，一般也难以获得比 10^{-4} 更高的频率稳定度。实际工作中需要更高的频率稳定度。石英晶体振荡器的频率稳定度一般为 10^{-6} 数量级，若使用高精度晶体则可达 $10^{-9} \sim 10^{-11}$ 数量级。

石英晶体是 SiO_2 的结晶材料，具有非常稳定的物理特性，外界因素对其性能影响很小。石英晶体存在固有振动频率。石英晶体具有极陡峭的电抗特性曲线，Q 值可高达数百万数量级，因而对频率变化具有极灵敏的补偿能力。当外加电源频率与晶体的固有振动频率相等时，晶体片就产生谐振。这时，机械振动的幅度最大，相应地晶体表面产生的电荷量亦最大，因而外电路中的电流也最大。石英谐振器的电抗频率特性曲线如图 3-15 所示。

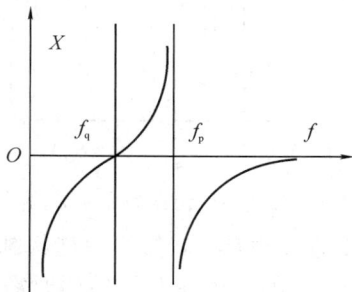

图 3-15　石英谐振器的电抗频率特性曲线

石英晶体有两个谐振频率：一个串联谐振频率 f_q，即石英片本身的自然谐振频率；另一个是石英谐振器的并联谐振频率 f_p。串联谐振频率与 f_q 并联谐振频率 f_p 几乎相等，f_q 与 f_p 间隔很小，因此等效电感随频率变化曲线极陡峭，其频率灵敏度非常高。

4. 晶体振荡器电路

根据晶体在振荡电路中的不同作用，晶体振荡器可分为两类：并联谐振型晶体振荡器，石英晶体在电路中作为等效电感元件使用，工作频率在 f_q 与 f_p 间；串联谐振型晶体振荡器，石英晶体作为串联谐振元件使用，工作于串联谐振频率 f_q 上。

（1）并联谐振型晶体振荡器。

将 LC 正弦振荡电路中的电感用石英晶体 J_T 替换，就变成了晶体振荡器电路，如图 3-16 所示。

图 3-16(a) 中，晶体连接在集电极和基极之间，属于 c-b 型电路，又称为皮尔斯电路；图 3-16(b) 中，晶体连接在基极和发射极之间，属于 b-e 型电路，又称为密勒电路。

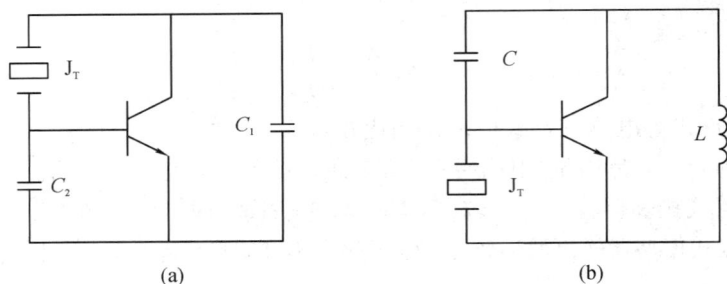

图 3-16　并联谐振型晶体振荡器的两种基本形式

（2）串联谐振型晶体振荡器。

将石英晶体串接在反馈网络中，如图 3-17 所示，反馈信号需要经过石英晶体 J_T 后，才能送到发射极和基极之间。石英晶体在串联谐振时呈现很小的纯阻和相移为零，可以认为是短路的，此时正反馈最强，满足振荡条件。因此，这个电路的振荡频率和频率稳定度都取决于石英晶体的串联谐振频率。

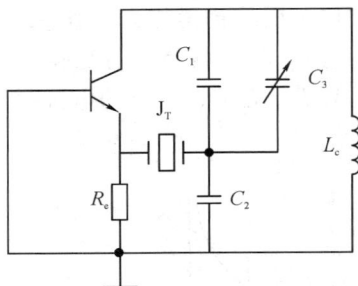

图 3-17　串联谐振型晶体振荡器

石英晶体的谐振频率与晶片的尺寸有关，晶体的基频越高，晶片的厚度越薄。太薄晶片的加工困难，振荡时容易破碎。石英晶体在实际使用时需要外加合适的负载电容，才能获得标称频率。晶体振荡器只能稳定工作一个频率，有些电路需要在一个频段内多个频率，可以利用锁相环方法进行频率合成，一个石英晶体产生若干个离散的稳定频率。有些电路需要更高频率工作，可以在晶体振荡器后面增加倍频器，产生晶体的基频的整数倍的频率。此外还可令晶体工作于它的泛音频率上，构成泛音晶体振荡器。泛音则与基频不成整数倍关系，只是在基频奇数倍附近，且两者不能同时存在。

3.3　振　幅　调　制

3.3.1　调制的基本概念

根据天线技术，低频信号很难经天线变成电磁波辐射出去，雷达天线辐射的电磁波都是高频信号。调制，将携带信息的低频信号控制高频振荡信号的某一个或几个参数。利用高频振荡信号作为运载工具，将要传送的低频信号"装载"到高频振荡信号上。低频信号称为"调制信号"，高频振荡信号称为"载波信号"。调制有调幅、调频、调相三种。

早期的雷达辐射的电磁波没有调制，只有两种简单的连续波和脉冲波。20 世纪 50 年代后，辐射的电磁波有了变化，"装载"了低频信号，能探测更多的目标信息。如宽脉冲线性调频，能精确测量目标的径向速度。多用途雷达往往采取了多种调制方式。

调制的具体形式比较多，按照调制信号、载波信号和调制方式进行分类：根据调制信号，可以分成模拟信号和数字信号；根据载波信号的波形可以分为连续波调制和脉冲调制；根据控制载波的参数可以分为幅度调制、频率调制、相位调制。组合以上三种方式，幅度调制有调幅、脉冲振幅调制、幅度键控等；频率调制有调频、脉冲频率调制、频率键控等；相位调制有调相、脉冲位置调制、相位键控等。根据调制器频谱搬移特性分为线性调制和非线性调制两类。

振幅调制是用调制信号去控制高频正弦载波的幅度，使其按调制信号的规律变化的过程。振幅调制器的一般模型如图 3 - 18 所示。

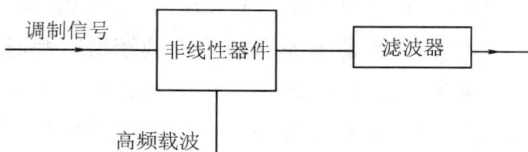

图 3 - 18　振幅调制器的一般模型

非线性器件可以采用二极管、三极管、场效应管及模拟乘法器等。非线性元器件的特点：伏安特性曲线不是直线。调制信号与高频正弦载波信号，进入非线性器件会产生新的频率分量。滤波器起选频的作用，滤除不需要的频率分量。调制过程中的频谱变化上，调制信号的频谱，从低频区域平移到载波频谱的附近，搬移时调制信号频谱的结构没有变化，因此振幅调制属于线性调制。

调幅电路按照输出功率的高低，又可分为低电平调幅电路和高电平调幅电路。调幅电路按照频谱可分为普通调幅（AM），双边带调幅（DSB），单边带调幅（SSB）与残留边带调幅（VSB）几种不同方式。调幅电路按元件分分立元件电路和集成电路。

普通调幅的频谱包含了载波分量和两个边频，将其中的载波抑制，就变成了双边带调幅，普通调幅和双边带调幅的带宽相同，均为调制信号最高频率的 2 倍。双边带调幅的两个边频，滤去一个，保留上边频或下边频，就变成了单边带调幅。残留边带调幅是指信号发送信号中包括一个完整边带、载波及另一个边带的小部分的调幅方法。

3.3.2　低电平调幅电路

低电平调幅的调制过程是在低电平级进行的，调制线性好，输出的功率小，常用于双边带调幅和单边带调幅。高电平调幅要求电路的输出功率足够大。电路在调幅的同时，还进行功率放大。调制过程通常是在丙类放大级进行的，一般输出普通调幅波。

1. 模拟乘法器调幅电路

集成电路应用于调制电路，通常采用模拟乘法器的形式，如图 3 - 19 所示。模拟乘法器的作用是实现两个模拟信号相乘，输入为 u_X、u_Y，则输出 $u_Z = K_M u_X \times u_Y$。

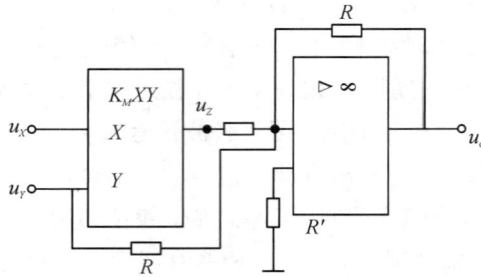

图 3-19　模拟乘法器调幅电路

设：X 端口输入调制信号，即 $u_X = u_\Omega = U_{\Omega m}\cos\Omega t$，$Y$ 端口输入载波信号，即 $u_Y = u_c = U_{cm}\cos\omega_c t$，两信号经过模拟乘法器相乘后，与 u_X 相加，得到输出 u_o。

$$u_o = -(u_Z + u_Y) = -U_{cm}(1 + K_M U_{\Omega m}\cos\Omega t)\cos\omega_c t$$

可见，$|K_M U_{\Omega m}| < 1$，输出 u_o 就是不失真的普通调幅波。普通调幅波的频谱由三个频率分量构成，最高的频率分量为上边频分量 $f_c + F$，中间的频率分量为载波分量 f_c，最低的频率分量为下边频分量 $f_c - F$，称为边频分量。调幅波的频谱宽度简称带宽，用 f_{bw} 表示，故带宽为

$$f_{bw} = (f_c + F) - (f_c - F) = 2F$$

2. 二极管平方律调幅器

二极管是非线性器件，伏安特性曲线是非线性的，如果非线性器件的静态工作点电压为 U_Q，静态工作点电流为 I_Q，则其伏安特性可在 $U = U_Q$ 附近展开为幂级数。

若非线性器件工作在特性曲线的近似直线的部分，或输入信号足够小，使器件工作在曲线很小的一段时，则可把非线性器件当成线性化来处理，只需取幂级数前两项，即

$$i \approx \alpha_0 + \alpha_1(u - U_Q)$$

如果非线性器件工作在特性曲线的弯曲部分，则至少要取幂级数的前三项，即

$$i \approx \alpha_0 + \alpha_1(u - U_Q) + \alpha_2(u - U_Q)^2$$

如果加到器件上的信号很大，在特性曲线上的范围很宽，就需要取幂级数更多的项，输出的频率分量很多。

输入的两个信号的频率分别为 f_1 和 f_2，如果工作在特性曲线的弯曲部分，则，输出的频率分量为 f_1、f_2、$2f_1$、$2f_2$；如果工作在特性曲线上很宽的范围，则输出的频率分量有很多项，可写成：$|\pm mf_1 \pm nf_2|$，m、n 的取值为（0，1，2，3，…）。

利用非线性器件二极管的相乘作用，可以实现调幅电路。在图 3-20 所示电路中，U 为偏置电压，使二极管的静态工作点位于特性曲线的非线性较严重的区域；L、C 组成中心频率为 f_c，通带宽度为 $2F$ 的带通滤波器。

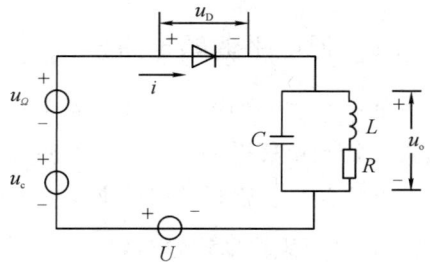

图 3-20　二极管平方律调幅电路

若忽略输出电压的反作用，二极管两端的电压为

$$u_D(t) = U + u_{\Omega(t)} + u_c(t) = U_Q + U_{\Omega m}\cos\Omega t + U_{cm}\cos\omega_c t$$

则，二极管上电流的频率分量有无数个：$|\pm mf_\omega \pm nf_\Omega|$，$m$、$n$ 的取值为（0，1，2，3，…），通过滤波器选出三个频率分量：f_ω 和 $f_\omega \pm f_\Omega$，则输出 $u_o(t)$ 为普通调幅波。由于其中的频率分量 $f_\omega \pm f_\Omega$，是由幂级数展开式中二次方项，展开后的相乘项得到的，故该电路称为平方律调幅器。

3. 边带调幅电路

普通调幅波中抑制载波分量就是双边带，从数学上看，载波信号与调制信号相乘可以得到，因此利用模拟乘法器能实现双边带调幅电路。

如图 3-21 所示，输出电压与两个输入电压的关系为 $u_o = K_M u_X u_Y$。X 端口输入调制信号，即 $u_X = u_\Omega = U_{\Omega m}\cos\Omega t$，Y 端口输入载信号，即 $u_Y = u_c = U_{cm}\cos\omega_c t$，两输入信号不是很大的情况下，乘法器工作在线性动态范围，模拟乘法器输出为两输入信号的乘积，即

$$u_o(t) = K_M u_\Omega(t) u_c(t) = K_M U_{\Omega m} U_{cm}\cos\Omega t\cos\omega_c t$$

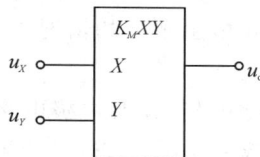

图 3-21　模拟乘法器

调幅波的调制信息全部在上、下边频中，载波信号不包含待传输的信息，还占据了绝大部分的发生功率，因此，抑制载波后不影响信息传输。双边带包含了上、下边频，因此双边带的带宽与普通调幅波相同。

上边频和下边频都包含待传输的信息，只要传输其中一个就可以完成信息的传输，不仅省去了载波功率，还减小了带宽。将双边带通过滤波器，滤除其中的一个边带，就可以获得单边信号。

双边带调幅电路和单边带调幅电路发射机、接收机较复杂，制造成本较高，双边带调幅电路的频带较宽，工程上实际应用很少；单边带调幅电路的频带较窄，与调制信号的带宽相同，在短波无线电通信中应用广泛。

3.3.3　高电平调幅电路

基极调幅和集电极调幅均属于高电平调幅电路，采用高效率的丙类谐振功率放大器，在放大的同时又实现调幅。一般只能输出普通调幅波。

1. 晶体管基极调幅电路

基极调幅电路是利用三极管的非线性特性，用调制信号来改变丙类谐振功放的基极偏压，从而实现调幅的。基极调幅电路如图 3-22 所示。

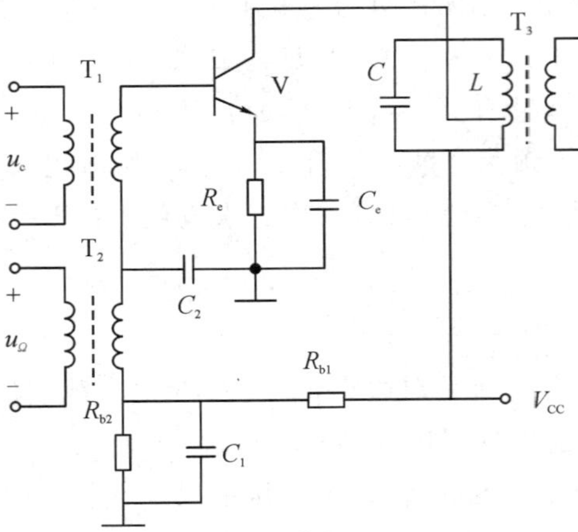

图 3 - 22　基极调幅电路

　　图中，C_2 为高频旁路电容，C_1 和 C_e 对高、低频均旁路，L、C 谐振于载波频率 f_c 上，带宽为 $2F$，$u_c(t)$ 通过高频变压器 T_1 加到基极，调制信号 $u_\Omega(t)$ 通过低频变压器 T_2 加到基极回路。

　　基极调幅电路可以看成是在谐振电阻不变的情况下，以载波为激励信号，基极偏压受调制信号控制的丙类谐振功放。

　　根据基极调制特性可知，在欠压状态下，集电极电流 i_c 的基波分量振幅 I_{cm1} 随基极偏压 $V_{bb}(t)$ 呈线性变化，经过 LC 的选频作用，通过 T_3 输出电压 $u_o(t)$ 的振幅就随调制信号的规律变化，即 $u_o(t)$ 为普通调幅波。由于工作在欠压区，所以该电路的效率低，但调制信号所需的功率小。

2. 集电极调幅电路

　　集电极调幅电路也是利用三极管的非线性特性，用调制信号来改变丙类谐振功放的集电极电源电压，从而实现调幅的。晶体管集电极调幅电路如图 3 - 23 所示。

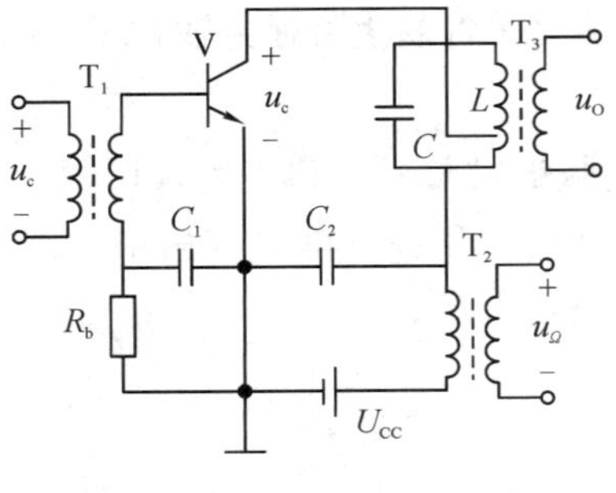

图 3 - 23　集电极极调幅电路

　　图 3 - 23 中，低频调制信号 $u_\Omega(t)$ 通过低频变压器 T_r 加到集电极回路，与电源电压成串联形式，集电极所加的电压有两个部分：$U_{CC}(t) = U_{CC} + u_\Omega(t)$。$C_1$、$C_2$ 均为高频旁路电容，C_2 对低频调制信号相当于开路。载波 $u_c(t)$ 通过高频变压器 T_1 加到基极，L、C 谐振在载频 f_c 上，带宽为 $2F$。电路工作时，基极电流的直流分量 I_{B0} 流过 R_b，使管子工作在丙类状态。

电路中基极电压为高频载波与基极偏置的电压叠加,基本保持不变,集电极的负载阻抗也基本稳定,根据集电极调制特性可知,在过压区,集电极电流 i_C 随集电极所加的电压 $U_{CC}(t)$ 变化,i_C 的基波分量振幅 I_{cm1} 随基极偏压 $U_{CC}(t)$ 呈线性变化,经过 LC 的选频作用,输出电压 $u_\Omega(t)$ 的振幅就随调制信号的规律变化,即输出 $u_o(t)$ 为普通调幅波。集电极调幅电路可看成是以载波为激励信号、集电极电源电压受调制信号控制的丙类谐振功放。由于工作在过压区,所以该电路的效率高。电路输入功率由电源 U_{CC} 和 $u_\Omega(t)$ 供给,电源 U_{CC} 提供载波功率的直流功率,$u_\Omega(t)$ 提供平均边频功率,因此,调制信号所需的功率大。

3.4　振 幅 解 调

3.4.1　解调的基本概念

解调是调制的逆过程,解调的目的是恢复被调制的信号。调制有调幅、调频、调相三种方式,对应的解调有检波、鉴频、鉴相三种方式。振幅解调称为检波,是从振幅已调波的振幅变化提取调制信号的过程。振幅解调过程中,信号频谱从载波附近搬迁到零频附近,检波也是一种频谱搬移的过程。普通调幅波的振幅变化与调制信号相同,双边带和单边带的振幅变化与调制信号有差别,因此,解调时需要采取不同的方法。解调的方法可分为包络检波和同步检波两大类。包络检波是指解调器输出电压与输入已调波的包络成正比的检波方法。由于 AM 信号的包络与调制信号呈线性关系,因此包络检波只适用于 AM 波。同步检波可以对所有解调调幅信号解调,同步检波需要一个与载波同频同相的本振信号,如果频率或相位与载波之间有一些偏差,解调出的调制信号会产生失真。同步检波主要用于 DSB 和 SSB 信号的解调。

3.4.2　包络检波

1. 工作原理

普通调幅波的包络,就是调制信号的波形。对于普通调幅波,一般采用串联式二极管大信号包络检波器进行检波。包络检波电路如图 3-24 所示。图中 V_D 为二极管,R 负载电阻,C 为负载电容。二极管的正向导通内阻 R_d 远小于 R。二极管连接在信号源与电容之间,二极管是否能导通,由信号源的电压与电容两端的电压决定。设二极管为理想二极管,导通电压降为零,信号源的电压大于电容两端的电压,二极管导通;信号源的电压小于电容两端的电压,二极管截止。

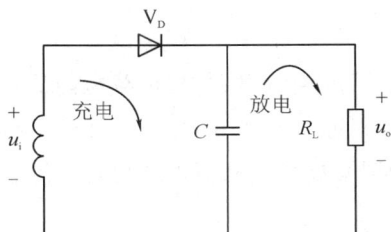

图 3-24　包络检波电路

　　输入信号为普通调幅波，假设初始时电容上的电压为零，输出也为零。在高频信号正半周信号从零开始增加，信号的电压超过电容两端的电压，二极管开始导通，并对电容器 C 进行充电。充电电路的时间常数为电阻与电容的积，此时的电阻值近似为 R_dC，由于二极管正向导通的内阻 R_d 很小，所以充电时间比较小，电流 i_D 较大，电容器上的电压 u_C 上升曲线很陡峭，如图 3-25 所示。

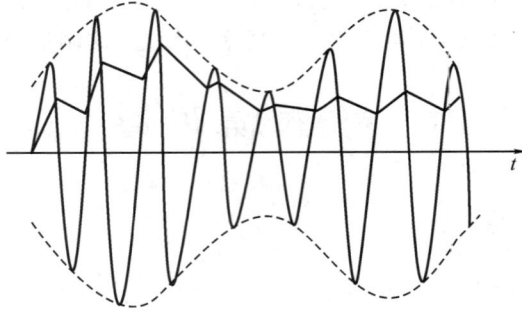

图 3-25　包络检波波形

　　高频信号增加到最大值后，开始下降，当信号低于电容两端电压时，二极管截止，电容 C 开始通过负载电阻 R 放电，放电时间常数为 RC，负载电阻 R 远大于二极管正向导通的内阻 R_d，因此，放电常数远大于充电常数，放电比较缓慢，电容器上的电压 u_C 下降曲线比较平缓。当高频信号下降到最小值后，再次上升，当超过电容两端电压后，二极管再导通，再次给电容充电。这样不断地循环反复，二极管导通时快速充电，截止时缓慢放电，负载上的输出电压近似包络形状，即调制信号。

　　大信号的包络检波，主要是利用二极管的单向导电特性和检波负载 RC 的充放电过程。输出电压为检波负载两端的电压。二极管正向导通时，电容充电时间很短，二极管反向截止时，电容放电时间长，所以输出电压 u_o 有很小起伏，基本与高频调幅波包络基本一致，即输出调制信号。

2. 性能指标

　　包络检波器有几个主要质量指标：电压传输系数（检波效率）、输入电阻和失真。

　　1）电压传输系数

　　电压传输系数表征输出信号电压与输入信号电压之间的关系。检波电路输入调幅波，输出调制信号，电压传输系数定义为输出音频电压振幅与输入调幅波振幅的比值，即

$$k_d = \frac{U_\Omega}{U_{im}}$$

　　电压传输系数主要取决于二极管内阻 R_d 与负载电阻 R 的比值，由二极管导通时间长短决定。当 $R \gg R_d$ 时，放电时间远大于充电时间，二极管导通时间短，充电电流很大，电容充电迅速，其电压值能达到调幅波的波峰值，因此电压传输系数 K_d 接近于 1。

　　2）输入电阻

　　包络检波器的输入电阻定义为输入高频电压的振幅与输入高频电流的基波振幅之比，即

$$R_{id} = \frac{U_{im}}{I_{im}}$$

通常 $K_d \approx 1$，因此 $R_{id} \approx R/2$，即大信号二极管的输入电阻约等于负载电阻的一半。二极管输入电阻，对前一级电路产生影响。假如输入端有谐振回路，二极管的输入电阻与谐振回路并联，将降低谐振回路的品质因数 Q 的值，消耗谐振回路中的高频功率。

3) 失真

理想情况下，包络检波器的输出波形应与调幅波包络线的形状完全相同。在实际的应用中，受电路中各种因素的影响，二者之间总会有一些差别，亦即检波器输出波形有某些失真。产生的失真主要有惰性失真，负峰切割失真，非线性失真，频率失真。

（1）惰性失真（对角线切割失真）。

惰性失真是由于负载电阻 R 与负载电容 C 的时间常数 RC 太大所引起的。电容 C 上放电的速度太慢，电压很缓慢地下降，跟不上调幅波变化，如图 3-26 所示。

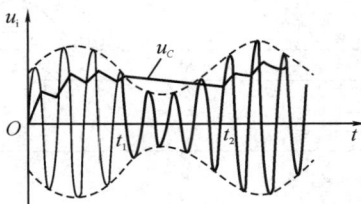

图 3-26　惰性失真

在调幅波包络下降时，由于 RC 时间常数太大，在图中 $t_1 \sim t_2$ 时间内，输入信号电压 u_i 的电压值，总是低于电容 C 上的电压 u_C，二极管始终处于截止状态，电容 C 上的电压缓慢下降，与输入信号电压的变化无关，仅取决于 RC 的放电，只有当输入信号电压的振幅重新超过输出电压时，二极管才重新导电。这个非线性失真是由于 C 的时间常数，产生的太大惰性引起的，所以称为惰性失真。为了防止惰性失真，只要适当选择 RC 的数值，使 C 的放电加快，输出电压能跟上高频信号电压包络的变化就行了。

（2）负峰切割失真（底边切割失真）

检波器输出低频的调制信号，通过耦合电容 C_c 与低频放大器相连接。耦合电容 C_c 的容量很大，对音频信号可视为交流短路，直流负载电阻 R 与交流（音频）负载电阻不相等，而且调幅度 ma 相当大的情况下引起的。检波器及输出端电路如图 3-27 所示。

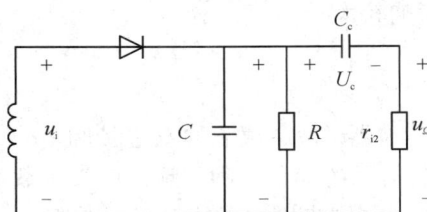

图 3-27　检波器及输出端电路

由于交、直流负载电阻不同，有可能产生失真。这种失真通常使检波器音频输出电压的负峰被切割，因此称为负峰切割失真。

在稳定状态下，隔直流的耦合电容 C_c 上有一个直流电压 U_c，其大小近似等于输入高频电压的振幅 U_{im}。由于 C_c 容量较大（几微法），其上电压 U_c 基本不变，可视为一个直流电源。它在电阻 R 和 r_{i2} 上产生分压，如图 3 - 27 所示。电阻 R 上所分的电压也基本不变，电容 C 与电阻 R 并联，电容 C 两端的电压也存在不变的基础电压。当输入信号超过电容 C 两端的电压时，对电容充电，当输入信号小于电容 C 两端的基础电压时，电容两端的电压保持，输出的电压不随包络变化，是一条水平线。

当输入调幅波的调制系数 m_a 较小时，这个电压的存在不致影响二极管的工作。当调制系数 m_a 较大时，输入调幅波低频包络的负半周可能低于 U_R，在这期间二极管将截止，直至输入调幅波包络负半周变到大于 U_R 时，二极管才能恢复正常工作。因此，产生了如图 3 - 28 所示的波形失真，它将输出低频电压负峰切割。

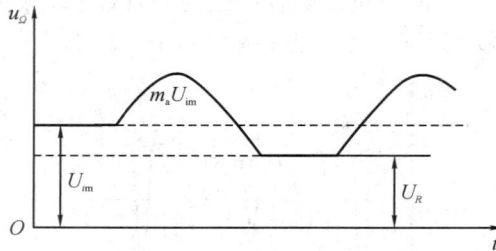

图 3 - 28　负峰切割失真波形

负峰切割失真是由 U_R 分压引起的，显然，r_{i2} 愈小，则 U_R 分压值愈大，这种失真愈易产生；另外，r_{i2} 愈大，则 $m_a U_{im}$（调幅波振幅）愈大，这种失真也愈易产生调幅波包络的最小值为 $U_{im}(1-m_a)$，须大于 U_R。

（3）非线性失真。

非线性失真是由检波二极管伏安特性曲线的非线性所引起的。这时检波器的输出音频电压不能完全和调幅波的包络成正比，会产生其他的频率分量。但如果负载电阻 R 选得足够大，则检波管非线性特性影响越小，它所引起的非线性失真即可以忽略。

（4）频率失真。

频率失真是由于图 3 - 27 中的耦合电容 C_c 和滤波电容 C 所引起的。C_c 的存在主要影响检波的下限频率 Ω_{min}。耦合电容 C_c 对调制信号不同的频率，分压不一样，其中在最小频率 Ω_{min} 上分压最大，影响了下限频率 Ω_{min} 通过。C_c 上的电压降较小时不产生频率失真。滤波电容 C 对上限频率 Ω_{max} 影响较大。

3.4.3　同步检波

同步检波器又称为相干检波器。抑制载波的双边带和单边带的包络波形，与调制信号变化不同，不能直接反映调制信号的变化规律，频谱中没有载波的频率分量，不能用包络检波器解调，只能采用同步检波，同步检波器能对载波被抑止的双边带或单边带信号进行解调。在检波双边带或单边带调幅信号时，必须给检波器输入一个与信号载波同频同相的本地参考信号，此信号与调幅信号一起输入同步检波器。常用的方法是将它与接收信号在检波器中相乘，常用模拟乘法器作为非线性器件，因此这种电路有时也称为模拟相乘检波器，相乘后的信号经低通滤波器后，恢复出原调制信号，电路原理如图 3 - 29 所示。

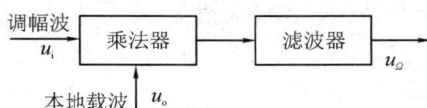

图 3 - 29　同步检波器方框图

同步检波器需要一个同频同相的参考信号，即同步信号，如果参考信号不能够同步，存在一定的相位差，将影响检波性能。设输入的已调波为双边带信号 u_1，即

$$u_i = U_{im}\cos\Omega t\cos\omega_c t$$

本地振荡器可以采用锁相环电路，能产生本地参考的角频率 ω_0 等于输入信号载波的角频率 ω_c，即 $\omega_0 = \omega_c$，产生的本地参考信号，与输入信号载波频率相同，二者的相位可能会存在差值，它们的相位差用 φ 表示。设本地参考信号为

$$u_0 = U_{cm}\cos(\omega_0 t + \varphi)$$

这两个信号进入乘法器，低通滤波器滤除 $2\omega_c$ 的频率分量后，就得到频率为 Ω 的低频信号，即原调制信号

$$u_\Omega = \frac{1}{2}U_{im}U_{0m}\cos\varphi\cos\Omega t$$

其中，低频信号的振幅为 $U_{\Omega m} = \frac{1}{2}U_{im}U_{0m}\cos\varphi$，与已调波振幅、本地参考信号振幅及 $\cos\varphi$ 成正比。当两个信号的相位相同，即 $\varphi = 0°$ 时，$\cos\varphi = 1$ 低频信号电压最大，随着相位差 φ 加大，$\cos\varphi$ 减小，输出电压减弱；$\varphi = 90°$ 时，$\cos\varphi = 0$ 低频信号电压最小。因此，理想情况下，本地参考信号与输入载波信号，频率相同，相位也相同。乘法器检波称为"同步检波"。

3.5　调频与鉴频

角度调制是频率调制和相位调制的统称，是用调制信号去控制载波信号的频率或相位实现的。载波的频率或相位随调制信号线性变换，都表现为载波的总相位变换，或者载波的角度变化，故调频和调相都属于角度调制。

3.5.1　调频信号

用调制信号控制载波的频率称为调频。产生调频信号的方法很多，归纳起来主要有两类：第一类是直接调频，就是用调制信号直接控制载波的瞬时频率；第二类是间接调频，先将调制信号积分，然后对载波进行调相，结果得到调频波，即由调相变调频。

设调制信号的表达式为

$$u_\Omega(t) = U_{\Omega m}\cos\Omega t$$

载波信号的表达式为

$$u_c(t) = U_{cm}\cos(\omega_c t + \varphi_0)$$

根据调频的定义，载波信号的瞬时频率随调制信号线性变化，则调频信号的频率为

$$\omega(t) = \omega_c + k_f u_\Omega(t) = \omega_c + \Delta\omega(t)$$

式中：k_f 是与调频电路有关的比例系数，又称为调频灵敏度；$\Delta\omega(t)$ 表示偏离载波频率变化

的部分，为瞬时频偏，简称为角频偏，其最大值为 $\Delta\omega_m$，表示最大角频偏

$$\Delta\omega_m = k_f U_{\Omega m}$$

调频信号的数学表达式为

$$u_{FM}(t) = U_{cm}\cos(\omega_c t + m_f \sin\Omega t)$$

式中：$m_f = \dfrac{k_f U_{\Omega m}}{\Omega} = \dfrac{\Delta\omega_m}{\Omega}$ 为调频波的最大相移，又称为调频指数。

调制信号、瞬时频偏 $\Delta\omega(t)$、瞬时相偏 $\Delta\varphi_f(t)$、调频信号 $u_{FM}(t)$ 的波形图如图 3 - 30 所示。

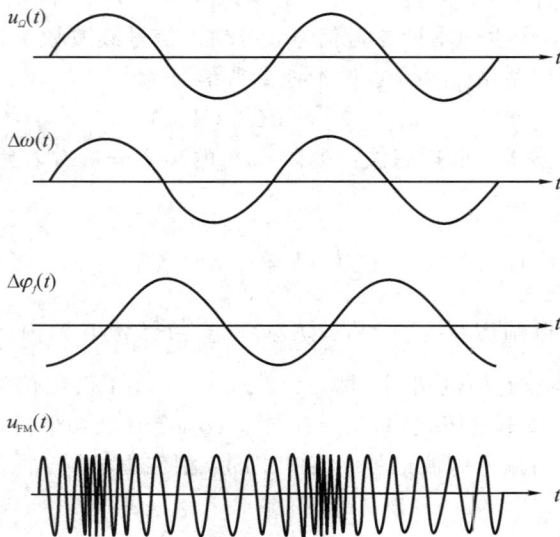

图 3 - 30　调频信号

3.5.2　调频电路

1. 调频电路主要性能指标

（1）线性的调频特性。调频电路输出信号的瞬时频偏 Δf 与调制电压 $U_{\Omega m}$ 的关系，也就是调频器的调制特性。调频特性曲线如图 3 - 31 所示。调频特性曲线的线性度要好，线性范围越宽，最大频偏 Δf_m 也越大，调频波与调制信号在较宽范围内呈线性关系。

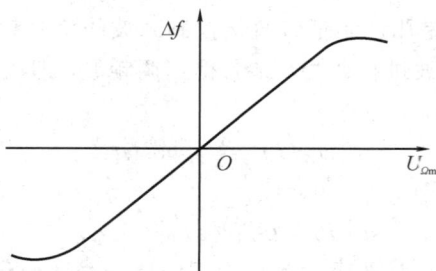

图 3 - 31　调频特性曲线

（2）调频灵敏度。单位调制电压变化所产生的频率偏移，称为调频灵敏度 k_f。调制特性曲线在原点处的斜率就是调频灵敏度。调频灵敏度 k_f 越大，相同的调制信号产生的 Δf_m 越大，调制信号的控制作用就越强，但过高的灵敏度对调频电路性能带来不利影响。

（3）载波频率稳定度。载波频率稳定度也称为中心频率稳定度，调频的瞬时频率就是以载频 f_c 为中心而变化的，中心频率是调频波的基准。因此，为了防止产生较大的失真，载波频率 f_c 要稳定。同时也要求载波振荡的幅度要保持恒定，无寄生调幅，或者寄生调幅尽可能小。

（4）频偏。频偏是指在正常的调制信号作用下，能达到的最大频率偏移；在调频时，调频特性线性部分能够实现的最大频率偏移。最大频偏 Δf_m 是调频特性曲线限制。因此，如何扩展最大线性频偏是调频器设计中需要考虑的问题。通常可以用倍频器实现频偏的扩展。

2. 直接调频

直接调频的基本原理是用调制信号直接控制振荡器的振荡频率。振荡器的频率在中心频率处随调制信号的幅度波动。振荡频率的频偏正比于调制信号的幅度值。调制信号线性地改变载波振荡的瞬时频率。载波的瞬时频率与振荡器由关键的元件或参数决定，只要能够用调制信号去控制它们，并使载波振荡瞬时频率按调制信号变化规律线性地改变，都可以实现直接调频。

如果载波由 LC 自激振荡器产生，则振荡频率主要由谐振回路的电感元件和电容元件所决定。因此，只要能用调制信号去控制回路中电感或电容的大小，就能达到控制振荡频率的目的。变容二极管的结电容受反向外加电压影响，可以作为电压控制可变电容元件；有磁芯的电感线圈，可以作为电流控制可变电感元件。电感线圈的电感与磁芯的参数，线圈的电流等参数有关。铁氧体上绕一个线圈构成的电感线圈，改变磁芯在线圈中的位置，或者改变线圈中的电流，线圈中的磁通量都会发生变化，因而改变了电感量，于是振荡频率随之产生变化。

1）变容二极管直接调频

变容二极管是一种电压控制可变电抗元件，变容二极管 PN 结的结电容随反向电压变化，反向电压增加时其电容减小，反向电压减小时其电容增大，这个结电容的大小能灵敏地随反向偏压而变化。将变容二极管作为可控电容元件，应用到振荡器的振荡回路中，调制信号控制变容二极管上的反向偏压，可以通过改变结电容的大小，直接改变振荡频率，从而达到调频的目的。

变容二极管调频的主要优点是变容二极管工作频率范围宽，能够获得较大的频移，构成的调频电路结构简单，固有损耗小，几乎不需要调制功率，使用方便，是使用最多的调频电路。其主要缺点是中心频率稳定度低。它主要用在移动通信以及自动频率微调系统中。

图 3 - 32 是变容二极管直接调频的电路，它的基本形式是改进型电容三点式振荡电路，将其中的可调电容用调制 $u_\Omega(t)$ 控制的变容二极管替代。

电源 U_{CC} 通过 R_{b1}、R_{b2} 为三极管提供直流分压偏置，静态直流偏压保证三极管工作在放大区；C_b 是旁路电容，对高频交流信号短路，三极管的基极连接的 C_2 和 L 一端；电路

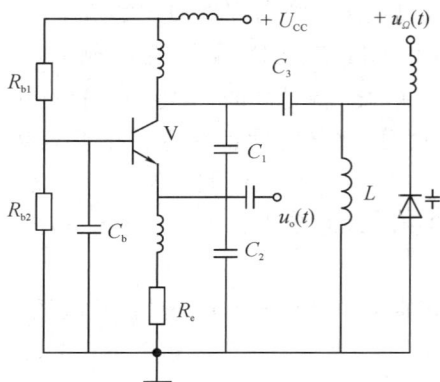

图 3 - 32　变容二极管直接调频电路

中多个电感为高频扼流圈，对高频交流信号断路；C_1、C_2、C_3、L 以及变容二极管构成振荡回路。发射极连接在 C_1、C_2 之间，C_3、L 和变容二极管在振荡频率上等效为电感，该振荡电路是典型的三点式振荡电路，西勒电路。

　　电路中振荡频率由 C_3 和变容二极管决定，变容二极管的静态结电容 C_{jQ} 直接决定 FM波的中心频率。但实际中 C_{jQ} 随温度、电源电压的变化而变化，会直接造成振荡频率稳定度的下降。在调制过程中，C_{jQ}—u 曲线的非线性也将导致 FM 波的中心频率产生偏移 $\Delta\omega_c$。因此，变容二极管直接调频电路的中心频率稳定度较差。为得到高稳定度调频信号，应采取稳频措施，如增加自动频率微调电路或锁相环路等。

　　2）变容二极管直接调频电路的改进

　　石英晶体振荡器有两个谐振频率，串联谐振频率 f_q 和并联谐振频率 f_p，当工作频率在这两个频率之间时，石英晶体振荡器等效为一个电感，其频率特性曲线非常陡峭，品质因数高。在三点式石英晶体振荡电路中，石英晶体振荡器用作电感时，电路为并联型晶振振荡电路，即皮尔斯电路。将图 3 - 32 电路中，振荡回路中的电感用石英晶体替代，能够稳定中心频率。

　　晶体振荡器的振荡频率在 f_q 与 f_p 之间变化，石英晶体工作于感性区，f_q 与 f_p 几乎相等，中心频率相对稳定，但调频的频偏不可能很大。只有 $10^{-3} \sim 10^{-4}$。将调频振荡器的输出信号先进行倍频再混频，或者先进行混频再倍频，均能完成频偏的线性扩展，不仅可以满足载频稳定的要求，同时也增加了频偏。

　　3. 间接调频

　　所谓间接调频就是将调制信号进行积分处理，再进行调相而得到调频波，其实现过程如图 3 - 33 所示。间接调频的优点是载波中心频率稳定度较好。

　　间接调频可以从调频信号的数学表达式中进行探讨，调频信号的表达式为

$$u_{\text{FM}}(t) = U_{\text{cm}}\cos\left(\omega_c t + k_f \int_0^t u_\Omega(t)\mathrm{d}t\right)$$

　　从表达式可以发现，将调制信号积分后，去控制载波信号的相位，就是调频信号。因此，将调制信号进行积分后，对载波进行调相，等效于用调制信号进行调频。调相过程对载波频率影响小，采用频率稳定度很高的振荡器（例如石英晶体振荡器）作为载波振荡器，因

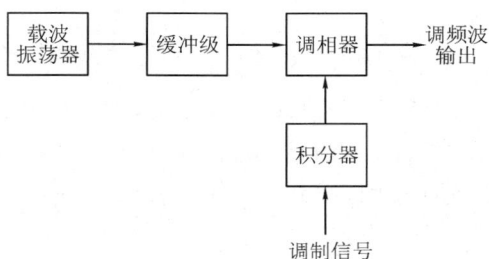

图 3 - 33 间接调频过程方框图

而调频波的中心频率稳定度很高。

3.5.3 鉴频电路

调频信号的解调，是将调频信号中的调制信号提取恢复的过程，又称鉴频，由鉴频器完成。常用的鉴频器有斜率鉴频器、相位鉴频器、脉冲计数式鉴频器和锁相环鉴频器等。

1. 鉴频器的性能指标

鉴频电路的输出电压与输入调频波的瞬时频率偏移的关系曲线，称为鉴频特性曲线。图 3 - 34 所示为鉴频器输出电压 U 与调频波的频偏 Δf 之间的关系曲线，称为鉴频特性曲线。

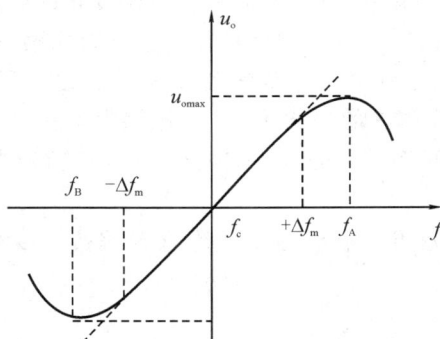

图 3 - 34 鉴频特性曲线

鉴频特性曲线在中心频率附近，近似直线部分的斜率称为鉴频灵敏度，即为鉴频跨导。它表示每单位频偏所产生的输出电压的大小，即

$$S_D = \frac{\Delta u_o}{\Delta f}$$

式中：S_D 的单位为 V/Hz，鉴频灵敏度越大，鉴频特性曲线越陡峭，鉴频能力也越强，鉴频器将输入频率转换为输出电压变化的能力强，因此，鉴频灵敏度又可以称为鉴频效率。通常希望鉴频灵敏度要大。

在频率 f_A、f_B 处，有最大的电压输出，此处的鉴频特性曲线非线性，解调的信号有失真。为了不失真解调，鉴频特性曲线的中心频率附近的线性范围要有一定的宽度，在图 3 - 33 中，用峰值带宽 $2\Delta f_m$ 来表示鉴频特性线性区宽度，它指的是鉴频特性曲线线性部分对应的频率间隔。鉴频特性曲线一般是左右对称的，鉴频器要求线性范围宽大于调频信号频偏的两倍。

2. 斜率鉴频

将调频信号的电流 $i_s(t)$ 加到 LC 并联谐振回路上，谐振频率为 f_0，如果调频信号电流 $i_s(t)$ 的频率等于 f_0，则在谐振回路上能得到最大的电压 U_m，如果调频信号电流 $i_s(t)$ 的频率为 $f_n(n=1,2,3)$，则在谐振回路上能得到相应的电压 $U_n(n=1,2,3)$，如图 3 - 35 所示。

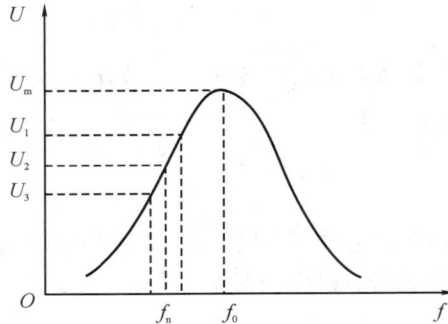

图 3 - 35　LC 并联谐振

调频信号的频率，是在中心频率附近波动。调整 LC 并联谐振的谐振频率 f_0 大于调频信号的中心频率，调频信号在 LC 并联谐振的电压频率特性曲线的左侧，中心频率在 f_2 处。调频信号加到 LC 并联谐振回路上，由频率随时间变化的等幅波形，变成了频率、幅度都随时间变化的包络波形，利用二极管包络检波器，可以检出调制信号。当调频信号的频偏在一定范围内，LC 并联谐振的电压与频率之间关系曲线可视为线性。利用调频信号的中心频率，工作在 LC 并联谐振电路的失调状态，电压随频率线性上升（或下降），能够将等幅的调频信号，转换成幅度随频率变化的调频波，即调频调幅波。频率解调过程中，波形变化如图 3 - 36 所示。

调频信号的频率随时间变化。假设在载波附近频偏按正弦规律变化，当没有频偏时，

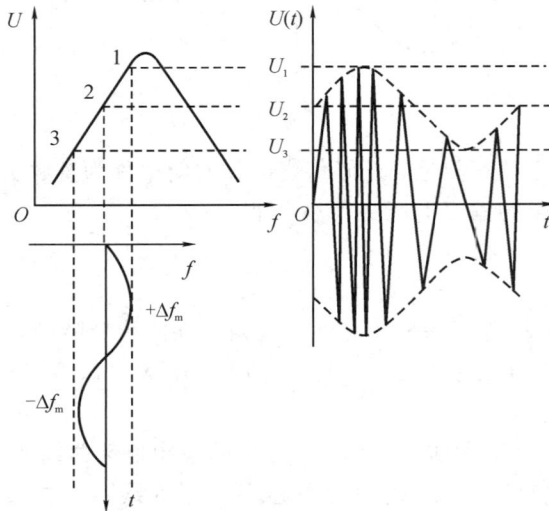

图 3 - 36　调频信号解调波形变化

调频信号的频率为载波频率，工作在 LC 并联谐振的曲线的 2 点，解调出的电压为 U_2，频率增加，频偏增加到最大值，工作点上移到 1 点，解调出的电压为 U_2，频率减小，频偏反方向减小到负最大值，工作点上移到 3 点，解调出的电压为 U_3，输出信号是包络近似调制信号，用包络检波器检出。

　　由单个 LC 并联谐振与包络检波器构成的电路为单失谐回路斜率鉴频器，如图 3-37 所示。

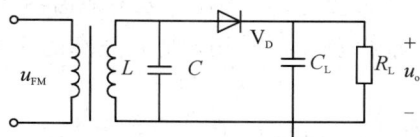

图 3-37　单失谐回路斜率鉴频器电路图

　　调频信号通过变压器加到次级 LC 谐振回路中，调频信号中心频率 f_0 失谐在 LC 单调谐谐振回路，回路幅频特性的上升或下降沿的线性段中点，利用该点附近的一段近似线性的幅频特性，将调频波转变成调频调幅波。二极管与电容、负载构成包络检波，对调频调幅波检波，得到调制信号。

　　单失谐回路斜率鉴频器的缺点是：鉴频特性曲线线性鉴频范围小，对于频偏较大的调频信号，非线性失真较大。

　　实用的斜率鉴频器一般采用两个单失谐回路斜率鉴频器组成的平衡电路，即双失谐回路斜率鉴频器，电路如图 3-38 所示。

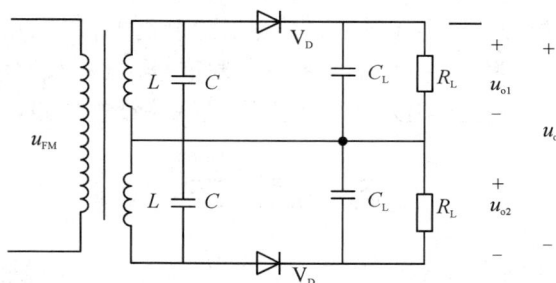

图 3-38　双失谐回路斜率鉴频器电路

　　双失谐回路斜率鉴频器克服了单失谐回路斜率鉴频器的线性鉴频范围小的缺点。双失谐回路斜率鉴频器采用了平衡电路，上、下两个单失谐回路斜率鉴频器中元件的参数相同，并可相互补偿，鉴频器输出的直流分量和低频偶次谐波分量相抵消，鉴频的线性范围宽，鉴频灵敏度高，非线性失真小。但是，两个单失谐回路斜率鉴频器组合为互相补偿的模式，调整电路时无疑会增加麻烦。

本 章 小 结

　　雷达天线接收到回波信号，转换成高频电压或电流，这个高频信号很微弱，需要进行高频小信号放大，频率变换、抑制杂波、信号处理等满足终端数据显示等要求。

高频小信号放大器的功能就是放大接收设备输入端的高频小信号。对高频小信号放大器的主要要求：低噪声系数，雷达接收机的灵敏度要求很高，前级的高频小信号放大器噪声系数，对接收机的灵敏度影响较大。高增益，即要求放大器的放大量要高；频率选择性要好；小信号谐振放大器负载都是谐振电路，小信号谐振放大器是小信号放大器，为线性放大器，工作在甲类状态。

谐振功率放大器的负载是谐振电路，谐振负载的作用是抑制干扰信号，不失真放大有用信号。高频功率放大器是大信号放大器，工作在乙类或丙类状态，为非线性放大器，集电极电流与输入电压波形不同，谐振负载的作用，是从失真的集电极电流中选出基波，滤除谐波。

振荡器满足一定的条件即可实现振荡，振荡器包括放大电路、选频电路和反馈电路，三极管构成的三点式振荡器，相位平衡条件："射同它反"。反馈式 LC 振荡器可分为变压器反馈式，电感三点式和电容三点式三种基本形式。电容三点式振荡器比电感三点式振荡器的输出波形好，但缺点是振荡频率不可调，主要用作固频振荡。串联改进型（克拉泼电路）与并联改进型（西勒电路）电容三点式振荡器在频率稳定度方面都有改善，西勒电路还可以在宽范围内调节振荡器的频率。

石英晶体振荡器比 LC 振荡器的频率稳定度更高，主要原因在于晶体的 Q 值极高，接入系数极小及石英晶体工作在串、并联谐振频率之间很狭窄的工作频带内，具有极陡峭的电抗特性曲线，因而对频率变化具有极灵敏的补偿能力。石英晶体振荡器可分为两类：并联谐振型晶体振荡器，石英晶体在电路中作为等效电感元件使用；串联谐振型晶体振荡器，石英晶体作为串联谐振元件使用，工作于串联谐振频率上。

所谓调制即将低频信号控制高频信号的参数，控制高频信号的振幅、频率、相位三要素，分别称为调幅、调频和调相。低频信号称为调制信号，高频载波信号称为载波；被低频信号调制之后的高频信号称为已调波。调制电路均为频率变换电路，电路为非线性电路。

习 题 三

1. 选频网络的品质因数与通频带有什么关系？

2. 高频小信号放大器的主要技术指标有哪些？

3. 高频功率放大器的集电极电流波形与基极输入信号的电压、电流波形相同吗？为什么？

4. 小信号谐振放大器的谐振回路主要起什么作用？

5. 一高频谐振功率放大器工作于临界状态，输出功率 $P_o = 5$ W，集电极电压 $U_{CC} = 12$ V，集电极电流直流分量 $I_{C0} = 500$ mA，电压利用系数 $\xi = 0.9$，试计算：直流电源提供的功率 P_V，集电极功耗 P_c、效率 η 和负载谐振电阻 R_P。

6. 已知一高频谐振功率放大器工作于过压状态，现欲将其调整到临界状态，试问可以改变哪些参数？不同调整方法所得的输出功率 P_o 是否相同？为什么？

7. 根据相位平衡条件的判断准则，判断如图 3-39 所示的三点式振荡器变流等效电路，哪个是错误的（不可能振荡），哪个是正确的（有可能振荡），属于哪种类型的振荡电路，有哪些电路应说明在什么条件下才能振荡。

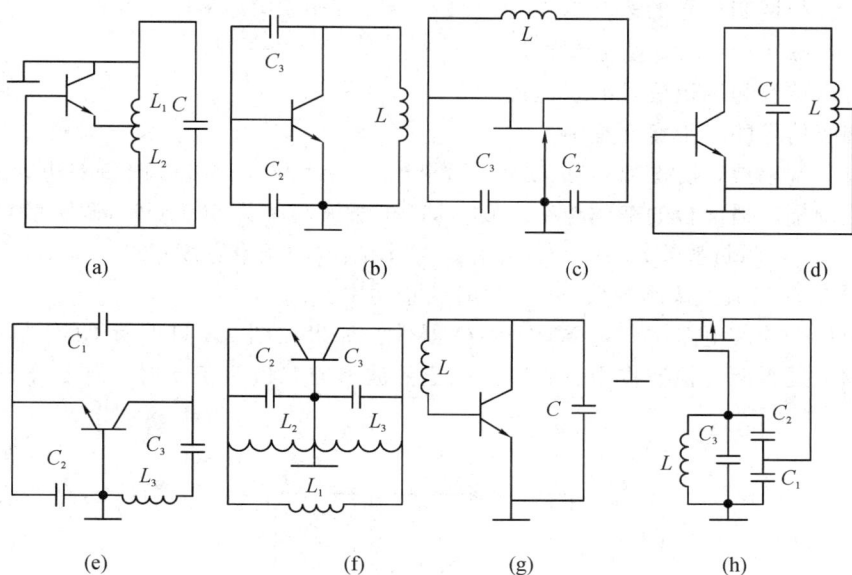

图 3-39　三点式振荡器变流等效电路

8. 图 3-40 表示三回路振荡器的交流等效电路，假定有以下六种情况，即：

(1) $L_1C_1 > L_2C_2 > L_3C_3$；

(2) $L_1C_1 < L_2C_2 < L_3C_3$；

(3) $L_1C_1 = L_2C_2 = L_3C_3$；

(4) $L_1C_1 = L_2C_2 > L_3C_3$；

(5) $L_1C_1 < L_2C_2 = L_3C_3$；

(6) $L_2C_2 < L_3C_3 < L_1C_1$。

试问：哪几种情况可能振荡？等效为哪种类型的振荡电路？其振荡频率与各回路的固有谐振频率之间有什么关系？

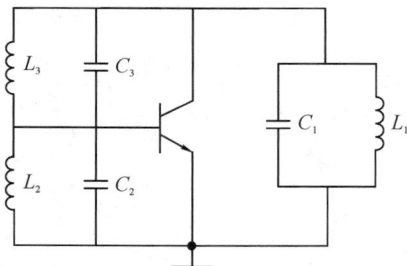

图 3-40　三回路振荡器的交流等效电路

9. 若晶体的参数为 $L_q = 19.5$ H，$C_q = 0.00021$ pF，$C_o = 5$ pF，$r_q = 110$ Ω。(1) 求串联谐振频率 f_q；(2) 并联谐振频率 f_p 与 f_q 相差多少？(3) 计算晶体的品质因数 Q_q 和等效并联谐振电阻 R_q。

10. 已知某调幅信号的最大振幅为 10 V，最小振幅为 6 V，问调幅系数 m_a 和载波电压 U_{cm} 分别为多少？

11. 单音频调制信号的表达式为 $u_\Omega(t)=3\sin(4\pi\times10^3 t)$ V，高频载波信号表达式为 $u_C(t)=3\sin(2\pi\times10^8 t)$ V，调幅系数 $m_a=0.2$。

(1) 写出单音频调幅信号的表达式。

(2) 调幅信号的频带宽度是多少？

12. 有一调幅波，载波功率为 50 W。试求当 $m_a=1$ 与 $m_a=0.3$ 时每一边频的功率。

13. 某调幅广播电台的载频频率为 640 kHz，载波功率为 500 kW，调制信号的频率为 4～18 kHz，平均调制系数 $m_a=0.3$。试求：(1) 调幅波的频带宽度；(2) 调幅波在平均调制系数下的总功率和最大调制系数($m_a=1$)时的总功率。

14. 为什么检波电路中一定要有非线性器件？如果在图 3-41 所示的检波电路中，将二极管反接，是否能起检波作用？其输出电压的波形与二极管正接时有什么不同？试绘图说明之。

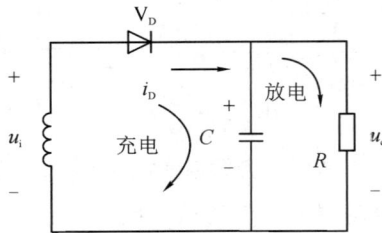

图 3-41　二极管包络检波器的原理图

15. 根据集电极调制原理，说明载波激励电压是采用恒压源激励好还是采用恒流源激励好？

16. 同步检波器能解调普通调幅波、双边带和单边带调幅波吗？说明其原因。

17. 调幅波、调频波与调相波的波形相似吗？

18. 用二极管包络检波器检波调频信号，输出的波形是什么？说明其原因。

第 4 章　雷达发射机

　　发射机在雷达系统的成本、体积、重量、投入等方面都占有非常大的比重，也是对系统电源能量以及维护要求最多的部分。雷达是利用物体发射电磁波的特性来发现目标并确定目标的距离、方位、高度、速度等。生活中很多设备都能发射电磁波，但是雷达要求发射一种特定的大功率无线电信号，这导致其结构和组成具有一定的特殊性。

4.1　雷达发射机的作用和基本类型

4.1.1　雷达发射机的作用

　　雷达发射机的任务是为雷达系统提供一种满足特定要求的大功率信号，经过馈线和收发开关并由天线辐射到空间，以满足雷达测定目标的需要。

　　雷达发射机伴随着第二次世界大战初期出现的第一批搜索雷达而诞生。当时英国采用的是电真空三极管发射机，工作频率仅限于 VHF 和 UHF 频段。随着雷达技术的迅猛发展，发射机的性能指标也越来越高，其工作频率也向微波频段进行了扩展。雷达发射机发射的电磁波信号具有如下特点：

　　(1) 载波受调制。调制包括简单矩形脉冲、较复杂的线性调频矩形脉冲、相位编码矩形脉冲、各种脉冲内部和脉冲之间的调制信号等。

　　(2) 必须具备一定发射功率。为满足雷达作用距离的要求，发射机功率往往较大，远程预警雷达的发射机峰值功率可以高达几百千瓦至几兆瓦。另外，对于不同体制、不同应用的雷达而言，发射机功率量级差别很大。例如，脉冲雷达的峰值功率可达到兆瓦级，而连续波雷达功率达到几十瓦就很高了。

　　因此，对于脉冲雷达而言，雷达发射机产生的是一系列具有一定宽度、一定重复频率的大功率射频脉冲，如图 4-1 所示。

　　雷达技术的高速发展对雷达发射机也提出了各种苛刻的要求。

1. 发射相应全相参信号

　　现代雷达要解决的首要问题是在恶劣环境条件下发射目标并准确地测量所发现目标的各种参数。所谓恶劣环境是指目标周围对雷达发射信号的强反射，如地物、海浪、雨和雪等产生的强烈发射信号都会使雷达所要探测的目标回波信号被"淹没"。显

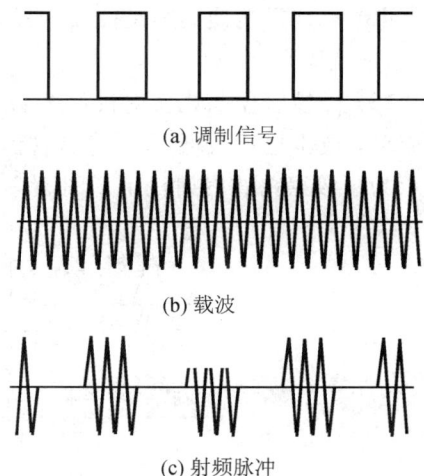

(a) 调制信号

(b) 载波

(c) 射频脉冲

图 4-1　脉冲雷达发射的信号

然，消除这些杂波是不能通过增加发射功率或提高接收机灵敏度来解决的。雷达系统中抑制这些杂波主要采用动目标显示(MTI)和脉冲多普勒(PD)滤波技术。这两种技术都是利用了多普勒效应(在后面章节中会介绍)，不管是采用 MTI 技术还是 PD 滤波技术，对发射信号都是有两项基本要求的：① 发射信号必须是相参的；② 发射信号脉间应该是高稳定的。信号相参是指发射信号与雷达频率源的信号存在固定相位关系。

2. 能输出复杂的发射信号

早期雷达的发射信号几乎都是载频固定的矩形调制脉冲，其脉冲宽度 τ 和信号频谱宽度 B 乘积等于1($B\tau = 1$)。它不能满足现代雷达系统的要求。

在一定虚警概率下，雷达探测能力与信号能量成正比。信号能量与信号峰值功率和发射脉冲宽度成正比，要提高信号能量罩既可加大信号峰值功率，也可加宽脉冲宽度。对发射机来说，过大峰值功率会带来许多问题，例如：体积、重量增加，成本提高许多。而加大脉冲宽度可以充分利用发射管和发射机其他设备的潜力，所花代价要小。

测距精度随着信号频率宽度的加大而提高，测速精度随信号脉冲宽度增加而提高。

对于 $B\tau = 1$ 的矩形固定载频脉冲信号雷达而言，用加宽发射脉冲宽度提高测速精度的要求相矛盾；而采用 $B\tau \geqslant 1$ 的复杂发射信号能解决此矛盾，这样大时宽带宽积的信号为脉冲压缩信号。这样的宽脉冲发射信号在接收机中经匹配滤波器可压缩成很窄的回波脉冲，应用此技术的雷达即为脉冲压缩雷达。

雷达对于某些杂波和人工干扰的对抗能力也和发射信号的形式有关。

4.1.2　雷达发射机的基本类型

雷达发射机通常分为脉冲调制发射机和连续波发射机。应用最多的是脉冲调制发射机，脉冲调制雷达发射机又分为单级振荡式发射机和主振式发射机两大类。

1. 单级振荡式发射机

单级振荡式发射机主要有两种：

(1)早期雷达使用的是微波三极管和微波器四级管振荡式发射机，其工作频率在 VHF 和 UHF 频段。

(2)磁控管振荡式发射机可覆盖 L 波段至 Ka 波段。单级振荡式发射机的组成相对比较简单，成本也比较低，但性能较差，特别是频率稳定度低，不具有全相参特性。图 4-2 所示为单级振荡式发射机示意图。

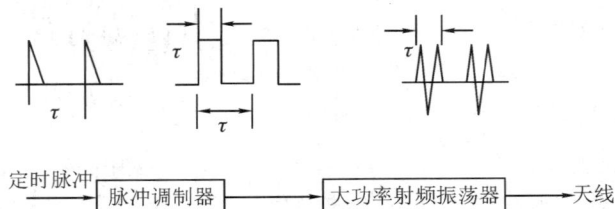

图 4-2　单级振荡式发射机示意图

单级振荡式发射机主要由脉冲调制器和大功率射频振荡器构成，它所提供的大功率射频信号是直接由一级大功率振荡器产生的，并受到脉冲调制器的控制，因此振荡器直接输出的就是受到调制的大功率信号射频信号。

2. 主振放大式发射机

主振放大式发射机主要由主控振荡器、功率放大器、脉冲调制器等构成，特点是由多级组成。从各级功能来看，第一级用来产生射频信号，称为主控振荡器；第二级用来放大射频信号，成为射频放大链。这也就是主振放大式名称的由来。

图 4-3 所示为主振放大式发射机较为详细的框图，主控振荡器采用固体微波源，射频放大链一般由 2 至 3 级射频功率放大器组成。对于脉冲雷达而言，各级功率放大器主要受到各自脉冲调制器的控制，并且还有定时器协调它们的工作。

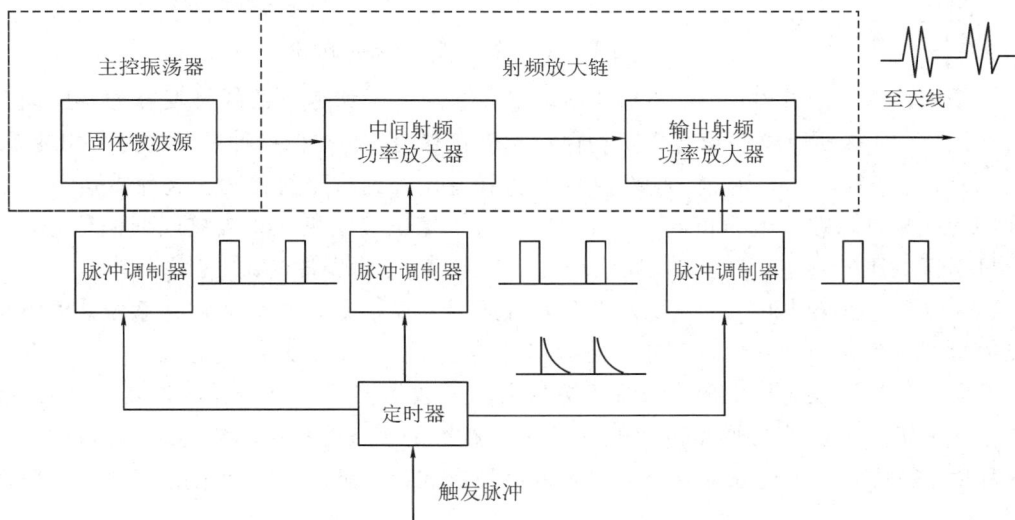

图 4-3　主振放大式发射机示意图

主振放大式发射机成本高，组成复杂，效率低，当然也具有很多优点。目前大多数雷达，尤其是相控阵雷达发射机，都是主振放大式。主振放大式发射机的主要优点如下：

（1）具有很高的频率稳定度。在雷达整机要求频率稳定度很高的情况下，必须采用主振放大式发射机。因为在单级振荡式发射机中，信号的载频直接由大功率振荡器决定。发射机往往采用电真空器件，而这种器件存在预热漂移、温度漂移、负载变化引起的频率拖曳效应、电子频移、调谐游移以及校准误差等问题，难以达到较高的频率精度和稳定度。主振放大式发射机载波的精度和稳定度在低电平较宜采用稳频措施以获得很高的频率稳定度。

（2）发射相位相参信号。只有主振放大式发射机能够发射相应相参信号。对于单级振荡式发射机，由于脉冲调制器直接控制振荡器的工作，每个射频脉冲的起始射频相位由振荡器的噪声决定，因而相继脉冲的射频相位是随机的，即这种受脉冲调制的振荡器输出的射频信号相位是不相参的。在主振式发射机中，主控振荡器提供的是连续波信号，射频脉冲是通过脉冲调制器控制射频大功率放大器形成的。因此相继射频脉冲之间就具有固定的相位关系。为此，常把主振放大式发射机称为相参发射机。

主振放大式发射机通过调制器从连续波上"截取"下来一连串射频脉冲，一个脉冲的最后波前与下一个脉冲同相位的第一个波前的间隔总是恰好等于波长的整数倍，这些脉冲当然是相参的，如图 4-4 所示。

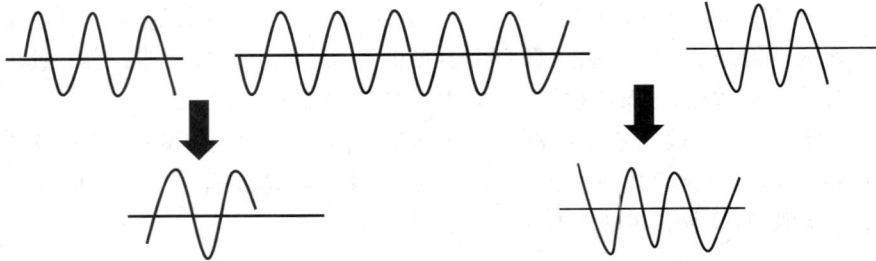

图 4-4 主振放大式发射机产生相参脉冲

如果雷达系统的发射信号、本振电压、相参振荡电压和定时器的触发脉冲均由同一基准信号提供，那么所有这些信号之间均保持相应相参性，通常把这种系统称为全相参系统。

（3）适用于频率捷变雷达。频率捷变雷达具有良好的抗干扰能力。这种雷达每个射频及脉冲的载频可以在一定的频带内快速跳变，为了保证接收机能正确接收回波信号，要求接收机本振电压的频率 f_L 能与发射信号的载波平率 f_0 同步跳变。

（4）能产生复杂波形。主振放大式发射机适用于要求复杂波形的雷达系统。单级振荡式发射机要实现复杂调制比较困难，甚至不可能。对于主振放大式发射机，各种复杂调制可在低电平的波形发生器中形成，而后接的大功率放大器只要有足够的增益和宽带即可。现代雷达为了满足多功能要求（如既能搜索又能跟踪的多功能相控阵雷达）并能适应不同的目标环境，往往一个雷达系统要求采用多种信号形式，并能根据不同情况自动灵活地选择发射波形。

4.2 雷达发射机的主要性能参数

雷达发射机是雷达系统的重要组成部分，也是整个雷达系统中最为昂贵的部分之一。发射机性能的好坏直接影响到雷达整机的性能和质量。下面对发射机的主要性能指标以及其与发射机的关系做以介绍。

1. 功率频率和波段

雷达频率的确定是极其重要的工作，一旦确定，即成为整个系统的基础，不能轻易动摇。雷达工作频率或波段是按照雷达的用途和实际需要确定的。雷达频率的选择意味着几项因素进行权衡，这些因素是物理尺寸、发射功率、天线波宽度、大气衰减等，另外，对于应用多普勒频移的雷达还需要考虑多普勒频移和频率的关系。

以陆基应用的雷达为例，它占用了雷达可用频率的全部范围。一种极端情况是兆级的远程警戒雷达。由于其不受尺寸限制，它们可以做得很大，以便在相对较低的频率上工作时还能具有相当高的角分辨率。例如，超视距雷达是在 HF 频段工作的，在这个频段里电离层具有相当好的发射性；宇宙空间监视和预警雷达在 UHF 和 VHF 频段工作，在这些频段里环境噪声最小，并且大气衰减可以忽略。但是，在这些频段里充满了通信信号，雷达使用这些频段的场合仅仅限制于一些专门的用途和地理区域，因此雷达的发射信号通常要占用相当宽的频段。在不需要远的作用距离，并且这些大气衰减可以接受的场合，通过把工作频率移到 L、S 和 C 波段，甚至更高，这样就可以减少地面部队雷达的尺寸。

此外，为了提高雷达系统的工作性能和抗干扰能力，有时还要求它能在几个频率上的跳变工作或同时工作。工作频率或波段确定后，要相应地选择发射管的种类，例如，在 1000 MHz 以下主要采用微波三极管，在 1000 MHz 以上则采用多腔磁控管、大功率速调管、行波管以及前向波管等。

2. 信号波形

根据雷达体制(连续波(CW)型和脉冲型)的不同，可以选用各种各样的信号形式。CW 雷达连续发射无线电波，同时接收发射回波，与此相反，脉冲调制器雷达是以窄脉冲形式间隔地发射无线电波，而在两次发射的间隔期间内接受回波。除了多普勒导航仪、高度计和变时近爆引信外，大多雷达都采用脉冲工作方式，主要原因是脉冲工作方式可以避免发射机干扰接收的问题。

脉冲雷达的发射波形有 4 个基本参数：载频、脉冲宽度、脉内或脉间调制方式、脉冲重复频率和一个基本特性即相参性。

(1) 载频。载频并不总是固定不变的，可以用不同方式改变载频，以满足特定系统或特定工作要求。从一个脉冲到下一个脉冲，载频可以随机改变，可以增加或减小，或者按着某种特定规律改变。载频甚至可以在每一个脉冲期间以特种特定规律增加或减小，这就是脉内调制。

(2) 脉冲宽度(PW)。脉冲宽度就是脉冲的持续时间，它常常用小写的希腊字母 τ 表示。脉冲宽度可以从几分之一微秒到几毫秒。如果脉冲内没有某种形式的调制，脉冲宽度宽度就决定了雷达对于距离上靠得很近的两个目标的分辨能力。

(3) 脉内调制。最小脉冲长度对于距离分辨率的限制可以用脉内调制的办法克服。用相位或频率调制的方法，将发射脉冲宽度增量逐渐编码。在接收回波时进行调解，这种技术称为脉冲压缩。

(4) 脉冲重复频率(PRF)。脉冲重复频率就是每秒钟发射的脉冲数，通常用 F_r 表示。在雷达工作过程中，脉冲重复频率还可以随时变化。脉冲重复周期是从一个脉冲起始到下一个脉冲起始的时间间隔，通常用 T_r 表示。二者之间的关系为

$$T_r = \frac{1}{F_r} \tag{4-1}$$

例如，PRF 为 100 Hz，则脉冲重复间隔 T_r 就是 0.01 s。

图 4-5 所示为目前应用较多的几种雷达信号波形。图 4-5(a)是简单的单一频率脉冲调制信号波形，图 4-5(b)是脉冲压缩雷达中使用的线性调频脉冲，图 4-5(c)是相位编码脉冲压缩雷达中使用的调相脉冲，图 4-5(d)是抗干扰常用的频率捷变脉冲，图 4-5(e)是不同重复频率脉冲，可以消除盲速和盲像。随着技术的不断发展，实际上还有很多复杂的信号形式。

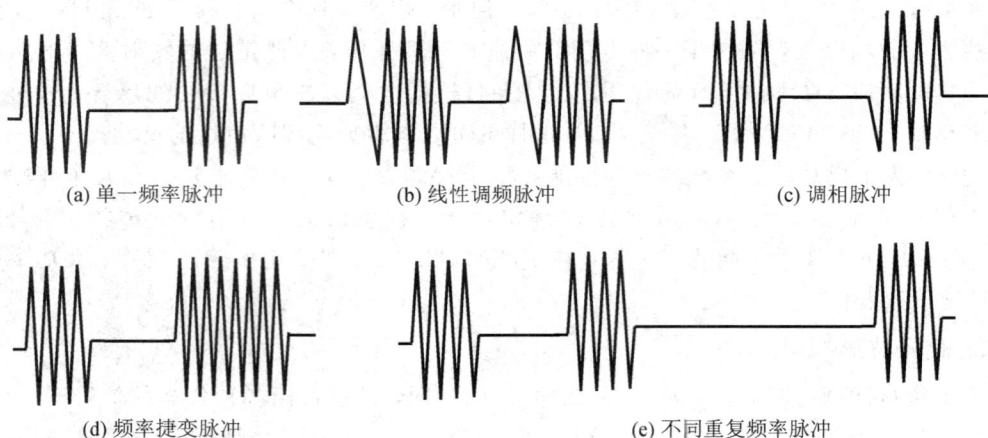

(a) 单一频率脉冲　　　　　　(b) 线性调频脉冲　　　　　　(c) 调相脉冲

(d) 频率捷变脉冲　　　　　　　　　(e) 不同重复频率脉冲

图 4 - 5　常用发射脉冲形式

（5）相参性。相参性（又称相干性）是一个重要概念，信号相参是指发射信号与雷达频率源存在固有的相位关系。对于脉冲信号而言，相参性意味着从一个脉冲到下一个脉冲的相位具有一致性或连续性。相参有多种类型，最普遍采用的一种如图 4 - 6 所示。每个脉冲的第一个波前与前一个脉冲相同相位的最后一个波前的间隔是波长的某一个整数倍。例如，假设波长为 3 cm，则间隔可能是 3 000 000 cm 或 3 000 003 cm，或者是 3 000 006 cm 等，但不能是 3 000 001 cm 或 3 000 003 cm，等等。

距离是波长的整数倍 λ

图 4 - 6　脉冲相参性

3. 输出功率

雷达发射机的输出功率直接影响雷达的威力和抗干扰能力。通常规定发射机送至天线输入端的功率为发射机的输出功率。脉冲雷达的输出功率可用峰值功率和平均功率来描述。峰值功率指脉冲期间射频振荡的平均功率，用 P_t 表示。平均功率指脉冲重复周期内输出功率的平均值，用 P_o 表示。如果发射波形是简单的矩形脉冲列，脉冲宽度为 τ，脉冲周期为 T_r，则有

$$P_o = P_t \cdot \frac{\tau}{T_r} = P_t \cdot \tau \cdot F_r \qquad (4 - 2)$$

式中：F_r 为脉冲重复频率。

例如，雷达的峰值功率为 100 kW，脉冲宽度为 1 μs，PRF 为 2000 μs，则平均功率就是 $100 \times 1/2000 = 0.05$ kW。定义雷达的工作比或占空比用 D 表示，即

$$D = \frac{\tau}{T_r} = \tau \cdot F_r \qquad\qquad (4-3)$$

雷达的占空比表示雷达发射时间与总工作时间之比。例如,雷达的脉冲宽度是 0.5 μs,脉冲周期是 100 μs,工作比就是 0.5/100＝0.005,这说明这部雷达在其工作期间有 5‰ 的时间进行发射,或者说工作比为 0.5％。常规脉冲雷达工作比的典型值是 $D=0.001$。显然,连续波雷达的 $D=1$。

平均功率的重要性首先在于它是决定雷达潜在探测距离的一个关键因素。在给定时间内,雷达发射的总能量等于平均功率乘以时间长度。因此,为了得到更大的探测距离,可以用三种方法:增大脉冲宽度,增大峰值功率,增大脉冲重复频率,如图 4-7 所示。平均功率受到关注的另一个原因是,它和发射机效率一起决定了因损耗而产生的热量。这些热量应当散发掉,这又决定了所需要的冷却量。平均输出功率加上损耗决定了必须供给发射机的输入(初始)功率。因此,平均功率越大,发射机就变得越大、越重。

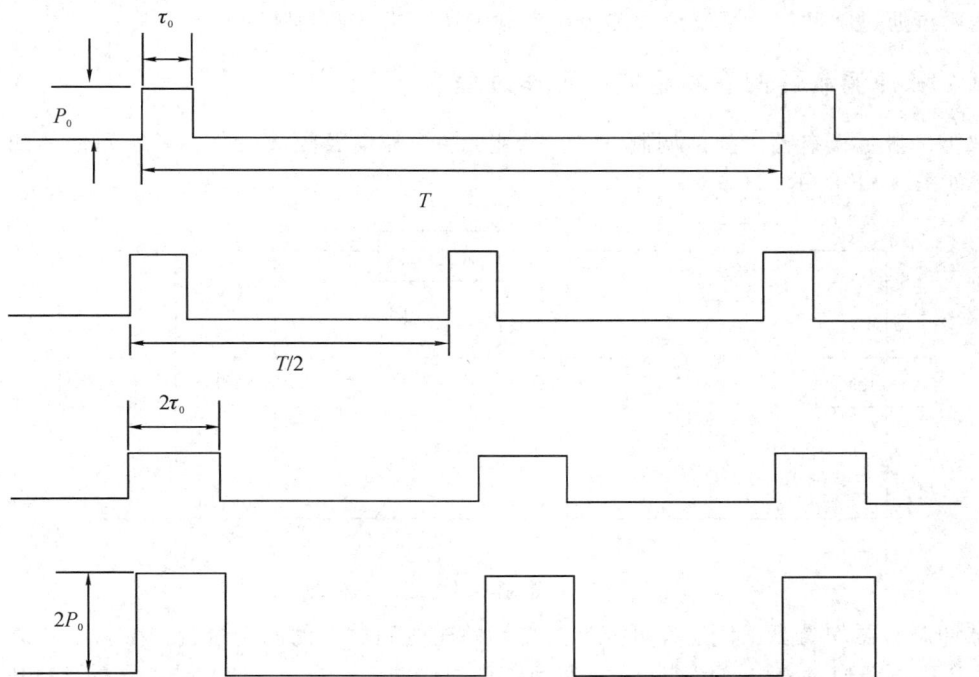

图 4-7　增加平均功率的三种方法

4. 总效率

发射机的总效率是指发射机的输出功率与输入功率总功率的比值。因为发射机通常在整机中是最耗电和最需要冷却的部分,因此提高总效率不仅可以节省电能,还可以降低整机的体积和重量。

5. 信号稳定度或频谱纯度

信号的稳定度是指信号的各项参数,例如信号的振幅、频率(或相位)、脉冲宽度及脉冲重复频率等是否随着时间发生了变化。雷达信号的任何不稳定都会给雷达整机性能带来不利影响。信号参数的不稳定分为规律性和随机性两类,规律性的不稳定往往是由于电源滤波不良、机械振动等原因引起的，而随机性的不稳定则是由发射管噪声等随机起伏引起的。

　　信号的频率稳定度又称为信号的频谱纯度，是指雷达信号在应有的信号频谱之外的寄生输出功率与信号功率之比，一般用 dB 表示，显然比值越小信号频谱纯度越高。现代雷达对信号的频谱纯度提出了很高的要求。另外，单机振荡式雷达发射机的频率稳定度较低，通常为 $-40\sim-30$ dB，主振多级放大式雷达发射机的工作频率稳定度较高，一般为 $-80\sim$ 60 dB。提高发射机的工作频率度是提高发射机质量的一个重要环节。

4.3　脉冲调制器

　　脉冲调制器的作用是给发射机的射频各级提供合适的射频调制脉冲，即产生等幅、等宽和一定重复频率的矩形脉冲，其本质上是一个功率转换器，其任务是为射频放大管提供性能合乎要求的视频脉冲。它把初级电源送来的交流功率先转换成有合适电压的直流功率，然后再通过脉冲产生系统形成和控制负载上所要求的调制脉冲。

4.3.1　脉冲调制器的基本组成和工作过程

　　典型的脉冲调制器主要由调制开关、储能元件、充电及隔离元件、旁通元件等四部分组成，如图 4-8 所示。

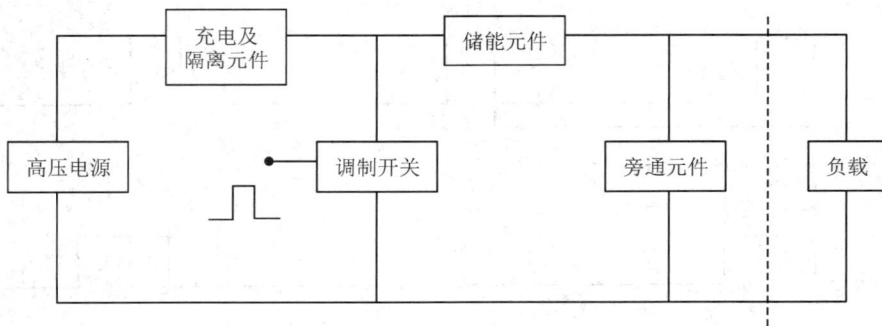

图 4-8　脉冲调制器基本组成方框图

　　脉冲调制器的简要工作过程可分为储能元件充电和放电的两个过程。在调制开关断开期间，高压电源通过充电及隔离元件、旁通元件向储能元件充电，使其储能；在调制开关接通期间，储能元件通过调制开关向负载放电，使负载工作。

　　(1) 充电及隔离元件有电阻和电感两种，其作用是给储能元件按一定方式充电，把高压电源同调制开关隔开，避免在调制开关接通时高压电源过载。

　　(2) 储能元件一般为电容器或仿真线。其作用是在较长的脉冲间歇期间内从高压电源获取能量并不断储存起来，又在极短的脉冲工作期间内把能量转交给负载。这样，高压电源的功率容量和体积可大为减少。储能元件可以是电容或电感，但电感现在很少用。电容可用电感器做成，也可以用等效于电容的脉冲形成网络（也称仿真线或人工线）做成。

　　(3) 旁通元件一般为电阻或电感，其作用是构成储能元件的充电回路。在储能元件放电时，它所呈现的阻抗比负载阻抗大得多，对放电电流基本上没有影响，而且还可以改善调制脉冲后延波形。

（4）调制开关一般为真空电子管、充气闸流管及可控硅等。它的作用是：在外来脉冲触及的短暂时间内接通储能元件的放电回路，以形成调制脉冲；在外来脉冲间歇期间它是断开的，以使储能元件充电。脉冲调制器按所调制开关可以分为刚性开关调制器与软性开关调制器。

4.3.2　刚性开关脉冲调制器

刚性开关脉冲调制器也称为电子开关调制器，它是由真空电子管做调制开关，以电容器作储能元件。由于真空管的通断是由栅极电压来控制的，栅极电压又受激励脉冲的控制，所以通断和转换迅速，开关具有"刚性"，使储能元件部分放电。输出的调制脉冲波形好，其宽度基本上由预调器来的激励脉冲决定，且容易改变。它在工作时受环境和负载的影响小，常用于要求测距精度高、分辨率强的雷达，必须输出良好的脉冲波形的跟踪雷达。但真空管的内阻较大，转换效率较低，输出功率也比较小，而且需要预调器，因此结构比较复杂。

预调器亦称激励器，它的主要任务是给调制管的栅极提供所需要的激励脉冲。刚性开关脉冲调制器之所以必须专门设置预调器，是因为调制管作为电子开关，它的导电与截止是由其栅极间的矩形脉冲决定。在储能电容充电期间，由于充得的电压很高，为了使调制管截止，需要有较负的栅极偏压；当其导电时，为了能通过较大的脉冲电流，栅极总是工作在正栅极压状态，栅流也比较大。因此，要求加到调制管栅极的矩形脉冲必须具有较高的幅度和足够大的功率，而且波形良好，宽度准确，这是一般触发器直接产生的触发脉冲所难以胜任的。

如图 4-9(a)所示为刚性开关阴极脉冲调制器基本电路。其中，V_1 是真空电子管，作为开关管，平时由很负的栅极偏压 E_g 截止；R_1 是充电及隔离电阻；R_2 是旁通电阻；C 是储能电容；C_0 是分布电容，由调制管 V_1 输出电容、阳极连接元件对地分布电容、磁控管输入电容及阴极连接元件对地分布电容 C 的外壳对地分布电容等构成，通常为 $50\sim100$ pF 数量级；V_2 是磁控管，为非线性负载。

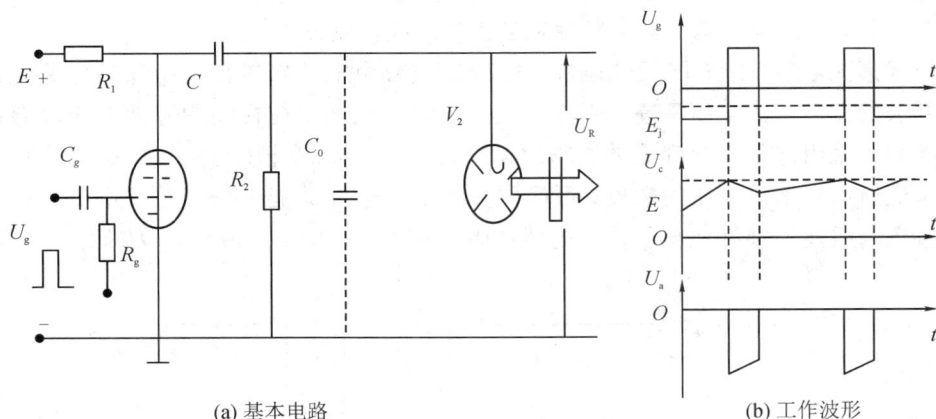

图 4-9　阴极脉冲调制器基本电路及工作波形

脉冲调制器的工作受外来激励脉冲的控制，实际上是一个大功率的阻容耦合脉冲放大器，其工作波形如 4-9(b)所示。在激励脉冲间歇期间，调制管被负偏压 E_g 截止，储能电容 C 经 R_1、R_2 充电到接近电源电压 E 的数值。在激励脉冲工作期间，调制管的栅极加上幅度很高的负脉冲电压使振荡器得到大功率调制脉冲能量而振荡。当激励脉冲结束后，调制管又迅速被负偏压截止，输出的调制脉冲便结束。储能电容再通过 R_1，R_2 充电，以补充它在脉冲期间放掉的能量。直到下一个激励脉冲到来，C 再放电，如此周而复始，调制器就输出与激励脉冲重复频率相同的大功率调制脉冲加到磁控管使其振荡，而且调制脉冲的宽度完全由激励脉冲宽度所决定。

4.3.3　软性开关脉冲调制器

软性开关脉冲调制器是用软件开关作为调制开关的脉冲调制器，包括离子开关和可控硅开关等调制器。以离子开关调制器为例，它常用氢气闸流管等器件作为调制开关。

氢气闸流管与普通三极管的主要区别在于：管内充有氢气，管子导电后栅极失去控制作用，而且内阻小，电流大；阴极与阳极间栅极严密隔离，使阳极电场只存在于阳栅之间而不能直接作用到阴极，故能承受高压。其特点是只能起单项控制作用，即当触发脉冲使闸流管导电后，触发脉冲就失去作用，只有当闸流管的阳压下降到熄火电压时，闸流管才能关断。因此，点火脉冲只能控制它的导通，不能控制它的关断，故称为"软性"。

由于软性调制开关的这一特点，储能元件只能是完全放电，如果仍然用电容器做储能元件，得到的将是一个尖脉冲。为了获得接近于矩形的调制脉冲，在软性开关调制器中几乎毫无例外地用开路长线，更多的是用人工线作为储能元件。因此，软性开关调制器又称为仿真线储能、完全放电式调制器，或简称为线性调制器。

常用的仿真线是用集总参数的电感和电容构成链形的脉冲形成网络。由于它具有开路长线的性能特点，所以用它代替开路长线进行储能和用它放电形成脉冲等。软性开关脉冲调制器主要用来储能和形成矩形脉冲，其形成的脉冲宽度 τ 为

$$\tau = 2n \sqrt{L_e C_e} \tag{4-4}$$

式中：n 为仿真线节数；L_e 为每节集总参数电感，数值均相同，单位 mH；C_e 为每节集总参数电容，数值均相同，单位为 pF。

因此，离子开关脉冲调制器的脉冲宽度由仿真线控制。

为了提高充电效率，充电元件通常由电感组成或由电感与二极管串联的电路组成。由于软性开关的正向阻断电压不高，所以在人工线和负载之间往往要用脉冲变压耦合器。脉冲变压器初级绕组除了可起到充电通路的作用外，还可以起升压与阻抗匹配的作用。这样就可以降低所需要电源电压的数值；可使仿真线及软性开关能工作于较低电压；还可以使负载的直流内阻能够很好地与仿真线的特性阻抗相匹配。图 4-10 所示为软性开关调制器

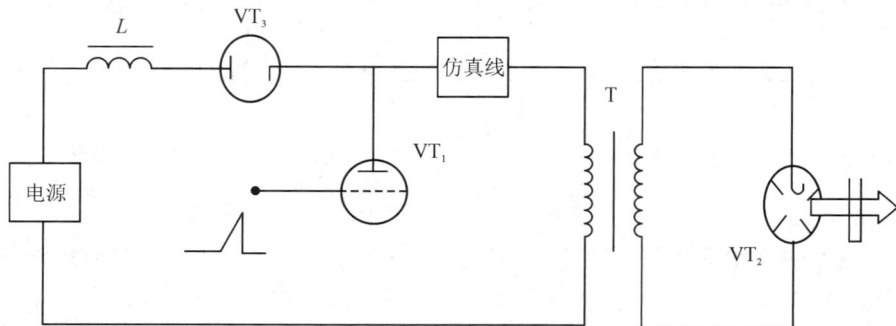

图 4-10　软性开关调制器典型原理电路

典型原理电路。

离子开关的优点是电流大、内阻小、输出脉冲功率大、转换效率高，是目前侦查及警戒雷达常用的脉冲调制器；其缺点是受环境及负载影响时性能不够稳定。软性开关脉冲调制器常应用在精度要求不高而功率较大的远程警戒雷达或体积重量较小的空用搜索雷达发射机中。

实际上，某些半导体开关虽其本身是"软性"的，但经过适当组合，也能起到刚性开关的作用。由可控硅组成的双稳态开关（又称直流开关）就是一个例子。

4.4　射频振荡器

雷达发射机通过对雷达频率源产生的小功率射频信号进行放大或直接自激振荡产生高功率发射信号。单级振荡式发射机主要有两种：早期雷达使用的微波三极管和微波器四级管振荡式发射机，其工作频率在 VHF 至 UHF 频段；磁控管振荡式发射机，可覆盖 L 波段至 Ka 波段。

4.4.1　磁控管

磁控管发射机可以工作在多个雷达频率波段，加上其具有结构简单、成本较低以及效率高等优点，至今仍有不少雷达系统采用磁控管发射机。

1. 磁控管的基本结构

磁控管是一种恒定正交电磁场控制电子运动的特殊二极管。普通多腔磁控管的基本结构由四大部分构成：一个圆桶形阴极，一个与阴极同轴的阳极及调频机构，直流磁场装置，能量耦合输出装置，其典型结构如图 4-11 所示。

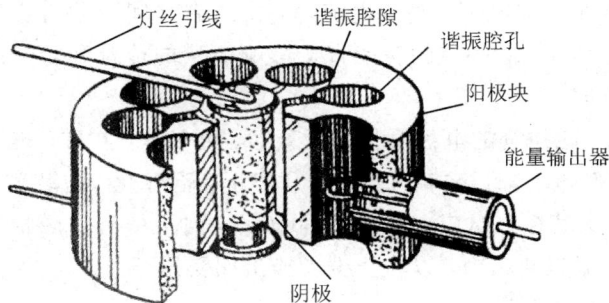

图 4-11　普通磁控管的典型结构

（1）阴极。一般脉冲磁控管都采用旁热式氧化物阴极，整个阴极作为圆柱状，配置于磁控管的轴心上。

（2）阳极。阳极是由纯铜制成的环形圆柱体。圆柱体内壁凿有偶数个通孔，称为谐振空腔，组成磁控管首尾相连的回路系统，成为阳极块。

磁控管的振荡频率主要取决于谐振腔的固有频率。同时，它储存着高频能量，并通过能量输出装置馈给负载。为了在一定范围内调节振荡频率，可用机械方法改变谐振腔的结构，从而达到改变固有频率的目的。机械调谐结果视改变谐振腔中等效电感和等效电容的情况，通常分为电感调谐和电容调谐。为了便于散热，磁控管的阳极块装有散热片。功率大的二极管通常强迫风冷和水冷。

（3）能量耦合输出装置。由于磁控管本质上是振荡器，所以只有能量输出装置，常用的有同轴线型和波导型两种。

（4）直流磁场装置。直流磁场装置提供相互作用空间所需的磁场。

2. 磁控管使用注意事项

磁控管使用时应注意以下几点：

（1）负载要匹配。无论什么设备都要求磁控管的输出负载尽可能做到匹配，也就是它的电压驻波比应尽可能小。驻波大不仅反射功率大，使被处理物料实际得到的功率减少，而且会引起磁控管跳模和阴极过热，严重时会损坏管子。跳模时，阳极电流出现忽然跌落的现象。

（2）冷却。冷却是保证磁控管正常管工作的条件之一，大功率磁控管的阳极常用水冷，其阴极灯丝引出部分及输出陶瓷窗同时进行强迫风冷，有些电磁铁也用风冷或水冷。冷却不良将使管子过热而不能正常工作，严重时可能会烧坏管子。应严禁在冷却不足的条件下工作。

（3）合理调整阴极加热功率。磁控管起振后，由于不利电子回轰阴极，使阴极温度升高而处于过热状态，阴极过热将使材料蒸发加剧，寿命缩短，严重时可能会烧坏阴极。防止阴极过热的办法是按规定调整降低阴极加热功率。

（4）安装调试。目前常用的微波加热设备中磁控管放在激励腔上直接激励传输系统。激励腔既是能量激励装置，又是传输系统的一部分。因此激励腔的性能对磁控管的工作影响极大。激励腔应能将管内产生的微波能量有效地传输给负载。为达到此目的，除激励腔本身的设计外，管子在激励腔上的装配情况也对工作的稳定性影响极大。正常工作时管子的阳极与激励腔接触部分有很大的高频电流通过，二者之间必须有良好的接触，接触不良将引起高频打火。天线插入激励腔的深度直接影响能量的传输和管子的工作状态，应按说明书规定进行精心装配。

（5）保存和运输。磁控管的电极材料为无氧铜、可伐等，在酸、碱湿气中易于氧化。因此，磁控管的保存应防潮、避开酸碱气氛，以及防止高温氧化。包装式磁控管因带磁钢，应防止磁钢的磁性变化，其存在时应在管子周围 10 cm 内不得有铁磁物质存在。管子在运输过程中应放入专用防振包装箱内，以防止振动撞击而受损坏。

4.4.2　行波管放大器

1. 行波管放大器的组成和结构

行波管放大器由行波管、聚焦线圈、输入输出装置以及中心调整装置等四部分组成，如图 4-12 所示。行波管装在聚焦线圈中间的金属圆筒内，中心调整装置在行波管的两端。

从天线接收回来的高频信号由输入端送入，经行波管放大器放大后，由输出端输出。

（1）行波管。行波管是行波管放大器的核心部分，用于不同波段、不同型号的行波管在结构上略有不同，但主要由电子枪、螺旋线、集电极三部分组成。

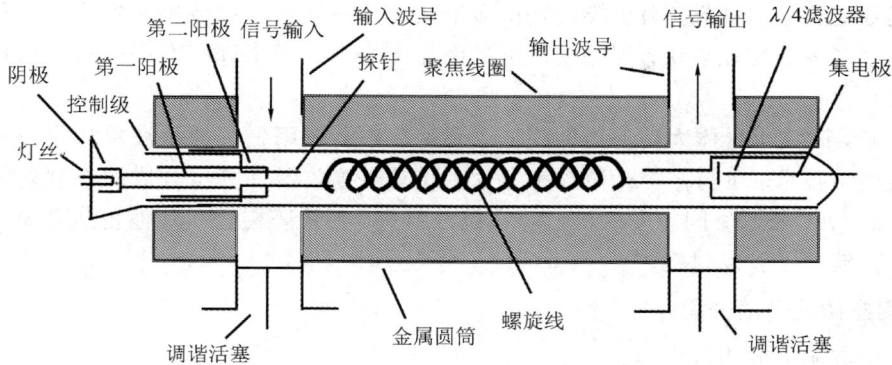

图 4 - 12　行波管放大器的结构

（2）聚焦线圈。聚焦线圈用来产生很强的轴向直流磁场，使电子在沿轴向前进过程中始终保持聚焦成束。它由绕在铜质圆筒外几段螺旋管线圈串联而成。工作时，由直流电源供给线圈直流电流。

（3）输入、输出匹配装置。输入、输出匹配装置各是一段末端有短路活塞的波导。调节短路活塞使输入、输出波导与输入、输出探针相匹配，以有效地输入和输出信号。为了防止高频能量从行波管两端漏出，由行波管内的两个四分之一波长的金属圆筒与玻璃管壁外的金属圆筒构成两个四分之一波长末端开路的滤波器。

（4）中心调整装置。中心调整装置分别装在行波管的两端，用以调整行波管的位置，保证管轴与聚焦磁场平行。

2. 行波管的工作原理

行波管是通过电子束与信号行波电场互相作用，由电子束不供给行波管电场能量而只完成放大作用。高频信号从输入端开始进入行波管放大器后，沿着管轴向传播，电子枪发射的电子也沿着行波管的轴方向传播。二者在共同前进的过程中，电子不断地把从直流电场中获得的能量交换给信号行波电场，使其不断加强，当达到管子末端时，信号行波场要比原来增强了许多倍。放大了的信号从输出装置输出。由此看来，电子与行波电场之间的能量交换过程也就是行波管放大信号的过程。

4.5　固态雷达发射机

雷达发射机采用的器件主要有两类：电真空器件和半导体器件。早期雷达基本上都采用电真空器件。自 1948 年半导体二极管发明至今，目前工作频率在 4 GHz 以下的各种全固态雷达发射机已大量地更换掉原有的真空管微波管雷达发射机。近年来，随着砷化镓场效应管（GaAs FET）的快速发展，使得在 C 波段、X 波段的全固态雷达发射机研究已经接近实用阶段。

4.5.1　固体微波源及其应用

1. 固态微波源的定义

固态是指相对于常规的电真空器件（电子管）而言的半导体材料（晶体管），例如，硅、砷化镓场效应管等。固态发射机模块是指多个微波功率期间和微波单片集成电路集成到一起构成一个基本的功能模块。固态发射机是由几十个至几千个固态发射机模块组成的雷达发射机。

近年来，微波半导体大功率器件获得了飞速发展，应用先进的微波单片集成和优化设计的微波网络技术，可将多个微波功率器件、低噪声接收器件等组合成固态发射机模块或固态收-发(T/R)模块。固态发射机已经在机载雷达、相控阵雷达和其他雷达系统中逐渐代替常规的微波电子管发射机。

2. 固态微波源的分类

固态微波源可分为两大类：

(1) 倍频链，由主振、多次倍频和功放组成。主振常用石英晶体振荡器产生稳定的基准信号，目前也有用双极晶体管振荡器作为基准振荡器($4\sim8$ GHz)，并可实现电调谐；倍频器常用变容管倍频(5 次以下)和阶跃管倍频(5 次以上)；功放常用双极晶体管放大器和场效应管放大器。它们的频率稳定度高，技术比较成熟，但结构复杂。

(2) 直接产生频率相当于高的微波或毫米波振荡器，如砷化镓场效应振荡器(目前频率可达 $18\sim40$ GHz)、体效应管振荡器($8\sim27$ GHz)、雪崩二极管振荡器($18\sim110$ GHz)等都是目前常用的微波源。这类微波源的缺点是频率稳定度不高，需采用稳频措施。

3. 固体微波源在雷达发射机中的应用

(1) 作为有源频率标准。在动目标显示雷达中，为提高对小固定目标的能力，可对磁控管发射机进行自动频率微调，固态微波源作为自动频率微调的有源频率标准，使发射机达到更高的频率稳定度。

(2) 作为主振多级放大式雷达发射机的高频振荡器。该类发射机必须具备良好的频率或相位相干性，而这种相干性首先必须依靠它的激励器来保证。激励器激励高频功率放大器(如行波管功率放大器等)，因此要求固态微波源输出足够的功率。

(3) 构成固态雷达发射机的功率放大组件。

(4) 作为相控阵雷达的子发射单元。

4.5.2　固态发射机的特点

与微波电子管发射机相比，固态发射机具有如下优点：

(1) 不需要阴极加热，寿命长。不消耗阴极加热功率，也没有发射机预热延时，实际上也没有工作寿命的限制。

(2) 具有很高的可靠性。一方面，固态发射机模块本身具有很高的可靠性，目前模块的平均无故障时间(MTBF)已经超过 100 100 h；另一方面，固态发射模块已经做成标准件，当组合应用时便于设置备份件，可随时替换损坏的模块。

(3) 体积小，重量轻。固态发射模块工作电压较低，一般低于 40 V，不需要体积庞大的高压电源和防护 X 射线的设备。

(4) 工作频带宽，效率高。目前固态发射模块能达到 50% 或者更宽的带宽。

(5) 系统设计和运用灵活。一种设计良好的固态发射模块可以满足多种雷达的使用要求，发射机总的输出功率可用并联模块数目的多少来控制，而不同的输出波形则可以通过波形发生器和定时器按一定的程序来实现。

（6）维护方便，成本较低。固态发射模块通常采用空气冷却方式，不需要体积庞大的风冷或水冷设备。由于固态发射模块是批量生产的，目前在 L 波段的固态发射机模块成本较低，S 波段的成本也在逐渐降低。

总的来说，高功率微波晶体管和固态发射模块在超高频至 L 波段的发展比 S 波段以上的波段更快。目前，固态发射模块和固态收-发模块已经越来越多地应用于超高频至 L 波段。例如，美国的远程预警机相控阵雷达"PAVE PAWS"，其工作在 UFH 频段，双阵面共计 1792×2＝3584 个发射机组件，是世界上第一部全固态相控阵雷达。

然而，当工作频率很高时，目前的固态发射机输出功率不够大，而采用功率合成技术可以解决。

4.5.3　微波功率合成技术

固态发射机包括两种典型的输出功率组合方式：一种是几种相加式高功率固态发射机；另一种是分布式（空间合成）发射机。

空间合成发射机主要用于相控阵雷达，由于没有微波功率合成网络的插入损耗，输出功率效率很高。集中合成的输出结构可以单独作为中、小功率雷达发射机辐射源，也可以用于相控阵雷达。由于微波功率合成网络的插入损耗，它的效率比空间合成输出结构要低些。图 4-13 所示为固态发射机微波功率合成方式。

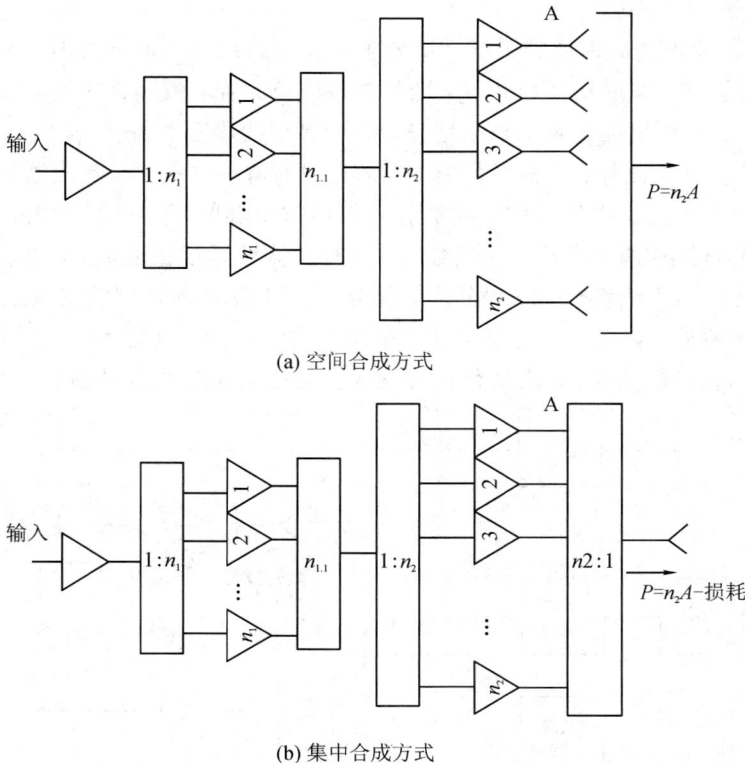

(a) 空间合成方式

(b) 集中合成方式

图 4-13　固态发射机微波功率合成方式

4.5.4 固态组件

1. 固态只发射组件

固态只发射组件大多用于集中式或分布式相控阵雷达发射机。图 4-14 所示为一个典型的固态发射组件。其中，数字移相器为雷达系统发射波束实现电扫描；相位微调用于保证相控阵面单元相位一致和发射波束的电扫描精度；激励级通常工作于 C 类；环流器用于减小负载频率牵引；检波器向控制保护电路提供故障信息，实时进行故障检测、指示与保护。

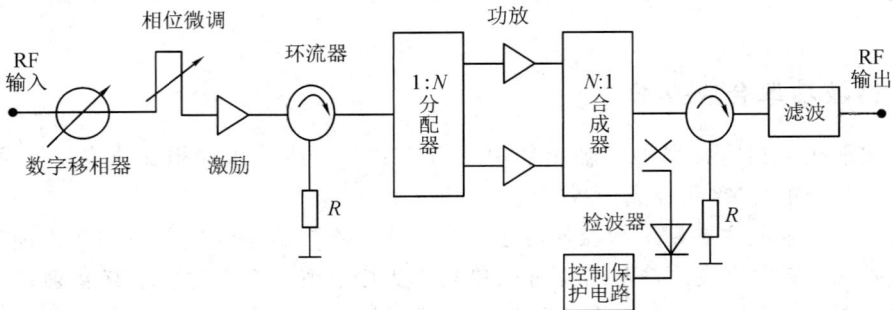

图 4-14　典型的固态发射组件

2. 固态有源 T/R 组建

固态有源 T/R 组件的组成随系统性能要求和复杂程度的不同而有所不同，但其基本构成相差不大，主要有：发射功率放大器，低噪声接收放大器，数字移相器，衰减器，T/R 开关，以及机内测试、逻辑控制及保护电路等。一个典型的固态有源 T/R 组件的基本组成方框图如图 4-15 所示。此外，为提高性能，有的还设有幅相均衡器、环流器和滤波器等，各级电路间常用微带连接。T/R 组件一般被装入带铝散热器的轻型密封盒内，制造工艺可大体分为混合式及单片式两个类型。在混合式中，有源器件焊接在玻璃、陶瓷或其他基片上，基片上有分立元件与引线键合，基片分段。混合式又分为普通混合微波集成电路和微型混合微波集成电路两种，它们采用的是早期的电路模式，主要缺点是体积大、重量重、均一性差、可靠性低、造价高、装配工艺复杂且难度大。因此，后来大力研制和开发 GaAs 材料，

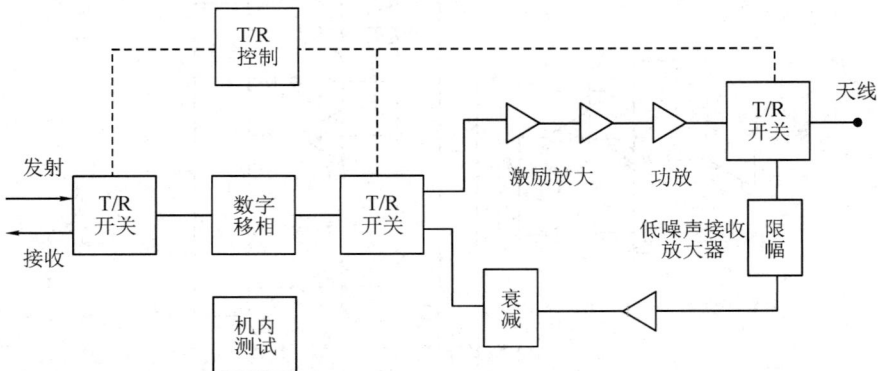

图 4-15　典型的固态有源 T/R 组件的基本组成方框图

作为基片的单片微波集成电路组件。GaAs 采用了严格的批量生产工艺控制，克服了混合式的主要缺点，均一性良好，成本大大降低。随着微组装工艺的发展，固态组件已逐渐进入大功率制造和使用阶段。整部 T/R 组件通常采用 SMA 接头和微带引出，连接方便。

4.5.5　频率合成技术

频率合成技术起步于 20 世纪 30 年代，至今已有 90 多年的历史。其原理是通过一个或多个参考信号源的线性运算，在某一频段内产生多个离散频率点。基于此原理制成的频率源称为频率合成器。

频率合成器是现代电子系统的重要组成部分，是决定整个电子系统性能的关键设备，其不仅在通信、雷达、电子对抗等军事领域，更在广播电视、遥控遥测、仪器仪表等民用领域得到了广泛的应用。随着电子技术在各领域内占有越来越重要的地位，现代雷达和精确制导等高精尖电子系统对频率合成器的各项指标提出了越来越高的要求，推动了频率合成技术的发展。

初期的频率合成技术采用一组晶体组成的晶体振荡器，输出频率点由晶体个数决定，频率准确度和稳定度由晶体性能决定，频率切换由人工手动完成。随着频率合成技术理论的完善和微电子技术的发展，后来出现了若干频率合成方法，现代的频率合成技术主要经历了三个阶段：直接模拟频率合成、间接频率合成和直接数字频率合成。

1. 直接模拟频率合成(Direct Frequency Synthesis，DS)技术

直接模拟频率合成技术是一种早期的频率合成技术，它使用一个或几个晶体振荡器作为参考频率源，通过分频、混频和倍频的方法对参考源频率进行加减乘除运算，然后用滤波器处理杂散频率得到所需的不同频率。直接频率合成器的组成框图如图 4-16 所示。其中，$2.7 \sim 3.6$ MHz、间隔为 0.1 MHz 的信号由谐波发生器产生，通过开关 A、B、C、D、E 控制由哪些频率参加运算，被选中的五个频率经过混频器后，就可以直接得到频率范围为

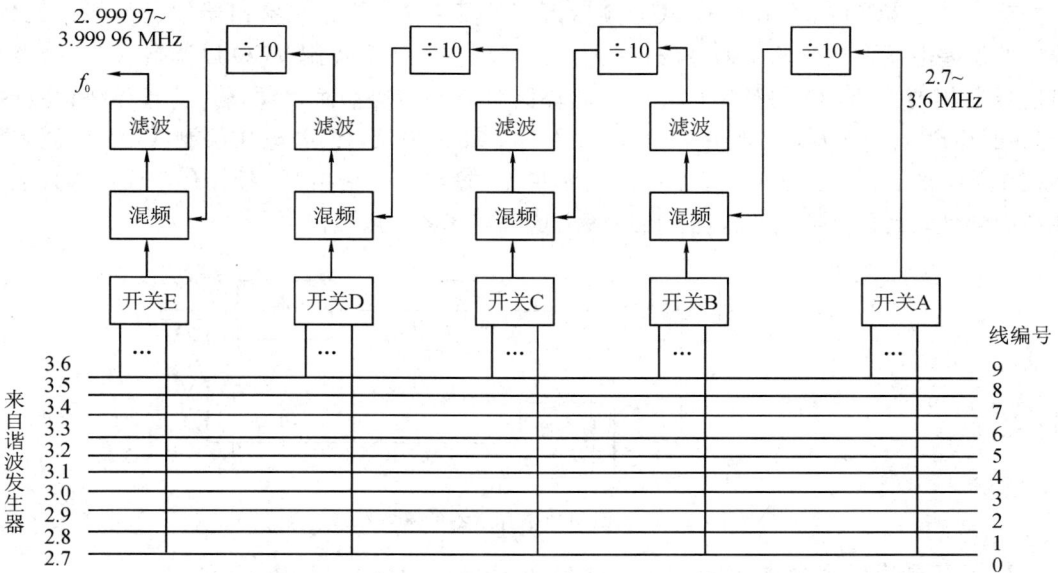

图 4-16　直接频率合成器的组成框图

2.999 97～3.999 96 MHz、间隔 Δf 为 10 Hz 的任意频率信号。例如，要产生 3.234 56 MHz 的频率信号，则只需要将开关 A、B、C、D、E 分别置于线编号为 9(3.6 MHz)、5(3.2 MHz)、4(3.1 MHz)、3(3.0 MHz)及 2(2.9 MHz)的位置，再分别经过十分频、混频、滤波后，即可得到 3.234 56 MHz 的频率输出。

DS 技术的优点有：

(1) 变频速度快。

(2) 频率间隔小、频率点多，分辨率好。

(3) 频率稳定度高，相位噪声较低。

DS 技术的缺点有：

(1) 系统需要大量的混频器、滤波器以及必要的隔离器，使得体积大、重量重、成本高，安装和调谐复杂。

(2) 寄生输出较大。因此，在需要频率点数多的技术中，除要求很高的场合外，一般不用直接式，而选用锁相式频率合成器。

2. 间接频率合成(Indirect Frequency Synthesis, IS)技术

间接频率合成技术是 20 世纪 40 年代根据控制理论的线性伺服环路发展起来的频率合成技术，又称为锁相式频率合成(Phase Locked Loop Frequency Synthesis, PLLFS)技术。它的工作原理是把一个或者多个基准频率源通过倍频、混频和分频等产生大量的谐波或组合频率，使用锁相环由压控振荡器锁定某一频率间接产生所需要的频率。其优点在于相噪低，杂散抑制高，输出频带范围大，频率稳定度高，并且因为避免大量使用滤波器，使得基于这种技术的频率合成器容易集成化。该技术固有的缺点就是速度慢。锁相频率合成器的基本组成如图 4-17 所示，其主要包括由鉴相器、环路滤波器、压控振荡器(VCO)、分频器等组成的闭合环路，是一个相位负反馈的控制系统。环路输入信号是一个高稳定度的 f_r 基准振荡，它与 VCO 的输出经 N 次分频后得到的反馈 f_N 信号在鉴相器中进行相位比较，输出的误差电压取决于两个信号的相位差，通过误差电压去控制 VCO 以调整频率。环路输出信号的相位由 VCO 的频率取得，因此环路只有相位差，而无频率差。当环路锁定时，VCO 的输出 $f_o = Nf_r$，当改变 N 时，$f_r \neq f_N$，环路失锁，误差电压控制 VCO 以调整频率，直到环路重新得到锁定状态，完成频率变换，输出一个新频率。锁相环不仅有很好的频率控制特性，也有窄带滤波特性，所以输出信号频率的纯度较高。

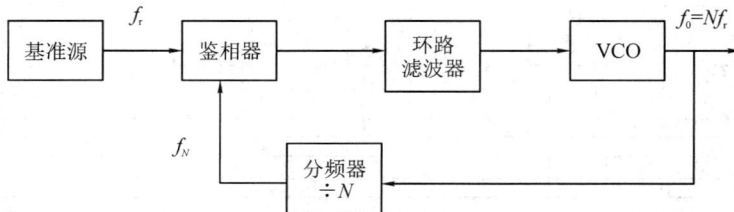

图 4-17 锁相频率合成器的基本组成

3. 直接数字频率合成(Digital Direct Frequency Synthesis, DDS)技术

直接数字频率合成技术是 20 世纪 70 年代发展起来的一种新的频率合成技术。该技术相比之前的两种频率合成技术，是一种全新的频率合成方法，也是频率合成技术的一次革命。其原理为根据采样定理，利用全数字的方法产生与频率相对应的相位序列，并将此相位序列作为寻址转换成幅度序列，该幅度序列经过数/模转换和低通滤波后即可得到所需要的特定模拟波形。现代的集成电路技术和数字信号处理技术的研究成果都在 DDS 上有所体现，并且它们的发展直接推动了 DDS 技术的发展，使得各种先进算法和结构层出不穷。这些都是 DDS 相对其他传统频率合成技术的极大优势。DDS 的结构有很多种，其基本的电路原理可用图 4 – 18 来表示。

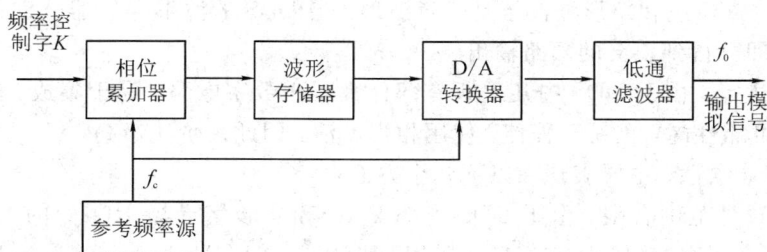

图 4 – 18　DDS 的原理框图

相位累加器由 N 位加法器与 N 位累加寄存器级联构成。每来一个时钟脉冲 f_c，加法器将频率控制字 K 与累加寄存器输出的累加相位数据相加，把相加后的结果送至累加寄存器的数据输入端。累加寄存器将加法器在上一个时钟脉冲作用后所产生的新相位数据反馈到加法器的输入端，以使加法器在下一个时钟脉冲的作用下继续与频率控制字相加。这样，相位累加器在时钟作用下不断地对频率控制字进行线性相位累加。由此可以看出，相位累加器在每一个时钟脉冲输入时，把频率控制字累加一次，相位累加器输出的数据就是合成信号的相位，相位累加器的溢出频率就是 DDS 输出的信号频率。

用相位累加器输出的数据作为波形存储器（ROM）的相位取样地址，这样就可把存储在波形存储器内的波形抽样值（二进制编码）经查找表查出，完成相位到幅值的转换。波形存储器的输出送到 D/A 转换器，D/A 转换器将数字量形式的波形幅值转换成所要求合成频率的模拟量形式信号。低通滤波器用于滤除不需要的取样分量，以便输出频谱纯净的正弦波信号。

DDS 在相对带宽、频率转换时间、高分辨率、相位连续性、正交输出以及集成化等一系列性能指标方面远远超过了传统频率合成技术所能达到的水平，为系统提供了优于模拟信号源的性能。其优点如下所述。

（1）输出频率相对带宽较宽。输出频率带宽为 $50\% f_c$（理论值）。考虑到低通滤波器的特性和设计难度以及对输出信号杂散的抑制，实际的输出频率带宽仍能达到 $40\% f_c$。

（2）频率转换时间短。DDS 是一个开环系统，无任何反馈环节，这种结构使得 DDS 的频率转换时间极短。事实上，在 DDS 的频率控制字改变之后，需经过一个时钟周期之后再按照新的相位增量累加，才能实现频率的转换。因此，频率转换的时间等于频率控制字的传输时间，也就是一个时钟周期的时间。时钟频率越高，转换时间越短。DDS 的频率转换时间可达纳秒数量级，比使用其他的频率合成方法都要小数个数量级。

（3）频率分辨率极高。若时钟 f_c 的频率不变，DDS 的频率分辨率就由相位累加器的位数 N 决定。只要增加相位累加器的位数 N，就可获得任意小的频率分辨率。目前，大多数

DDS 的分辨率在 1 Hz 数量级，有的小于 1 mHz 甚至更小。

（4）相位变化连续。改变 DDS 输出频率，实际上是改变每一个时钟周期的相位增量。相位函数的曲线是连续的，只是在改变频率的瞬间其频率发生了突变，因而保持了信号相位的连续性。

（5）输出波形的灵活性。只要在 DDS 内部加上相应控制如调频控制 FM、调相控制 PM 和调幅控制 AM，即可方便灵活地实现调频、调相和调幅功能，产生 FSK、PSK、ASK 和 MSK 等信号。另外，只要在 DDS 的波形存储器存放不同波形数据，就可实现各种波形输出，如三角波、锯齿波和矩形波甚至是任意波形。当 DDS 的波形存储器分别存放正弦和余弦函数表时，即可得到正交的两路输出。

（6）其他优点。由于 DDS 中几乎所有部件都属于数字电路，易于集成，功耗低、体积小、重量轻、可靠性高，且易于程控，使用相当灵活，因此性价比极高。

DDS 也有局限性，主要表现在以下几个方面：

（1）输出频带范围有限。由于 DDS 内部 DAC 和波形存储器（ROM）的工作速度限制，DDS 输出的最高频率有限。目前市场上采用 CMOS、TYL、ECL 工艺制作的 DDS 芯片，工作频率一般在几十至 400 MHz 左右。采用 GaAs 工艺的 DDS 芯片工作频率可达 2 GHz 左右。

（2）输出杂散大。由于 DDS 采用全数字结构，不可避免地引入了杂散。其来源主要有三个：相位累加器相位舍位误差造成的杂散，幅度量化误差（由存储器有限字长引起）造成的杂散和 DAC 非理想特性造成的杂散。

下面以一种 S 波段 DDS 直接频率合成器举例说明。

如图 4-19 所示，晶体参考源频率为 118 MHz，一路送给 DDS 作为参考时钟，另一路经过一级倍链共 6×4 倍频产生 2832 MHz 的点频信号。DDS 选用 AD9850 芯片，参考时钟为 125 MHz，输出频率为 5～35 MHz，杂散小于 −60 dB。DDS 输出端经过椭圆函数低通滤波器，可有效抑制带外杂波，其输出再经过三次倍频后输出 15～105 MHz 的信号，该信号与 2832 MHz 点频信号经上变频、放大和滤波后输出 2847～2937 MHz 的合成信号。

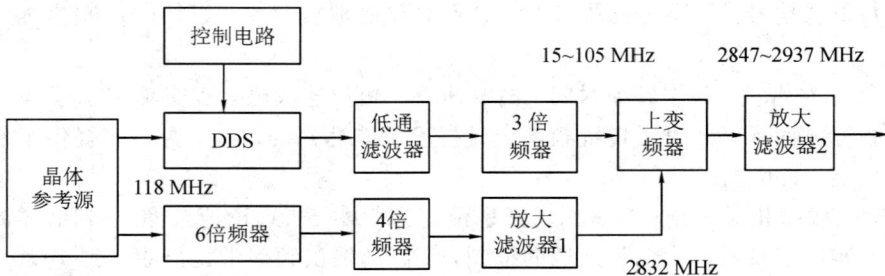

图 4-19　S 波段 DDS 直接频率合成器举例

由于 DDS 在输出带宽方面的限制，至今仍无法完全替代 PLL（典型的锁相环）频率合成技术在雷达系统中的地位。但是 DDS+PLL 混合频率合成系统可以灵活地产生不同载波频率、不同脉冲宽度以及不同脉冲重复频率等参数构成的信号，可以克服 DDS 杂波多和输出频率低的问题，这里不再详述。

本 章 小 结

本章学习了雷达发射机。

（1）关于雷达发射机，要注意它与普通电磁发射设备的区别，与之相关的内容的逻辑关系如图 4-20 所示。

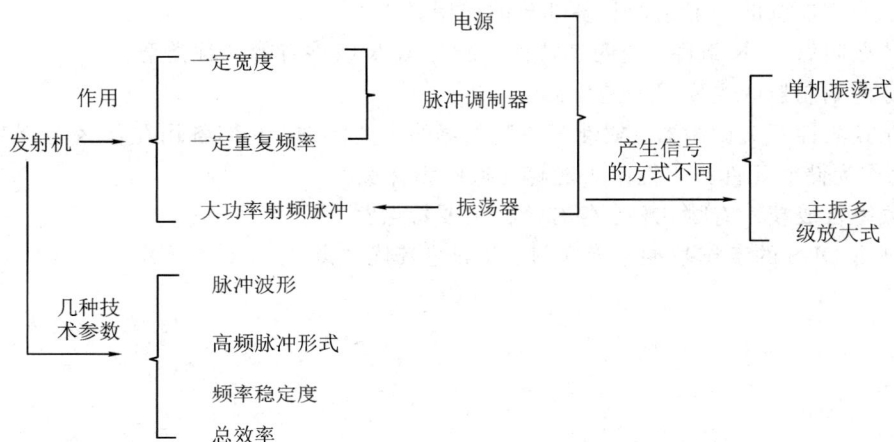

图 4-20　雷达发射机逻辑关系图

（2）脉冲调制器的学习要把握其工作过程：充电和放电。

（3）刚性与软性开关脉冲调制器的区别见表 4-1。

表 4-1　两种脉冲调制器的区别

项　　目	刚性开关脉冲调制器	软性开关脉冲调制器
调制开关	真空电子管	氢闸流管、可控硅
储能软件	电容器	仿真线
点火脉冲作用	控制调制开关通断	只控制调制开关导通
预调器作用	整形、放大	只放大
特点	波形好、功率小	功率大
应用	跟踪雷达	侦查和警戒雷达

（4）射频振荡器的作用是在调制脉冲的作用下，产生大功率的射频脉冲，在学习中把握这些振荡器的外部接口。固态雷达发射机具有工作电压低、波形输出控制灵活、可靠性高、可维修性强等优点，在现代雷达中广泛应用。

（5）了解频率合成技术。

习 题 四

1. 雷达发射机的作用是什么？

2. 雷达发射机分为哪几类？各自的工作特点是什么？

3. 雷达常用的发射高频脉冲信号的形式有哪几种？

4. 说明磁控管的一般结构和各部分的作用。

5. 什么叫做 T/R 组件？说明其特性。目前 T/R 组件有哪几种类型？

6. 脉冲调制器的主要过程是什么？

7. 比较刚性开关调制器、软性开关调制器的主要区别，它们各用在什么场合？各用什么器件来作为储能元件？它们是否能够互换？为什么？

8. 频率合成技术有哪几种？各有什么主要特点？

9. 画出 DDS 的工作基本原理框图，并简述其优缺点。

第 5 章　雷达接收机

在雷达系统中，雷达接收机将收到的微弱回波信号予以放大、转换、处理，然后将这些信号传送给信号处理机和数据处理机进一步处理。

5.1　雷达接收机的作用和主要技术参数

5.1.1　雷达接收机的作用

根据雷达的种类及用途不同，雷达接收机的功能也不尽一致，但以下主要作用是所有雷达接收机都应具备的。

1. 选择信号

空间总是同时存在各种各样的无线电波，其中有各种雷达、通信系统、干扰机和工业电气设备辐射的无线电波，空间各个天体产生的电磁辐射，以及雷达本身辐射的能量被无用目标(如雨、雪、鸟群、昆虫、大气扰动和金属筒条等)所散射并被该雷达接收的部分。雷达接收机必须能从各种信号或各种干扰中分离出所需要的回波信号。因此，接收机的重要任务之一就是对需要的信号实现频率选择。

在雷达接收机中选择信号的另外一种方法就是时间选择。对各种雷达来说，通常在跟踪状态只能对某一目标进行跟踪，若在同一方向、不同距离上出现多个目标，这些目标回波的载波频率相同，它们都能进入接收机，但它们在到达雷达接收机的时间上却有先有后，此时可以根据这些目标回波进入接收机的时间差异进行时间选择。

2. 放大信号

雷达天线接收到的回波信号通常是很微弱的。虽然由雷达天线辐射到空间的高频脉冲能量很强，通常可以达几十千瓦或几百千瓦，但是雷达天线接收到的由目标反射回来的信号能量是极其弱的，一般只有零点几微伏到几微伏，而显示器等终端设备要求输入信号电压幅值在几伏到几十伏以上，因此接收机应能把接收到的微弱信号放大到能使雷达终端设备工作时所需的数值，以便在显示器上现实目标。放大信号的任务由接收机中的高频放大器、中频放大器、视频放大器等共同完成的。

3. 变换信号

雷达接收机收到的回波信号是脉冲调制的高频信号，而显示器等终端设备要求输入的信号为视频脉冲信号，因为不能直接将这些信号送至终端设备或控制系统中去，而必须利用接收机中的非线性电路将高频信号变换成易于放大的中频信号，以及将高频调制波解调成原调制信号。接收机中信号的这些变换是由变频器和检波器等电路来实现的。应当指出，随着发射机中信号的调制方式不同，接收机中相应的解调方式也随之不同。

4. 抑制杂波和干扰

任何雷达在使用过程中总会遇到各种自然或人为的干扰。这些干扰妨碍目标的正常观察和检测，或造成错误的判断，严重时完全破坏接收机的正常工作。为此，要求雷达接收机应具有良好的抗干扰性能，能在复杂电磁环境下正常工作，所以雷达接收机必须有抗干扰、抑制杂波的作用。

综上所述，雷达接收机的主要用途是：选择信号、放大信号、变换信号，并尽可能地抑制杂波和干扰。

5.1.2　雷达接收机的主要技术参数

1. 灵敏度

灵敏度表示接收机接收微弱信号的能力。能接收到的信号越微弱，则接收机的灵敏度越高，雷达的作用距离就越远。当接收机的输入信号功率达到灵敏度时，接收机就能正常接收且可以在输出端检测出这一信号。如果信号功率低于此值，信号将被淹没在噪声干扰之中，不能被可靠地检测出来。

接收机灵敏度的极限值是受内部噪声功率所限制的。要提高接收机灵敏度，必须在增加放大量的同时，尽可能地减小接收机的内部噪声。而后者是提高灵敏度的关键。目前，低噪声微波场效应管放大器已能将接收机的灵敏度提高到一个新的水平。超外差式雷达接收机的灵敏度一般为 $10^{-16} \sim 10^{-12}$ W，保证这个灵敏度所需要的增益为 $10^6 \sim 10^8$ W（120~160 dB），这一增益主要由中频放大器完成。

2. 动态范围

接收机正常工作时，如果输入信号增大，那么输出信号也会成正比例增大，但当接收机的输入信号增大到某一幅值后，其输出信号就不会再随着输入的增大而成正比例的增大，严重时反而会随之减小，接收机会暂时停止工作，这是由于强信号输入使放大器工作于饱和状态而失去了放大作用引起的，这种现象称之为"过载"。图 5-1 所示为输出电压与输入电压的关系。

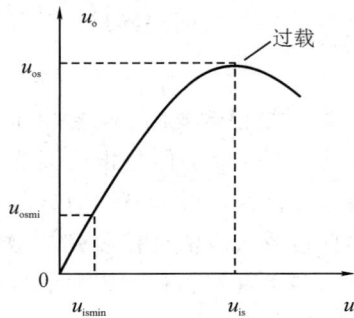

图 5-1　输出电压与输入电压的关系

接收机刚开始出现过载时的输入信号功率与最小可检测功率之比称为动态范围。为了保证对微弱信号均能正常接收，要求动态范围大，就需要采取一定措施，例如采用对数放大器、各种增益控制电路等措施。

3. 接收机的选择性和工作频带宽度

选择性表示接收机选择所需要信号而抑制邻频干扰的能力。雷达接收机必须能在一定的频带范围内接收目标反射信号，而尽量不接收其他频率的信号。

接收机的工作频带宽度（又称为接收宽带）表示接收机的瞬时工作频率范围。选择性与通频带是一对矛盾，通频带越宽，选择性越差；通频带越窄，选择性越好。图 5-2 所示为选择性与通频带的关系。

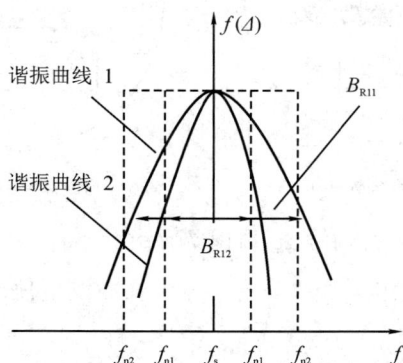

图 5-2 选择性和通频带的关系

在复杂的电子对抗和干扰环境中，要求雷达发射机和接收机具有较宽的工作带宽。接收机的工作带宽主要取决于高频部件（馈线系统、高频放大器和本机振荡器）的性能。

4. 波形质量

如果雷达接收机的通频带很宽，能使所有的频率分量都能通过，那么就不会产生波形失真。但实际上，接收机的通频带是不可能做得很宽的。因为通频带太宽，抑制邻频干扰的能力就会变差。由于宽带的限度，因此就会使一部分边频能量不能通过，接收机的输出波形就会产生失真，如图 5-3 所示。

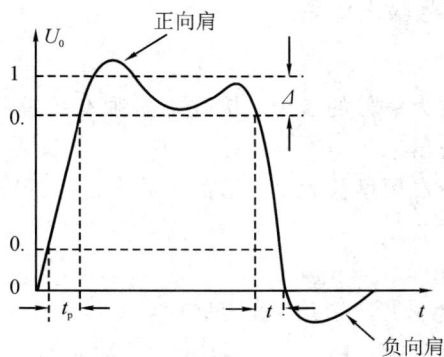

图 5-3 接收机输出波形的失真

波形失真的表现及危害如下：

（1）测距精度降低。因为脉冲前沿不再陡直，上升时间 t_r 增长，这样就不能精确地测出回波脉冲与主脉冲之间的时间差值。

（2）距离分辨率降低。因为脉冲后沿不再陡直，下降时间 t_f 增长，这样就会使雷达对相距较近的两个目标的距离分辨率降低。

波形失真对测距精度和距离分辨率的影响如图 5-4 所示。

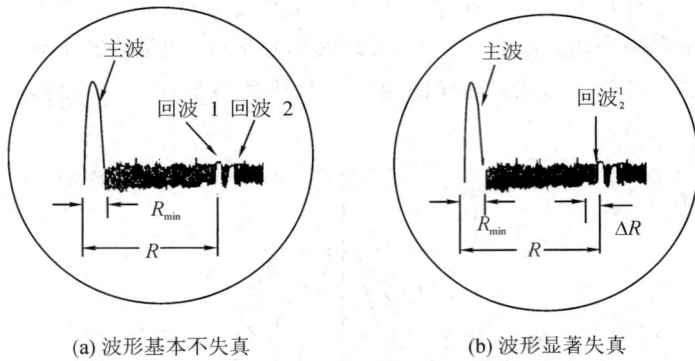

(a) 波形基本不失真　　　　　　　　(b) 波形显著失真

图 5-4　波形失真对测距精度和距离分辨率的影响

（3）接收机发生过载或截止，失去目标。因为脉冲发生顶部降落，并出现正向肩峰；脉冲尾部也出现反向肩峰。

当脉冲宽度 τ 一定时，要波形失真小，接收机的通频带就要宽。但是通频带太宽时会使得通过的噪声功率增加，从而使接收机的灵敏度降低，因此应根据雷达的不同用途来确定接收机的通频带。

5. 中频选择和滤波特性

中频的选择和滤波特性是接收机的重要质量指标之一。中频的选择与发射波形的特性、接收机的工作带宽、所能提供的高频部件和中频部件的性能有关。中频可以在 30 MHz～4 GHz 范围内选择。当需要在中频增加某些信号处理部件，例如处理脉冲压缩器、对数放大器和限幅器的时候，从技术实现上选择 30～500 MHz 比较合适。减少接收机噪声的关键参数是中频滤波特性。在白噪声（即接收机热噪声）背景下，接收机的频率特性为"匹配滤波器"时，输出信号噪声比最大。

6. 放大倍数

放大倍数表示接收机放大信号的能力。接收机必须有足够的放大倍数，才能使微弱的回波信号在显示终端中实现出来。

接收机放大信号的能力常用增益表示。增益是放大倍数的对数值，它们之间的关系为

电压增益（dB）$G_u = 20 \lg K_u$

功率增益（dB）$G_p = 10 \lg K_p$

上式中，K_u 为电压放大倍数；K_p 为功率放大倍数。

雷达接收机的电压放大倍数一般为 106～109 倍，相应的增益为 120～180 dB。

7. 抗干扰能力

抗干扰能力是对现代雷达接收机的主要性能要求。干扰可能是因海浪、雪雨、地物反射引起的杂波干扰，或是友邻雷达无意造成的干扰以及敌方干扰机施放的干扰等。这些干扰会妨碍对目标的正常观测，从而造成判断错误，严重时会完全破坏接收机的正常工作。因此，为使抗干扰性能力良好，一方面要提高雷达接收机本身的抗干扰性能，如提高系统的频率和幅相稳定性，采用宽带自适应跳频体制等；另一方面还需要加装各种抗干扰电路，如抗过载电路，抗噪声调制干扰电路等。

5.2　雷达接收机的基本组成及工作原理

现代所有雷达接收机系统都是使用超外差式接收机。超外差式接收机的主要特点是利用变频器(由混频器和本机振荡器组成)将高频信号变换为固定的中频信号后再进行充分放大。超外差式接收机与其他形式接收机相比，虽然在电路结构上复杂一些，但由于其具有灵敏度高，选择性好，工作稳定等突出特点，因此在实际中得到广泛应用。

5.2.1　雷达接收机的基本组成

雷达接收机的典型组成结构有以下两种。

1. 米波搜索警戒雷达接收机

米波搜索警戒雷达接收机的工作波长为 1～10 m，其组成框图如图 5-5 所示。它包括高频放大器、变频器、中频放大器、振幅检波器和视频放大器等电路。

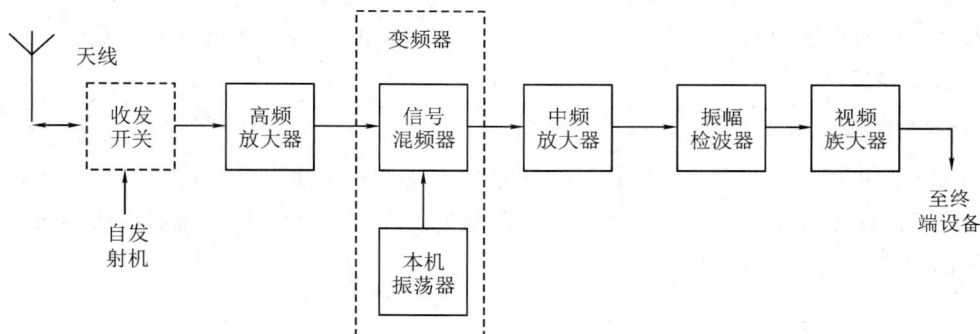

图 5-5　米波搜索警戒雷达接收机的简化方框图

2. 厘米波跟踪雷达接收机

厘米波跟踪雷达接收机的工作波长为 1～10 cm，其组成框图如图 5-6 所示。厘米波跟踪雷达接收机的组成框图与米波搜索雷达接收机组成框图基本相同，即包括高频放大器、

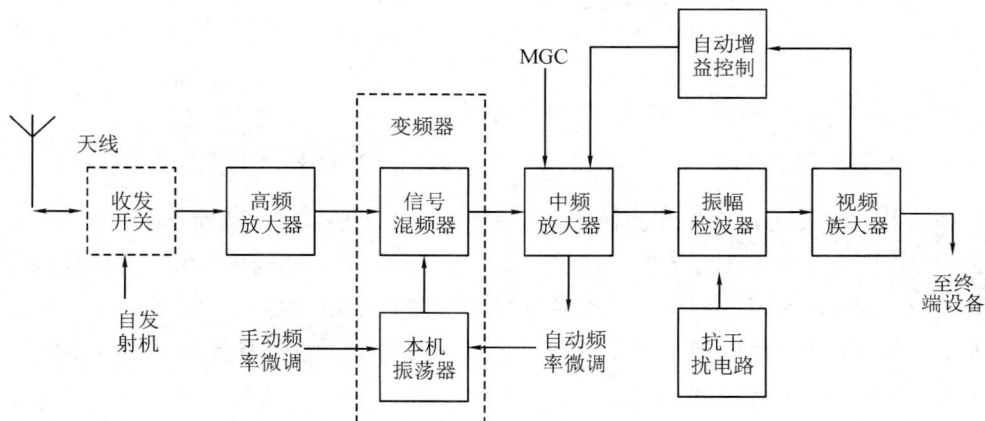

图 5-6　厘米波跟踪雷达接收机组成框图

变频器、中频放大器、检波器和视频放大器等电路。但由于雷达的用途不同，工作波段不同，为了保证接收机具有更完善的性能，厘米波跟踪雷达接收机通常还有一些辅助性电路，如增益控制电路及各种抗干扰电路。

5.2.2　收发开关

1. 收发开关的作用

天线收发开关是在发射机(发射期间)和接收机(接收期间)之间实施公用天线及馈线系统转换的部件，尽管它为发射机和接收机所共用，但一般都把它作为接收机的一部分，且常简称为收—发(T/R)开关，它对雷达的工作来说是十分重要的。

通常雷达发射机和接收机都共用一套天线系统，当发射机工作时，让发射机产生的高频功率能量顺利地达到天线，于此同时，收发开关自动地切断接收机支路，以避免发射时漏入接收机的高频大功率能量过大而使接收机前几级严重过载饱和，从而妨碍对近距离目标的接收，严重时将使接收机前端的元器件损坏；在接收机工作时，只让微弱的回波信号进入接收机，而自动地切断发射机之路，防止微弱的回波信号功率漏入到发射机，使接收机的灵敏度降低。

2. 典型的收发开关

收发开关可以用气体放电管、铁氧体环流器以及半导体功率限幅相组合的固态化器件制作。用气体放电管作为天线收—发开关的原理如图 5-7 所示。用环流器构成的天线收—发开关的原理如图 5-8 所示。

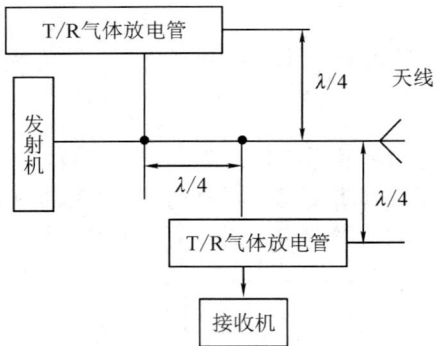

图 5-7　气体放电管收—发开关　　　　　图 5-8　环流器收—发开关

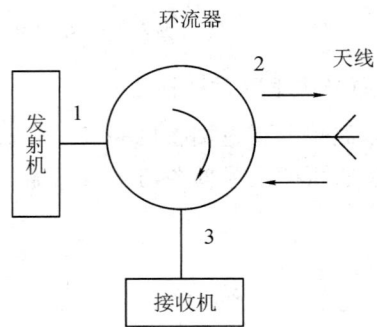

环流器收—发开关具有如下的特性：当电磁波从 1 端收入时，只在 2 端有输出，而 3 端输出为零；当电磁波从 2 端收入时，只在 3 端上有输出，而 1 端输出为零。用环流器作天线收发开关时，发射功率从 1 端输入，这时电磁波只能从 2 端输出送至天线；从天线接收到的回波信号从 2 端收入，这时只能从 3 端输出进入接收机。采用环流器后，能使发射机与接收机共用同一套天线和馈线系统。

　　用作天线收—发开关的混合铁氧体环流器要求功率容量较大，其结构如图 5-9 所示。铁氧体环流器由两个并列的不可逆的 90°移相器、3 dB 裂缝电桥、H 面折叠双 T 接头连接而成，这种环球器通常称为双 T 混合式环流器。

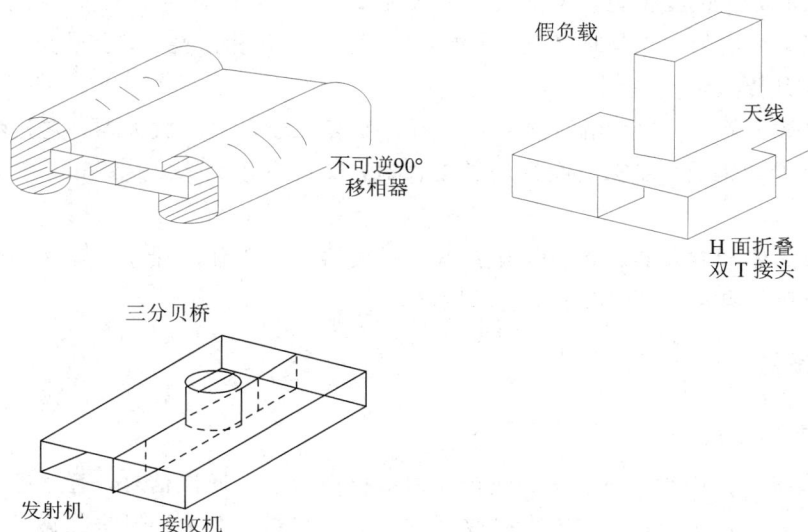

图 5-9　混合铁氧体环流器收发开关

5.2.3　高频放大器

1. 高频放大器的作用

　　高频放大器是超外差式雷达接收机的重要组成部分，其任务是将雷达天线接收机收到的回波信号直接在载波频率上进行放大，然后再将它送到混频器去进行混频，以形成中频回波信号。雷达接收机的灵敏度要求很高，为了提高灵敏度，除了尽量减小内部噪声的影响外，同时还要有足够的增益。在雷达接收机中采用高频放大器的主要作用是降低接收机的总噪声系统，提高接收机的灵敏度。

2. 对高频放大器的要求

　　(1) 噪声系数小。

　　(2) 功率放大倍数要达到一定的数值，一般为 100 倍(20 dB)左右。

　　(3) 工作稳定可靠。放大器级数不能多，一般为 1～3 级。

　　(4) 适当的带宽，以便不失真地放大高频脉冲信号。接收机的通频带既不能太宽，也不能太窄，太宽会使接收机的杂波增加，而太窄又会造成脉冲信号的失真。

3. 高频放大器的种类

　　不同型号雷达的工作频率不同，接收机采用的高频放大器类型有很大区别。雷达接收机中常用的高频放大器有以下几类：

　　(1) 米波晶体管高频放大器。在米波晶体管雷达接收机中，放大信号的中心频率在几百千赫兹到几百兆赫(一般为 300 MHz)范围内,为了保证放大器有足够的电压增益和功率增益,高频放大器一般需要 2~3 级。

(2) 行波管放大器。行波管放大器是利用信号的电磁场与电子流相互作用而使信号得到放大。应用的频率范围很宽,噪声系数一般为 6~7 dB,较好管子的噪声系数可以低于4 dB。行波管放大器的优点是频带宽、抗饱和能力强、工作稳定性好。其缺点是体积大、需要较大的聚焦线圈。

(3) 参量放大器。通常采用的参量放大器是变容二极管参量放大器,它是利用非线性电容的周期性变化来放大信号。在常温下工作时,噪声系数约为 2~3 dB,增益可以达到20 dB 左右。

(4) 微波晶体管放大器。由于微波晶体管放大器具有工作频带宽、噪声低、动态范围大、便于集成等优点,使它获得了迅速的发展。

5.2.4　混频器

1. 混频器的作用

雷达接收机的作用是通过接收天线接收携带目标信息的回波信号,通过进一步提取和处理信号获得目标信息。首先需要将接收到的微弱信号进行放大。但是在微波波段,若对信号直接放大,会遇到以下几个问题:

(1) 为了把天线接收到的微弱信号放大到所需要的幅度,以保证检波器呈线性律检波,通常要求接收机的电压增益为 105~106 倍(100~120 dB)。由于放大器受到最大稳定增益的限制,将微弱的高频信号直接放大到如此高的倍数是很困难的。而且频率越高,放大量越大时,放大器的工作越不稳定。接收机没有足够的增益,灵敏度也不可能很高。

(2) 信号频率越高,放大器调谐回路的通频带就越宽,即选择性越差。在厘米波波段,由高频放大器直接选择出几兆带宽的信号是非常困难的。

(3) 如果接收机是窄带的,当信号频率变化时,需要将所有的高频放大器调谐到信号频率上,这会使接收机的调谐机构变得十分复杂。

为解决上述矛盾,通常采用称为"变频器"的设备将信号进行预处理,变频器可以作为接收机的前置级或作为低噪声放大器的后续级。变频器是一个频率变换器,它最重要的作用是把高频回波信号与本机振荡电压进行混频,输出中频回波信号。中频信号的包络形状同高频信号的包络一样,只是信号的载频频率由高频降为中频。

图 5-10 所示为混频前、混频后的信号波及其频谱。由图 5-10 可以看出,与高频信号相比,中频信号的包络形状并未改变,其频谱中各个分量的相对关系也没有改变,只是各个分量的频率都降低了一定的数值,相当于"整个频谱"在频率轴上向左"搬移"了一定的距离,由中心频率为 f_s 处搬移到了中心频率 f_0 处。这种电路的特点就是利用变频器将高频回波信号变换成频率较低的中频回波信号,然后再利用多级固定调谐的中频放大器对中频回波信号进行充分放大。这样既能保证接收机获得较高的灵敏度、足够的放大量和适当的通频带,又能使电路稳定地工作。

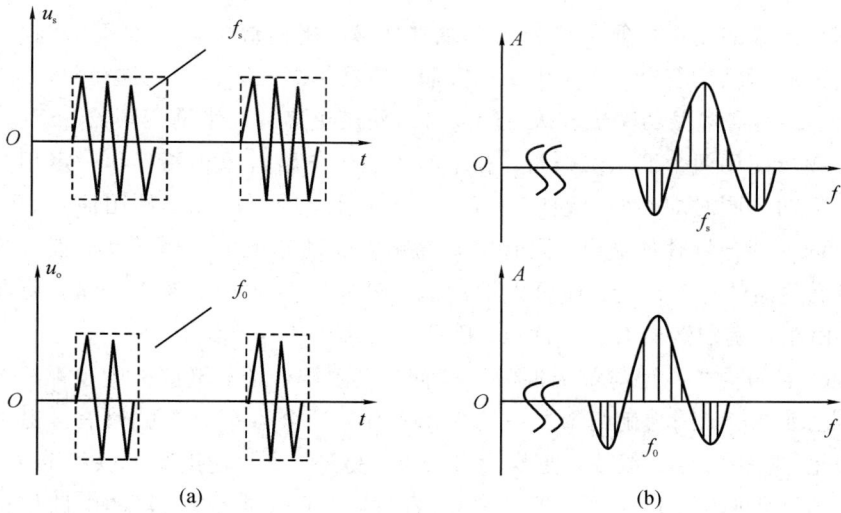

图 5-10　混频前后波形及频谱

2. 混频器的组成

要实现这种频率变换,在电路结构上必须具有以下三个基本组成部分:

(1) 非线性元件:它是变频器的核心,产生由本振频率及高频信号频率所决定的各种频率分量,实现频率搬移。

(2) 本机振荡器(简称本振):它输出高于或低于信号频率一个中频的本振信号。

(3) 带通滤波器:在众多频率分量中,将所需的中频分量选择出来。

混频器的基本工作原理是:高频信号 f_s 与本机振荡器产生的高频等幅信号 f_b 同时加在非线性元件(混频二极管)上,在混频二极管电路的输出端产生 $(f_s \pm f_b)$ 和 f_s、f_b 的谐波频率及其组合频率。带通滤波器电路用来取出所需的差频 $f_s - f_b$,完成频率变换过程。图 5-11 给出混频器的原理方框图。

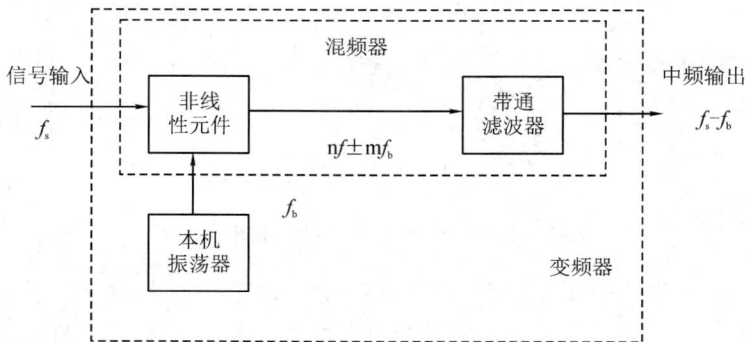

图 5-11　混频器的原理方框图

3. 平衡混频器的基本电路

各种结构形式的混频器通常可分为单端混频器、平衡混频器和双平衡混频器等三类。由于双平衡混频器结构复杂，其应用受到限制。虽然单端混频器的结构简单，匹配方便，但其噪声性能差，所需本振功率也较大，所以目前使用更多的是平衡混频器。

平衡混频器使用两个混频二极管，利用输入混合电路将大小相等和一定相位关系的高频信号与本振功率同时加到两个性能一样的二极管上，既可以充分利用信号和本振功率使两管混频后的中频分量叠加输出，同时增大混频器的动态范围，又可以抵消来自本振器的噪声，改善混频器的噪声性能，还可以抑制混频器所产生的寄生频率分量，使混频器效率大为提高。由于平衡混频器有上述优点，因此在实际中应用广泛。

平衡混频器的构成原理与单端混频器相同，也由耦合器、阻抗匹配电路、二极管线等组成。不同之处在于，因为用两个二极管平衡工作，耦合器应为本振和信号提供两个相同的输出。为此，应采用分支线或环形定向耦合器。另外，中频输出既可以用单端口输出，也可以用双端口平衡输出。由于耦合器和中频输出的形式不同，混频器的电路结构也就不一样，但它们的基本原理相同。下面以 180°相移波导型正交场平衡混频器为例，介绍波导型正交场平衡混频器的工作原理。

波导型正交场平衡混频器结构如图 5 - 12 所示。它的结构紧凑，体积小，频带宽，噪声系数小，适用于小型化、轻量化和可靠性要求严格的场合。

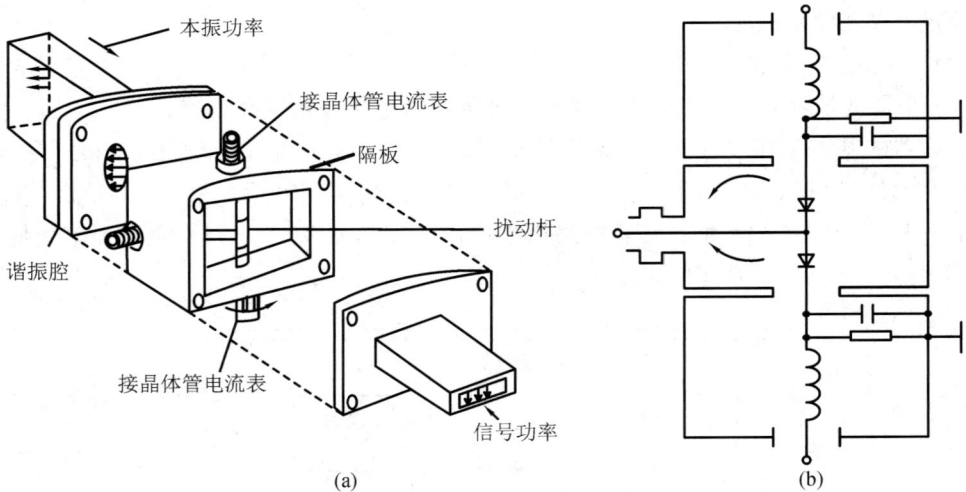

图 5 - 12　波导型正交场平衡混频器结构

波导型混频器主要由一个正方形的混频腔和两段相互垂直的波导组成。高频信号由本振功率分别从两端波导送入混频器，混频腔中有两个混频二极管串联装在一起。两个二极管接头处有一个与二极管轴线垂直的金属杆为"扰动杆"。混频后得到中频电流，通过它引出到中频谐振电路，在中频输出端有高频扼流装置，用来防止射频能量泄露到中频电路中。混频腔两端的晶体插座接晶体电流表。为了能测出二极管的整流电流，两个二极管与混频腔外壳是绝缘的,在晶体插座与混频腔之间的高频旁路电容用来防止高频能量逸出混频腔。在每个晶体座中都装有 LC 滤波网络,用来滤除中频并提供晶体电流的直流通路,电阻 R 作为晶体电流表的分流电阻。对直流回路来说,两个二极管是串联的,而对中频输出来说,两个二极管是并联的。由于两段输入波导是互相垂直的,加入混频器中的信号和本振电场是互相垂直的,因此称这种混频器为"正交场混频器",或称为"交叉场混频器"。

正交场混频器是反相型平衡混频器,这是由于信号波导宽边与二极管轴线垂直,信号产生的电场方向与两个二极管轴线平行,加在二极管上的信号电压大小相等、方向相同。而本振的波导宽边与二极管轴线平行,如果没有扰动杆,注入混频腔中本振电场方向将与二极管轴线垂直,则混频器无法工作。在金属杆扰动的作用下,本振电场发生畸变。电场发生畸变的原因是因为在金属导体表面上只能有法线方向的电场分量存在,不能有切线方向的电场分量。当本振功率注入混频腔以后,只有发生电磁场的扰动才能满足这个基本原则。这样一来,两个混频管上就加有大小相同、方向相反的本振电压。由此可见,信号电压同相加到两个二极管上,而本振电压反相加到了两个二极管上。因此,正交场混频器为反相型平衡混频器。

正交场平衡混频器的信号与本振隔离度好,由于信号波导与本振波导互相垂直,本振输入波导对信号场来说是截止的;本振虽然有中心分支导体存在,出现了和信号场平行的分量,但由于存在两个方向相反的分量,它们对信号波导的激励互相抵消。因此,正交场平衡混频器具有良好的信号和本振隔离度。

5.2.5　中频放大器

1. 中频放大器的作用

中频放大器把变频后的中频信号进行充分放大后送给检波器。中频放大器是含有谐振回路的多级放大器,总的放大倍数可以达到数十万甚至上百万,接收机的放大任务主要是由中频放大器来完成的。

在微波雷达接收机中,由于结构上的原因,混频器通常与高频装置在一起,而中放又在远离高频装置的主控台机柜中。为了减少信号在混频器与中放连接电缆中的损耗,不使信噪比严重变坏,在混频器近旁先用前置中频放大器将中频信号放大到一定程度后,再用电缆传送到主中频放大器。常用的中频频率范围在 $10 \sim 100$ MHz 之间。考虑到成本、增益、动态范围、失真度、稳定性、选择性等原因,一般都是选用较低的中频,只有在要求较宽的频带时,才使用较高的中频。

2. 中频放大器的类型

1) 调谐式中频放大器

调谐式中频放大器包括单调谐、双调谐及参差调谐等几种类型。单调谐中放的每级只有一个调谐回路,各级均调谐在中频 f_0,如图 5-13(a)所示。这种放大器的通频带较窄,频响曲线的形状同矩形相差较远,如图 5-14(a)所示。这种放大器通常在频带小于 3 MHz、放大量小于 10^5 的中频放大器中使用。由于它的电路简单,制作、调整方便,稳定性也好,故为大多数防空雷达接收机所采用。

为了增宽中频放大器的通频带和改善矩形系数，参差调谐是一种有效的方法。两级放大器的调谐回路分别谐振在对称于中频的两个不同频率 f_1、f_2 上。如图 5-13(b) 和图 5-14(b) 所示。这种放大器通常用于通频带为 3~8 MHz 范围内的中放上，其频响近似于矩形，通频带宽。这种放大器的通频带可以达到 8 MHz 以上，但调整起来相当复杂，仅在精确测距雷达中使用。图 5-13(c) 和图 5-14(c) 分别给出了三级参差调谐放大器的电路结构和频响曲线。

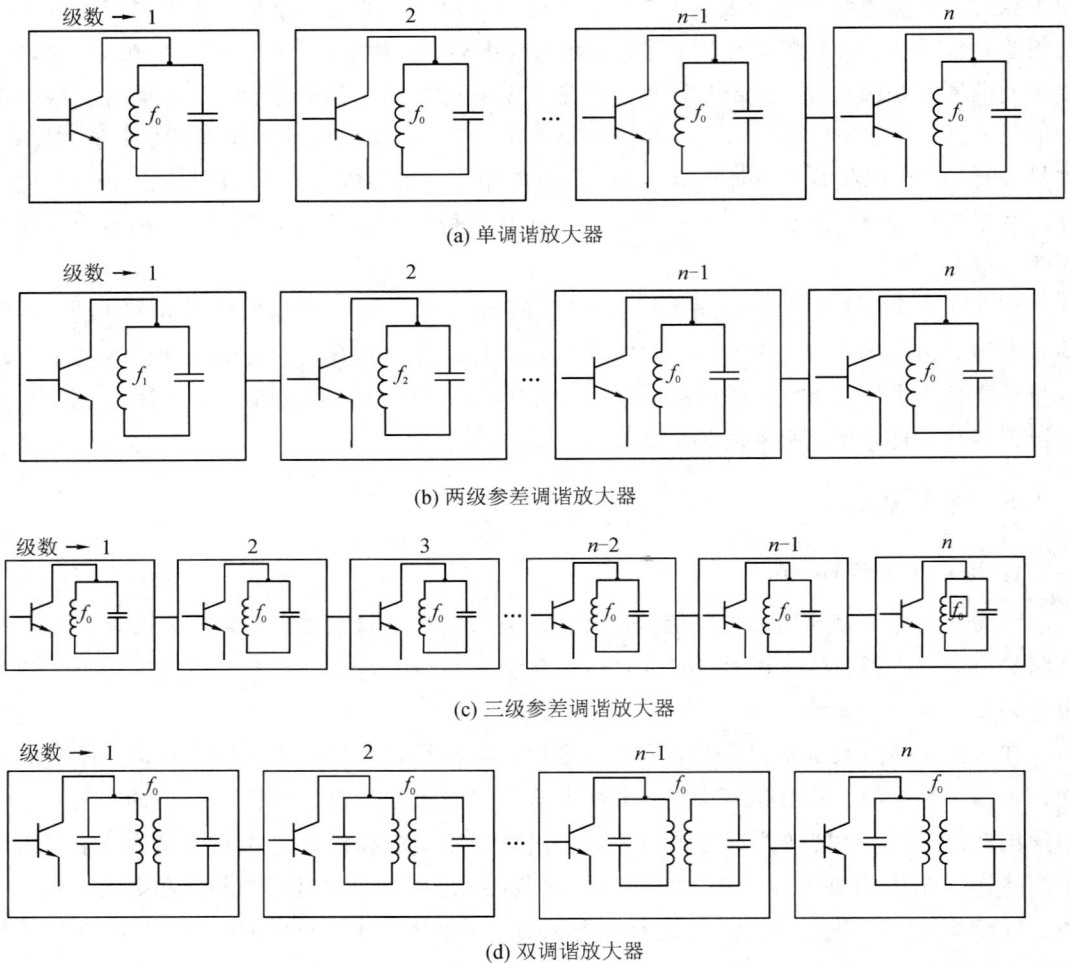

(a) 单调谐放大器

(b) 两级参差调谐放大器

(c) 三级参差调谐放大器

(d) 双调谐放大器

图 5-13　调谐式中频放大器电路结构

为了克服单调谐中放频带窄、矩形系统差的缺点，有时采用双调谐中放。双调谐放大器的集电极有两个调谐回路，它们都是调谐于中频 f_0，如图 5-13(d) 所示。通常处于临界耦合状态，通频带达 3~8 MHz，频响曲线近似矩形，如图 5-14(d) 所示，由于其调整困难，应用也较少。

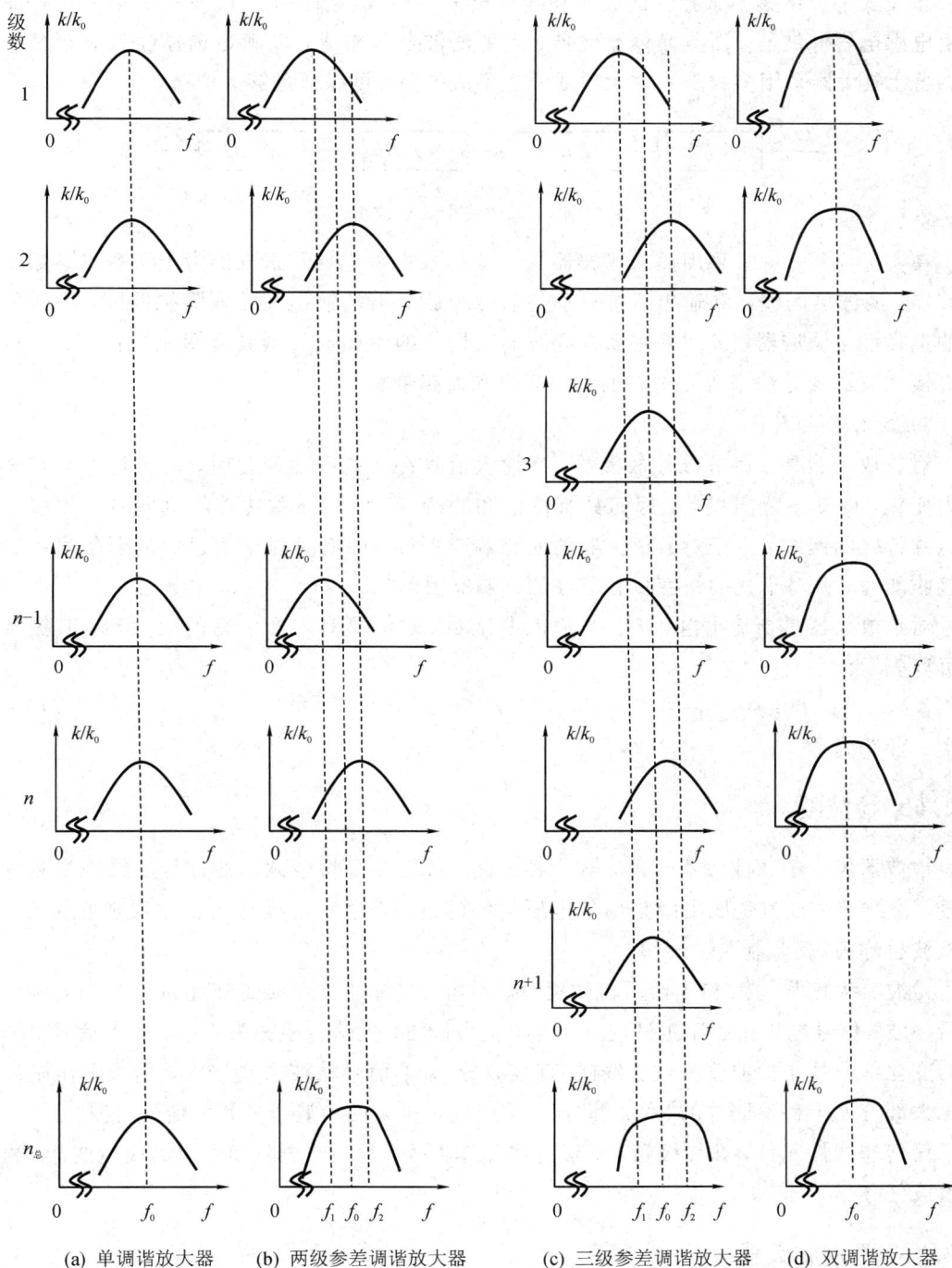

图 5 - 14　调谐式中放的频响曲线

(a) 单调谐放大器　　(b) 两级参差调谐放大器　　(c) 三级参差调谐放大器　　(d) 双调谐放大器

2）滤波式中频放大器

为克服调谐式中频放大器的缺点（如输入、输出阻抗变化影响写真曲线，从而使选择性变差、通频带变窄等），目前广泛采用滤波式中放。

滤波式中放由集中选择性滤波器和线性放大器构成，如图 5-15 所示。集中选择滤波器由电感电容滤波器、石英晶体滤波器、陶瓷滤波器等组成，以满足选择性和通频带的要求。线性放大器采用多级阻容放大器或线性集成电路，可保证足够的增益。

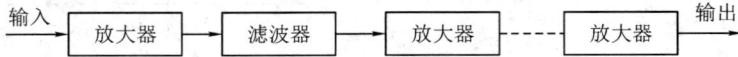

输入 → 放大器 → 滤波器 → 放大器 ------ 放大器 → 输出

图 5-15　滤波式中放组成框图

在实际应用中，常采用插入滤波器的方法构成中放电路，滤波器为 LC 集中参数带通滤波器，滤波器的输入和输出阻抗分别与前后级放大器的输出和输入阻抗匹配，中频放大器的选择性由滤波器决定。采用插入滤波器法构成的中频放大器具有明显的优点：可以通过更换滤波器的方法来改变中放的中心频率和通频带宽。

3）对数放大器

对数放大器是一种非线性放大器，当输入信号在大范围内变化时，输出信号只在小范围内变化，即动态范围很大，因而具有抗饱和的特性，它可使雷达接收机同时监视多个强弱悬殊特殊的回波。由于对数放大器的动态响应很好，因而对强干扰过后的弱信号有较好的接收能力，并对干扰的快变化有较好的抑制能力。

对数放大器是指输出电压 U_{sc} 与输入电压 U_{sr} 之间具有对数关系的放大器，其振幅特性可以表示为

$$U_{sc} = M \ln U_{sr} \tag{5-1}$$

式中：M 为常数。

5.2.6　检波器

检波器位于中频放大器与视频放大器之间，其任务是将中频脉冲信号变换为视频脉冲信号。检波的过程就是取出中频信号电压包络的过程，这种过程与调制过程正好相反，因而检波也称为"反调制"或"调解"。

检波有大信号检波和小信号检波之分。通常，当输入电压接近或超过 1 V 时，称为大信号检波；信号电压远小于 1 V 时，称为小信号检波。大信号检波失真小，因为信号电压幅度的变化部分处于检波管特性曲线的"直线波分"；小信号检波失真较大，信号电压幅度的变化大部分处于特性曲线的"弯曲部分"。雷达接收机中的检波通常是大信号检波。

任何非线性元件，如二极管、三极管或晶体管等，都能同电阻和电容组成检波器，再完成检波任务。

5.2.7　视频放大器

为了使目标回波能在显示器上显示出来，通常需要几十伏的视频电压。因检波器输出的视频脉冲电压幅度一般只有 1～2 V 左右，因此，必须采用视频放大器对视频信号加以放大。由于视频脉冲具有相当宽的频谱，因此要基本不失真地放大视频脉冲信号，就要求视频放大器必须具有足够的宽带。视频放大器一般由 2～4 级视频放大电路组成。

5.3　雷达接收机的动态范围与增益控制

接收机动态范围是雷达接收机的一个重要指标。为了防止强信号引起的过载,需要增加接收机的动态范围,就必须要有增益控制电路。同时,跟踪雷达需要得到归一化的角误差信号,使天线正确地跟踪运动目标,必须采用自动增益控制(AGC)。另外,由海浪等地物反射的杂波干扰、敌方干扰机施放的噪声调制等干扰往往远大于有用信号,更会使接收机过载而不能正常工作。为使雷达的抗干扰性能良好,通常都要求接收机应具有专门的抗过载电路,例如瞬时自动增益控制(IAGC)电路、灵敏度时间控制(STC)电路、对数放大器等。

5.3.1　手动增益控制

手动增益控制(MGC)又称人工增益控制,当雷达处于搜索状态时,雷达探测范围内的全部目标都将分别在显示器或其他终端设备上显示或指示出来,以供观察目标,进而判断目标的性质或测量目标的坐标参数。但由于目标距离变化造成信号幅度的变化影响观察和测量,为了消除这种影响,一般均采用手动增益控制电路。

手动增益控制原理示意图如图 5 - 16 所示,通过调节电位器 W 以取得所需要的增益控制电压 E_g,使受控级的增益改变。其中图 5 - 16(a)是通过直接改变受控中放级增益来实现增益控制的;图 5 - 16(b)是通过改变电控衰减器衰减量,使中放总增益改变,从而实现增益控制。

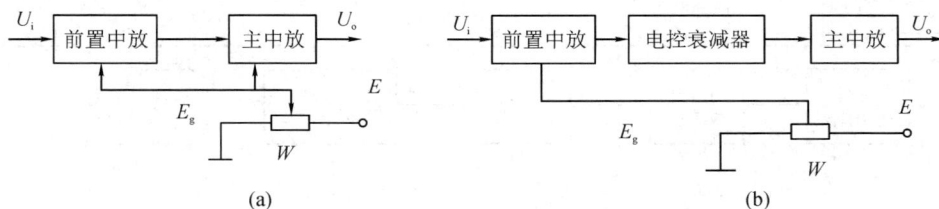

图 5 - 16　手动增益控制原理示意图

5.3.2　自动增益控制(AGC)

1. AGC 的原理

AGC 是一种负反馈电路,用于调整接收机的增益,以便系统保持适当的增益范围,它对接收机在室温、宽频带工作中保持增益稳定具有重要的作用。对于多路接收机系统,AGC 还有保持多路接收机增益平衡的作用,AGC 也常称为 AGB(自动增益平衡)。

不同体制、不同用途的雷达,其 AGC 的作用不同。AGC 的作用包括:防止由于强信号引起的接收机过载;补偿接收机增益的不稳定,在跟踪雷达中保证角误差信号归一化;在多束三坐标雷达中用来保证多通道接收机增益平衡等。

AGC 电路主要是利用负反馈原理来实现的,如图 5 - 17 所示。接收机输出视频脉冲信号经过峰值检波,再经过低通后获得控制电压 UAGC,再将其加到被控的中放中去,这就实现 AGC 的作用。

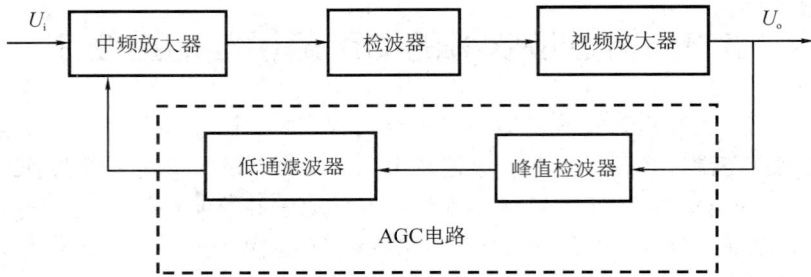

图 5 - 17　AGC 原理示意图

2. 典型 AGC 电路组成

圆锥扫描跟踪雷达的 AGC 系统组成方框图如图 5 - 18 所示,虚线部分为 AGC 电路,它由视频放大器、门限及脉冲展宽电路、峰值检波器、直流放大器、射级输出器等组成。

(1) 门限电路是一级比较电路,它加有一个门限电压 E_d(也称延迟电压),使电路平时处于截止状态,只有当输入脉冲信号的幅度超过门限电压时,电路才导通而使信号通过,这时 AGC 电路才由控制电压 U_d 送到受控中放级去进行增益控制。通常将这种带延迟电压的 AGC 电路成为延迟式 AGC 电路。

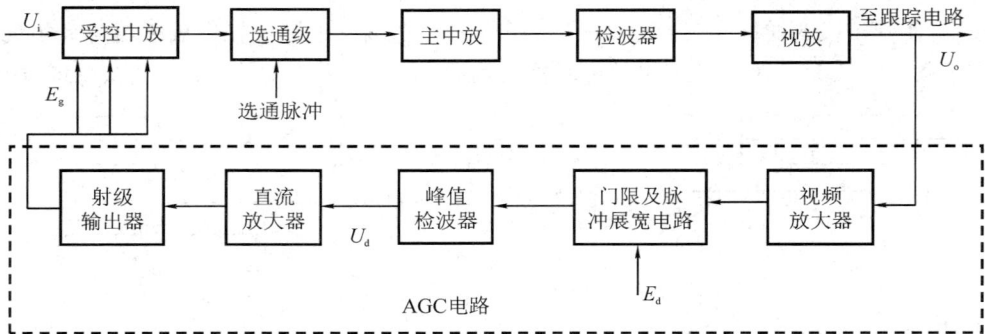

图 5 - 18　圆锥扫描雷达 AGC 系统的组成框图

(2) 脉冲展宽电路用来展宽视频脉冲,这样可以提高峰值检波器的检波频率,保证在最低脉冲重复频率和最小脉冲宽度时仍有足够的检波电压输出。

(3) 视频放大器和直流放大器用来提高 AGC 电路的增益。增益越高,则控制越灵敏,这时只要接收机的输出电压 U_o 偏离门限电压 E_d 一个小的数值,就可以输出足够的控制电压,因此,在 AGC 电路不饱和的情况下可增大接收机的动态范围。

(4) 射随器为 AGC 电路和受控中放级之间的隔离电路,有时在 AGC 电路的级与级之间也用它进行隔离。

(5) 峰值检波器的作用是获得与视频脉冲幅度成比例的直流电压,滤除无用的其他频率分量。在圆锥扫描雷达中,要求接收机输出信号中应保留锥扫频率(一般为 20~50 Hz),因此必须将低通滤波器的时间常数选得较大,以滤除 AGC 电路输出电压中的锥扫频率,不让它进行负反馈,所以圆锥扫描雷达的 AGC 系统属于惰性 AGC 电路。

(6) 选通级的作用是为了保证雷达只对选中的某个单一目标进行角度自动跟踪。在跟踪雷达的中放输入端输入可能是某个角度上不同距离的许多个目标的回波。而一般跟踪雷达只能跟踪其中一个目标，选通级就是利用目标在距离上的不同来进行选通，选择所需要跟踪的某个目标的回波信号。选通级平时是截止的，只有当选通级脉冲与回波脉冲同时加到选通级时，选通级才有输出。选通脉冲是一系列可以延时的视频脉冲，其重复频率与雷达重复频率相同。选通脉冲的宽度一般等于或略小于回波脉冲的宽度，选通脉冲的延时可以由雷达操作员控制，也可由自动测距的跟踪脉冲所控制。经过距离选通之后，选通级输出端只有被选中的目标信号。

3. AGC 电路的工作原理

AGC 电路的工作原理比较简单，它是利用负反馈的原理，使 AGC 电路根据接收机视频放大器输出信号的大小，自动产生一个相应的直流控制电压 E_g，用以调节受控中放级的增益，使接收机输出信号 U_o 基本保持恒定不变。

在圆锥扫描跟踪雷达中，为保证对目标的角度自动跟踪，要求接收机输出的角误差信号电压的大小仅与目标偏离天线轴线的角度有关，而与目标距离的远近、反射面积的大小等因素无关。因此，接收机的自动增益控制电路应根据回波信号平均幅度的大小来控制接收机的增益，使得输出信号的平均幅度不随着距离的变化而变化，同时在增益控制过程中，不改变信号包括的调制情况。增益控制波形如图 5 - 19 所示。

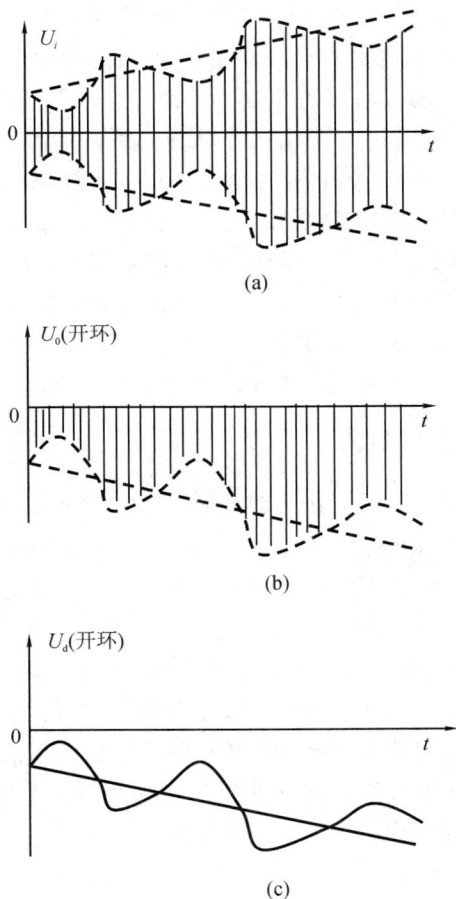

(a)

(b)

(c)

(d)

(e)

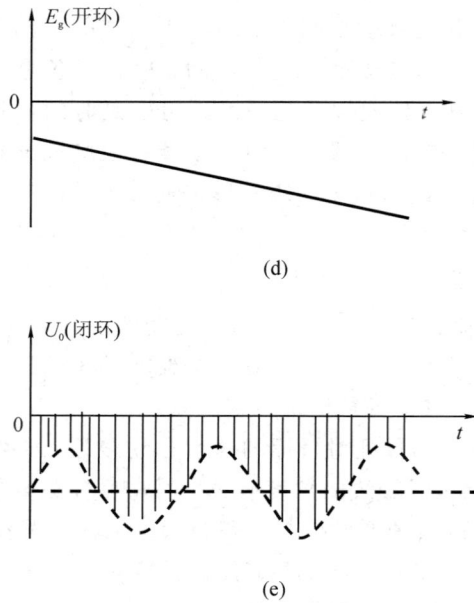

图 5-19　圆锥扫描雷达增益控制的波形

　　假设目标是由远到近以不变的角误差飞向雷达站，这时中放的输入电压 U_i 是一串中频调幅脉冲，其平均值也随着输入信号的增强而增大。当 AGC 系统处于开环状态时，经过检波、视放之后输出的电压 U_o 是一串视频调幅脉冲，其包括的变化规律与 U_i 相同。这时峰值检波器的输出电压 U_d 是调幅脉冲的包络电压，其变化频率就是圆锥扫描频率。再通过低通滤波器滤除该包络电压的其他频率之后，就得到包括电压的平均值。开环时的控制电压 E_g 是与回波信号强度成正比的。若目标远，则控制电压小；若目标近，则控制电压大。

　　当系统由开环转为闭环工作时，由于 AGC 电路的作用，接收机输出电压 U_o 的平均包络电压不随目标的移近而增大。这时角度误差信号不再随着输入信号的增大而增大，而只与误差角成正比，从而保证对目标做正确的角度自动跟踪。

5.3.3　瞬时自动增益控制(IAGC)

　　IAGC 是一种有效的中频放大器的抗过载电路，它能够防止由于等幅波干扰、宽脉冲干扰和低频调幅干扰等引起的中频放大器过载。IAGC 和一般的 AGC 电路原理近似，也是利用负反馈原理将输出电压检波后去控制中放级，从而自动地控制放大器的增益。但 IAGC 电路对时间常数有要求，电路的时间常数应这样选择：为了保证在干扰电压的持续时间 τ_n 内能迅速建立起控制电压，要求电路时间常数 $\tau_i < \tau_n$；为了维持目标回波的增益尽量不变，必须保证在目标信号的宽度 τ 内使控制电压来不及建立，即 $\tau_i \geqslant \tau$。干扰功率一般都很强，所以中频放大器不仅末级有过载的危险，前几级也有可能发生过载。

　　为了得到较好的抗过载效果，增大允许的干扰电压范围，可以在中放的末级和相邻的前几级都加上瞬时自动增益控制电路。图 5-20 所示为 IAGC 电路的原理波形。

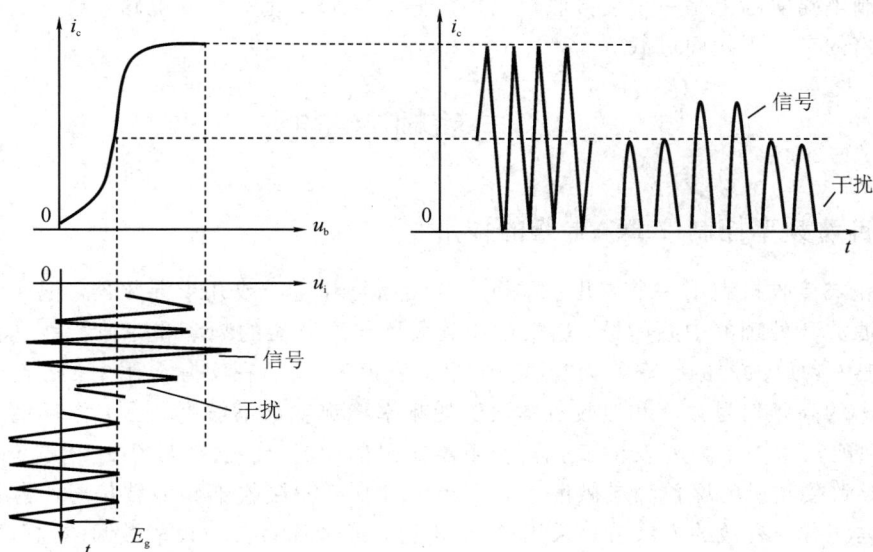

图 5-20 IAGC 电路的原理波形

5.3.4 近程增益控制(STC)

STC 电路又称为"时间增益控制电路"或"灵敏度时间控制电路",它用来防止近程杂波干扰所引起的中频放大器过载。STC 是在某些探测雷达中使用的一种随着时间距离减小而减小接收机灵敏度(增大衰减或损耗)的技术,它是将接收机的增益作为时间(对应为距离)函数来实现的。在信号发射之后,按照约 R^{-4} 的变化使接收机的增益随时间而增加,或者说使增益衰减器随时间而减小。此技术的副作用是降低了接收机在近距离时的灵敏度,从而降低了近距离时检测小目标的概率。

由于杂波干扰(如海浪杂波和地物杂波干扰等)主要出现在近距离,干扰功率随着距离增加而相对平滑减小。

根据试验,海浪杂波干扰功率 P_m 随距离 R 的变化规律为 $P_{im}=KR^{-a}$,其中,K 为比例常数;a 为由试验条件所确定的系数,一般情况下,$a=2.7\sim4.7$。

STC 的基本原理:当发射机每次发射信号之后,接收机产生一个与干扰功率随时间的变化规律相"匹配"的控制电压 U_c(图 5-21),控制接收机的增益按此规律变化。所以近距

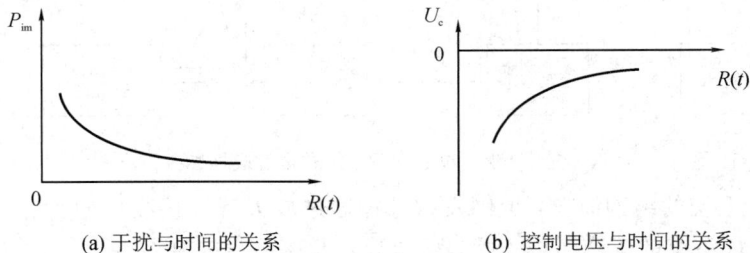

(a) 干扰与时间的关系　　　　　　(b) 控制电压与时间的关系

图 5-21 杂波干扰功率及控制电压与时间的关系

离增益控制电路实际上是一个使接收机灵敏度随着时间变化的控制电路，它可以使接收机不受近距离的杂波干扰而过载。

5.4　自动频率控制

5.4.1　自动频率控制(AFC)电路的作用

　　超外差式接收机利用一个或几个本机振荡器信号和一个或几个混频器，把回波信号变换成便于滤波和处理的中频信号。通常中频放大器与滤波器的频率和滤波特性是相对固定的，一般把中频放大器的频率称为"额定中频"，表示为 f_{00}。在实际应用中，磁控管振荡器发射机输出的高频信号频率和接收机本振器的频率稳定度都不够高。受工作环境或外界条件影响，只要其中一个频率发生变化，混频器输出的中频 f_0 就会与额定中频 f_{00} 发生偏差，直接导致接收机的增益和灵敏度下降，严重时有可能接收不到回波信号。为了保证接收机的正常工作，有效的方法就是采用 AFC 电路，或者称为自动频率微调(自频调)电路。

　　如果雷达的信号频率为 f_s，本机振荡器的频率为 f_b，则经过混频以后得到的差频称为实际中频 f_0，即

$$f_0 = f_b - f_s \quad \text{(高差式混频)} \tag{5-2}$$

$$f_0 = f_s - f_b \quad \text{(低差式混频)} \tag{5-3}$$

　　当发射机频率或本振频率改变而使差频产生变化时，鉴别差频变化大小和方向，相应地产生所需要的控制电压，自动地调节振荡器的频率，使混频以后得到的实际中频仍然接近于额定中频。

5.4.2　AFC 电路的分类

1．单路 AFC 系统

接收机信号通道与自动频率控制电路共用一个混频器和中频放大器，如图 5-22 所示。

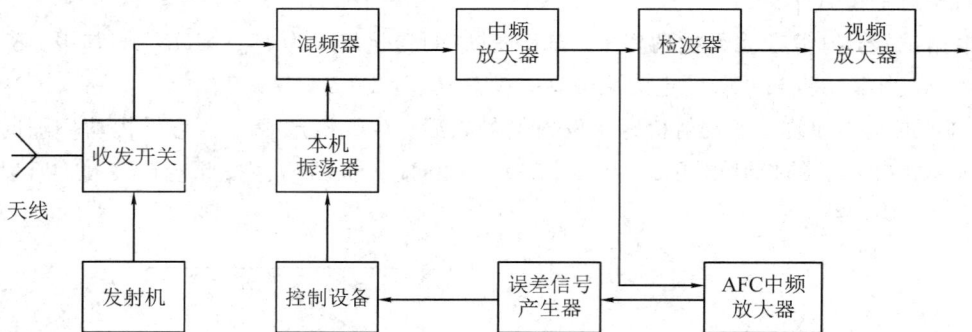

图 5-22　单路 AFC 系统的组成框图

　　单路 AFC 系统的结构简单，但因发射脉冲通过放大管到接收机的主脉冲尖峰能量强、频谱宽，对 AFC 系统的工作形成干扰，可能导致频率错误控制。

　　单路 AFC 系统应用于要求不高的雷达接收机。

2. 双路 AFC 系统

双路 AFC 系统由环路单独构成，与信号之路无关，如图 5 - 23 所示。

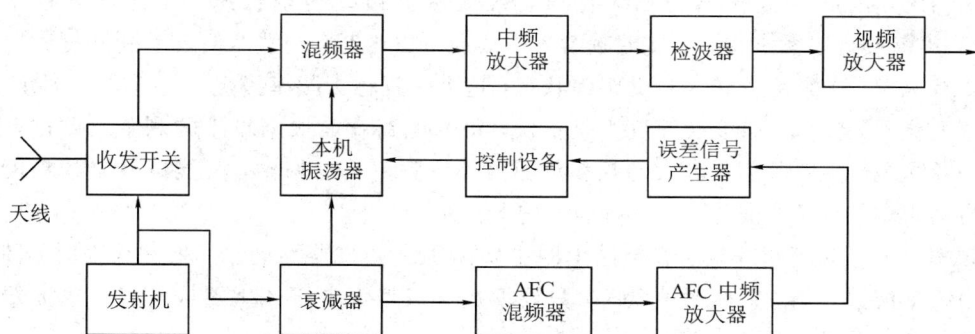

图 5 - 23　双路 AFC 系统的组成框图

特点：由于双路自动频率控制输入信号不经过收发开关，因而避免了单路自动频率控制系统的缺点。经过衰减器后的高频信号功率仍然较大，所以 AFC 系统中的中频放大器的级数较少。

5.4.3　AFC 系统的组成

当信号频率或本振频率改变而使实际中频 f_0 偏离额定中频 f_{00} 时，自动频率控制电路中的误差信号产生器能够根据 f_0 偏离 f_{00} 的程度，相应地产生一个幅度与频率偏差大小成正比、极性与频率偏差方向相对应的控制电压，然后用这个控制电压去控制本机振荡器的振荡频率，使之与信号频率 f_s 作同等变化，从而自动地将 f_0 调整到 f_{00} 附近，使中频失谐最小。在实际工作中，由于厘米波雷达的频率变化范围是很大的，而且有时变化的速度也比较快，为了适应这种情况，保证有效地进行自动频率控制，通常采用的是搜索式 AFC 系统，其组成方框图如图 5 - 24 所示。

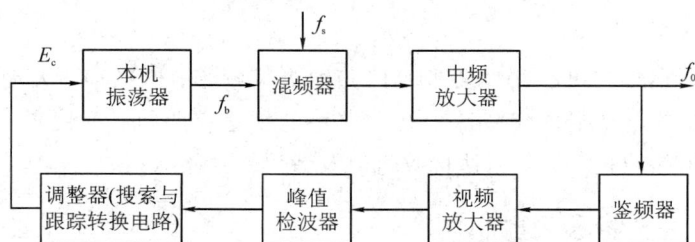

图 5 - 24　搜索式 AFC 系统方框图

AFC 系统是一个闭环的自动频率控制系统，它主要由两大部分组成：

（1）AFC 电路，由中频放大器输出端和本振输入端之间的电路组成，它是一个负反馈电路，输入量是中频频率 f_0，输出量是控制电压 E_c。

（2）频率控制电路，包括本振、混频器和中频放大器。频率控制电路的输入量是控制电压 E_c，输出量是中频频率 f_0。

如果本振频率 f_o 与信号频率 f_s 相差很大，混频后所得到的实际中频 f_o 就可能落到中频放大器通频带之外，这时搜索电路自动接通，并将一个周期性变化的搜索电压加到本机振荡器上，因此本振输出为扫频信号，系统输出频率搜索状态。在搜索过程中，当 $f_b - f_s$ 逐渐接近于额定中频，使差频落入中放通带以内时，调整器便自动断开搜索电路而接入跟踪电路，于是系统转为自动跟踪状态，这个过程称为频率捕捉。频率捕捉成功后，只要频率变化不是很大，且变化速度不是很快，跟踪电路就能根据较小的剩余误差进行同步跟踪。可见这种系统既能在较大的频率范围内进行频率自动搜索，又能以一定的精度进行频率自动跟踪，而且这两种状态还能自动进行转换。

频率搜索与频率跟踪状态在电路上的主要区别于调整器不同。在频率跟踪时，调整器就是一级支流放大器；在频率搜索时，只要增加一级搜索电压产生器或将直流放大器换成搜索电压产生即可。

由于鉴频器输出信号是视频脉冲，若直接用视频误差信号去控制本振频率，显然只有在脉冲作用期间才有控制电压，而脉冲过去以后控制电压也就消失了，这样本振频率就不能保持正常状态。此外，鉴频器是一级含有惰性元件的电路，输出脉冲需要一定的建立时间，因此要求在每个脉冲期间内使本振频率能够准确、迅速地进行调整，必然会遇到一定的困难。所以，通常都采用峰值检波器把鉴频器输出的脉冲误差电压变换为直流误差电压，以便把脉冲作用期间得到的误差电压保持下来，待下一个脉冲到来时，即可在前一个脉冲对本振频率调整的基础上再略加调整，保证本振频率是所需要的正确频率。可见峰值检波器实际上相当于一级保持电路。

直流放大器用来对控制电压进行放大，使之达到正常调整时所需要的电平。

AFC 电路中还包括有 AFC 中频放大器和视频放大器，这些电路与信号通路的电路完全相似，但应强调的是：处于鉴频器后面的视频放大器和直流放大器等电路会影响鉴频器输出视频脉冲的极性，这是因为这些电路有的具有倒相作用。

5.5　现代雷达接收机

我们对现代雷达接收机的共性要求可以归纳为宽频带、低噪声、大动态、高稳定和合理的性价比。下面重点介绍现代雷达中几种典型的雷达接收机：现代雷达全相参接收机、相控阵雷达多通道接收机、气象雷达接收机以及数字雷达接收机。

5.5.1　现代雷达全相参接收机

相参是指发射信号与相差检波基准信号（相差信号）之间应保持严格的相位同步关系，并用以提取目标的相关信息。

全相参雷达的发射信号、本振信号及全机的各种基信号均由同一基准信号源（频率综合器）提供，以保证这些信号的相参性。相参是脉冲多普勒雷达、动目标显示和检测雷达、脉冲压缩雷达和合成孔径雷达等各种新体制雷达赖以实现的基础。全相参雷达接收机的组成框图如图 5-25 所示。

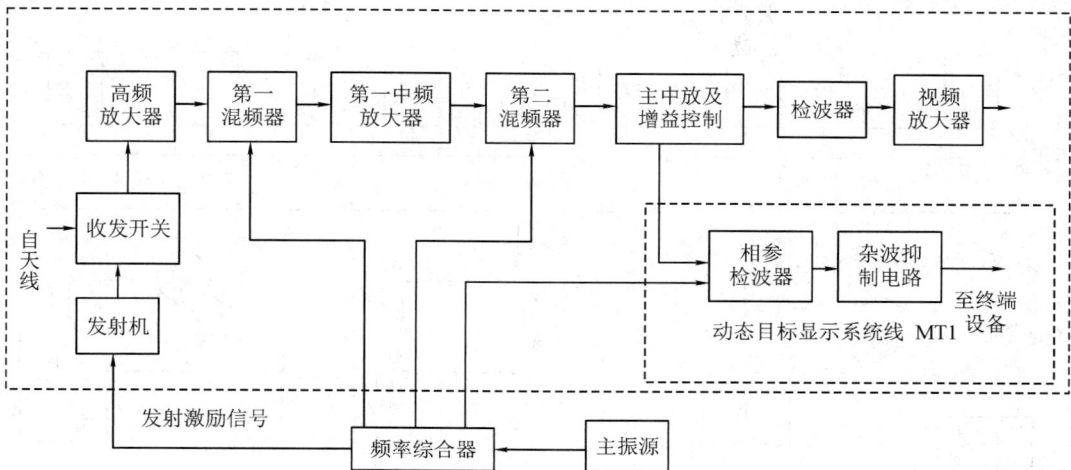

图 5 - 25　全相参雷达接收机的组成方框图

在现代雷达接收机中，为了减小组合频率的干扰，提高接收机的总体抗干扰能力，通常采用二次变频的方法，即将高频回波信号首先变换为频率较高的第一中频信号，然后再将第一中频信号变换为频率较低的第二中频信号，信号放大主要在第二中频的频率上进行。

全相参雷达均采用稳定度高的主振频率源和频率综合器。频率综合器采用稳频措施，使输出的反射信号频率、本振信号频率和相参信号频率都非常稳定，并且与主振频率保持严格的相位同步关系。

为保证全相参雷达接收机具有完善的性能，它除了具有雷达接收机基本功能电路外，通常还设有辅助性电路，如手动增益控制电路、自动增益控制电路、近程增益控制电路、抗过载的对数中放电路、抗噪声调频干扰的"宽—限—窄"电路等。动态目标显示系统由相参检波器和杂波抑制电路两部分组成。杂波抑制电路是为了消除地物回波等消极干扰，以改善雷达的低空性能。不同型号的雷达，根据其不同的要求，接收机中还设有一些各自独特的电路，在此不进行一一列举。

5.5.2　相控阵雷达接收机

相控阵雷达阵列天线需要成百上千个收—发(T/R)组件，靠各阵元移相器控制波束指向。图 5-26 给出了固态相控阵雷达多通道接收机示意图。该相控阵天线由 m 个子阵组成，每个子阵有 n 个 T/R 模块，整个相控阵天线使用 $m×n$ 个 T/R 模块。每个子阵相加网络将 n 路回波信号合成子阵波束，每个子阵波束的回波送至对应的子阵接收机，共有 m 通道接收机在每个子阵节后经过中频鉴相器输出的 m 路，I/O 正交数字信号包含了目标的多种信息。因此，相控阵雷达接收机系统除了在时域和频率检测信号外，还具有空间域滤波的功能，频率源提供发射激励和各子阵接收机的本振信号以及时钟等。

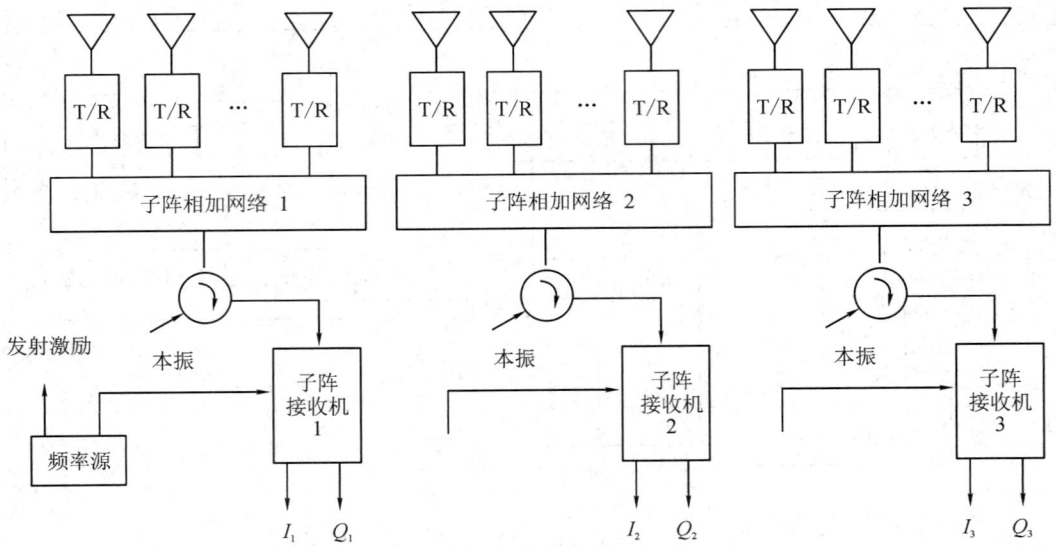

图 5-26　固态相控阵雷达多通道接收机示意图

5.5.3　气象雷达接收机

　　气象雷达需要检测的目标是云雨，它不仅要测量云雨的位置、范围，更重要的是还要测量云雨的强度和移动速度。一般来说，云雨回波的强度变化很大，这就要求气象雷达接收机接收具有不失真地接收大动态气象回波的能力。为了获得较高的测速精度、较好的杂波抑制和相干积累效果，要求频率合成器输出的本振频率（f_{L1}、f_{L2}）和各种参考信号（标定信号、时钟等）必须具有很高的频率稳定度，一般采用直接频率合成器（DDS）。图 5-27 给出了气象雷达接收机的原理方框图。

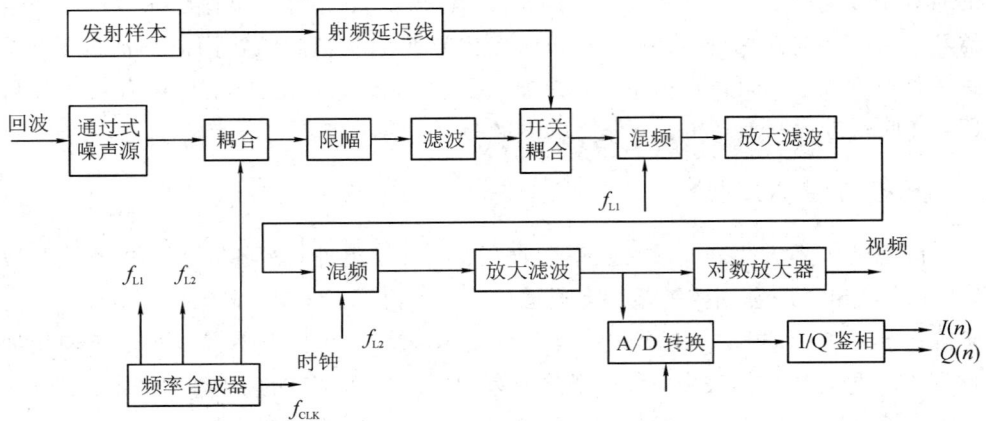

图 5-27　气象雷达接收机的原理方框图

5.5.4　数字式雷达接收机

　　数字式雷达接收机是近年来发展较快的雷达接收机新技术，特别是高性能 A/D 转换器和数字直接频率合成器(DDS)的发展以及高速、超高速数字信号处理器(DSP)芯片的大量使用,为数字式雷达接收机提供了可靠的硬件基础。

图 5-28 给出了数字雷达接收机原理示意图。图 5-28(a)所示为射频信号数字接收机,它对经过限幅低噪声放大和滤波的射频信号直接进行 A/D 转换和数字正交鉴相(I/Q 分离),然后将数字信号送至 DSP 进行数字处理。

图 5-28(b)所示是中频数字接收机。射频回波信号经过限幅低噪声放大、滤波和混频转换为中频信号,接着用 A/D 转换器直接对中频信号进行采样,经过数字正交鉴相(I/Q 分离)后输出的同相和正交数字信号 $I(n)$ 和 $Q(n)$ 送至 DSP 进行信号处理。

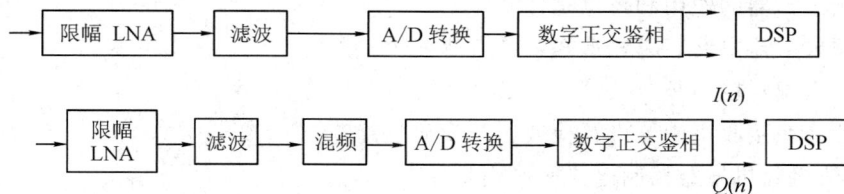

图 5-28　数字式雷达接收机原理示意图

在数字雷达接收机中,只用一个 A/D 转换器对射频或中频信号直接进行采样,数字正交鉴相也是用 DSP 芯片来完成的。与常规的模拟正交鉴相相比,输出的同相和正交数字信号 $I(n)$ 和 $Q(n)$ 的幅度平衡和相位正交精度很高,而且稳定性也很好。

本 章 小 结

本章学习了雷达接收机,它的相关知识如图 5-29 所示。

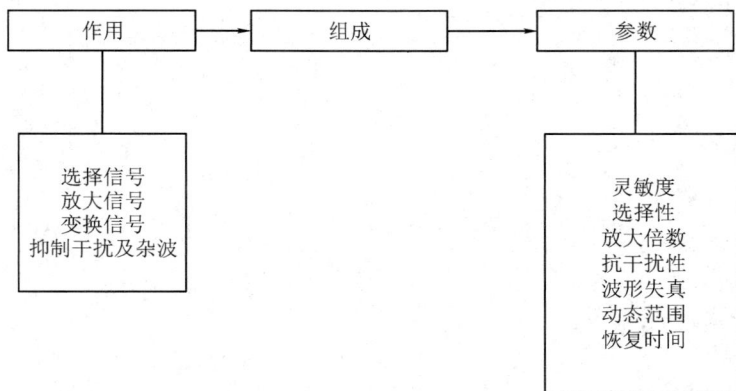

图 5-29　雷达接收机的相关知识

我们在学习中要重点把握厘米波跟踪雷达接收机的组成框图,通过了解信号的传输关系把握各部分作用。

习　题　五

1. 雷达接收机的作用是什么？

2. 米波雷达接收机与厘米波雷达接收机有何异同？为什么？

3. 什么是雷达接收机的动态范围和恢复时间？对它们各有什么要求？

4. 微波高频放大器的作用是什么？

5. 收发转换开关的作用是什么？

6. 中频放大器的作用和特点是什么？

7. 中频放大器电路有哪些形式？各有哪些优缺点？

8. 为什么说对数中频放大器具有较强的抗过载能力？

9. 为什么在接收机中要设置检波器和视放电路？

10. 雷达接收机增益控制电路的作用是什么？

11. 自动增益控制电路在自动跟踪雷达中有什么重要作用？

12. 自动增益控制电路的组成是什么？

13. 简述近程增益控制电路的基本工作原理。

14. 自动频率控制电路的作用是什么？

第 6 章　雷 达 终 端

雷达接收机将天线接收到的微弱信号与目标回波信号经射频放大、混频、中频放大、检波及信号处理后，还需要将回波中有关目标的信息与情报经必要的加工后在显示器上以直观的形式展示给雷达操作人员，这一过程由雷达终端来实现。

雷达终端的基本内容包括：目标数据的录取、数据处理及目标状态的显示。雷达终端的典型组成框图如图 6-1 所示。

在图 6-1 中，点迹录取用于实现对来自接收机或信号处理机的雷达目标回波的确认，并提取其仰角、方位角、距离、速度等信息；数据处理完成目标数据的关联、航迹处理、数据滤波等任务，实现对目标的连续自天线跟踪；轴角编码完成天线瞬时指向角的提取及其坐标系转换；显示系统完成目标的位置、运动状态、特征参数及空情态势等信息的显示。

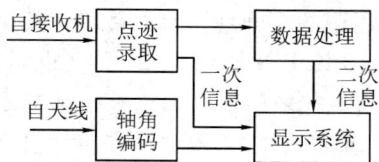

图 6-1

6.1　雷达显示器的类型及指标

6.1.1　雷达终端显示器的主要类型

雷达终端显示器根据完成的任务可分为：距离显示器、平面显示器、高度显示器、情况显示器和综合显示器以及光栅显示器等。

1. 距离显示器

距离显示器显示目标的斜距坐标，它是一维空间显示器，用光点在荧光屏上偏转的振幅来表示目标回波的大小，所以又称为偏转调制显示器。常用的距离显示器有以下三种：

（1）A 型显示器。A 型显示器为直线扫描，扫描线起点与发射脉冲同步，扫描线长度与雷达量程相对应，主波与回波之间的扫描线长代表目标的斜距，如图 6-2(a) 所示。

（2）J 型显示器。J 型显示器是圆周扫描，它与 A 型显示器相似，所不同的是扫描线

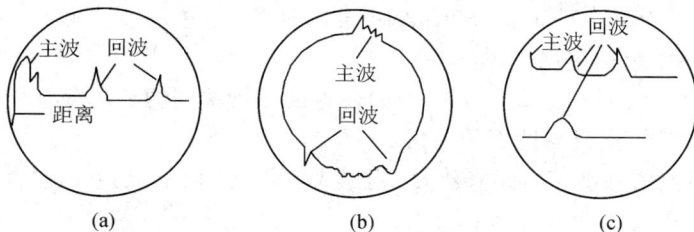

图 6-2　距离显示器

从直线变为圆周。目标的斜距取决于主波与回波之间在顺时针方向扫描线的弧长，如图
6-2(b)所示。

（3）A/R 型显示器。A/R 型显示器有两条扫描线，上面一条线和 A 型显示相同，下面
一条是上面扫描线中一小段的扩展，扩展其中有回波的一小段可以提高测距精度，它是从
A 型显示器演变而来的，如图 6-2(c)所示。

2. 平面显示器

平面显示器显示雷达目标的斜距和方位两个坐标，是二维显示器。它用平面上的亮点
位置来代表目标的坐标，光点的亮度表示目标回波的强度，属亮度调制显示器。平面显示
器是使用最广泛的雷达显示器，因为它能够提供平面范围的目标分布情况，这种分布情况
与通用的平面地图是一致的。常用平面显示器有以下三种基本类型：

（1）PPI 显示器（P 显），也叫全景显示器或环视显示器，其提供了 360°范围内全部平面
信息。它采用径向扫描极坐标显示方式，以雷达站作为圆心（零距离）。方位角以正北为基
准（零方位角），顺时针方向计量；距离则沿半径计量；图的中心部分大片目标是近区的杂
波所形成的，较远的小亮弧则是动目标，大的是固定目标，如图 6-3(a)所示。

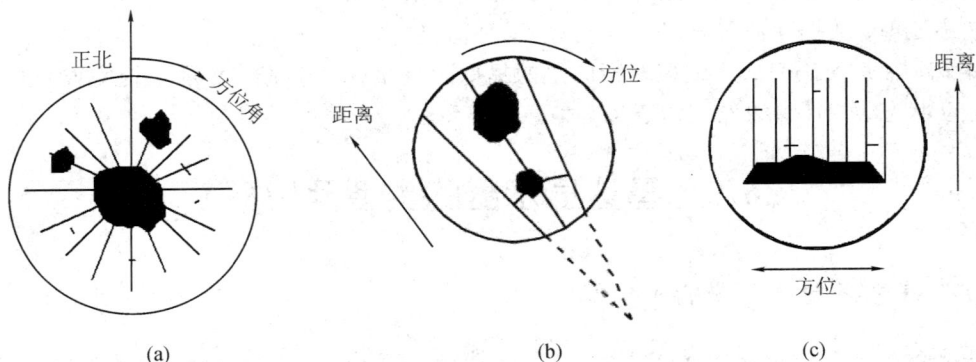

图 6-3　三种基本类型的平面显示器

（2）偏心 PPI 型显示器，它是 P 显移动原点，使其偏离荧光屏几何中心，以便在给定方
向上得到最大扫描扩展，如图 6-3(b)所示。

（3）B 型显示器，是以横坐标表示方位，纵坐标表示距离。通常方位角不是取整个
360°，而是取其中的某一段，即雷达所监视的一个较小的范围。如果距离也不取全程，而是
某一段，这时的 B 型就称为微 B 显示器，如图 6-3(c)所示。在观察某一范围以内的情况
时，就可以用微 B 显示器。

如图 6-4 所示为雷达平面显示图示例。雷达图说明：中心点为厦门（气象台），距离圈
60 公里，可覆盖 300 公里范围。

PPI-平面强度图：可以想象为从空中俯视地面时所看到的云的分布情况。

仰角：雷达天线扫描线与地面的夹角。

DBZ：雷达回波的强度值，数值越大，强度越强，反映在现象上雨越大。

距离：指总距离圈为 300 公里。

时间和日期：指观测的时间，每天固定时次观测（08、11、14、17、20、23 时），有回波
时资料更新。

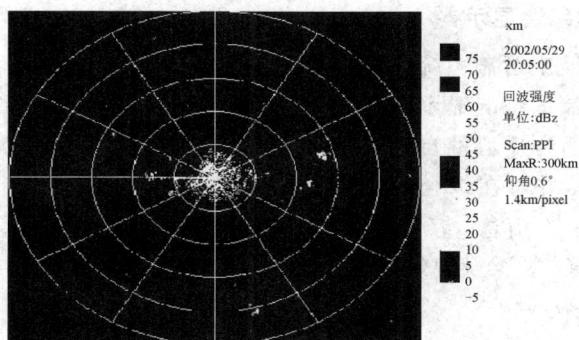

图 6 - 4　雷达平面显示图

3. 高度显示器

高度显示器用在测高雷达和地形跟踪雷达系统中，统称为 E 式显示器，横坐标表示距离，纵坐标表示仰角或高度，如图 6 - 5(a) 所示。表示高度者又称为 RHI 显示器，如图 6 - 5(b) 所示。在测高雷达时，主要用 RHI 显示器，但在精密跟踪雷达中常采用 E 式显示器，并配合 B 显示器可实现目标的三维显示。

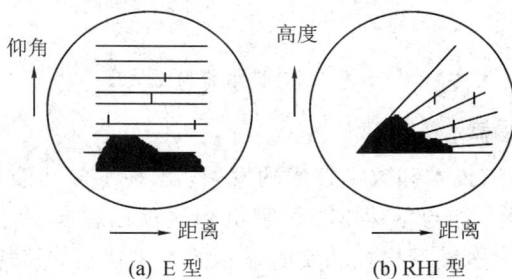

图 6 - 5　高度显示器的两种类型

如图 6 - 6 所示为雷达高度显示器示例。雷达高度强度图说明：坐标原点为厦门气象台。

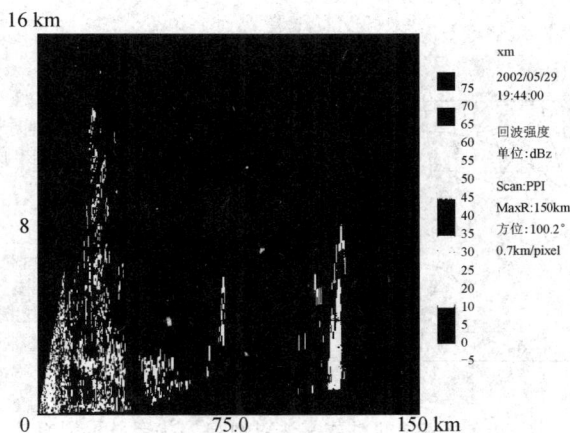

图 6 - 6　雷达高度显示器示例

4. 情况显示器和综合显示器

随着防空系统和航空管制系统要求的提高及数字技术在雷达中的广泛应用，出现了由计算机和微处理机控制的情况显示器和综合显示器。情况显示器和综合显示器是安装在作战指挥室和空中导航管制中心的自主式显示装置，它在数字式平面位置显示器上提供一幅空中态势的综合图像，并可在综合图像之上叠加雷达图像。图 6-7 显示综合显示器的画面，其中雷达图像为一次信息，综合图像为二次显示信息，包括表格数据、特征符号和地图背景，例如河流、跑道、桥梁及建筑物等。

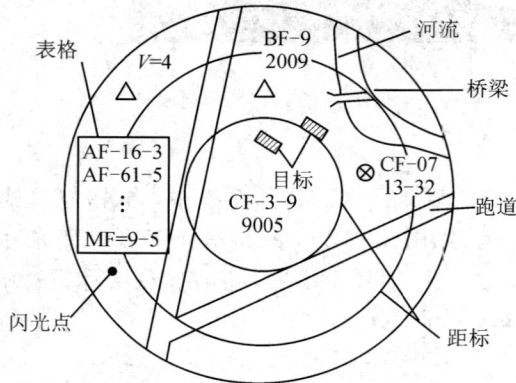

图 6-7　综合显示器画面示意

5. 光栅扫描雷达显示器

近年来，随着电视扫描技术和数字技术的发展，出现了多功能的光栅扫描雷达显示器。数字式的光栅扫描雷达显示器与雷达中心计算机和显示处理专用计算机构成一体，具有高亮度、高分辨率、多功能、多显示格式和实时显示等突出优点，其既能显示目标回波的二次信息，也能显示各种二次信息以及背景地图。由于采用了数字式扫描变换技术，通过对图像存储器（RAM）的控制，可以实现多种显示格式画面，最多可达 20 多种画面，包括正常PPI 型、偏心 PPI 型、B 型、E 型等。图 6-8 所示为典型的机载雷达光栅扫描显示器对地扫描状态的显示画面。

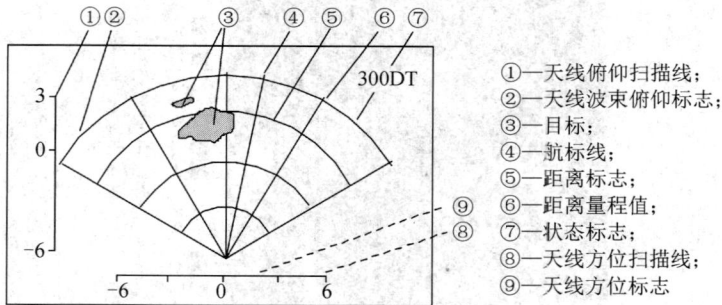

①—天线俯仰扫描线；
②—天线波束俯仰标志；
③—目标；
④—航标线；
⑤—距离标志；
⑥—距离量程值；
⑦—状态标志；
⑧—天线方位扫描线；
⑨—天线方位标志

图 6-8　典型的机载雷达对地扫描状态显示画面

6.1.2　雷达终端显示器的质量指标

雷达对显示器的要求是由雷达的战术和技术参数决定的，通常有以下几方面：

（1）显示器的类型选择。显示器类型的选择主要根据显示器的任务和显示的内容进行的，例如显示目标斜距采用 A 型、J 型或 A/R 型；显示距离和方位采用 P 型；在指挥部和航空管制中心则选用情况显示器和综合显示器。

（2）显示的坐标数量、种类和量程。这些参数主要根据雷达的用途和战术指标来确定。

（3）对目标坐标的分辨率。这是指显示器画面上两个相邻目标的分辨能力。光点的直径和形状将直接影响对目标的分辨率，性能良好的示波管的光点直径一般为 0.3～0.5 mm。此外，分辨率还与目标距离远近、天线波束的半径和雷达发射脉冲宽度等参数有关。

（4）显示器的对比度。对比度是图像亮度和背景的相对比值，以百分数表示为

$$对比度 = \frac{图像亮度 - 背景亮度}{背景亮度} \times 100\%$$

对比度的大小直接影响目标的发现和图像的显示质量，一般要求在 200% 以上。

（5）图像重显频率。为了使图像画面不致闪烁，要求重新显示的频率必须达到一定数值。闪烁频率的门限值与图像的亮度，环境亮度对比度和荧光屏的余辉时间等因素有关，一般要求达到 20～30 次/s。

（6）显示图像的失真和误差。有很多因素使图像产生失真和误差，例如扫描电路的非线性失真，字符和图像位置配合不准确等。在设计中要分析产生失真和误差的原因，并采取加以补偿和改善的措施。

此外，还有显示器的体积、重量、环境条件、电源电压及功耗等要求。

6.2　距离显示器

6.2.1　A 型显示器

1. A 型显示器的画面及示波管

A 型显示器的典型画面如图 6-9 所示，画面上有发射脉冲（又称主波）、近区地物回波

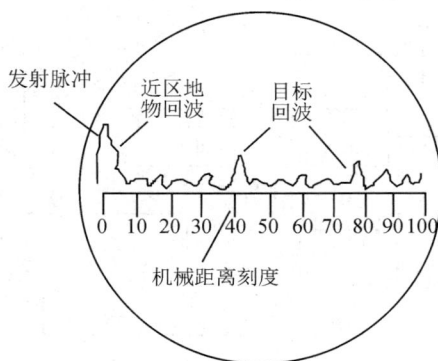

图 6-9　A 型显示器的画面

和目标回波，还有距离刻度，这个刻度可以是电子式的，也可以是机械刻度尺。

A 型显示器实际上是一个同步示波器。雷达发射脉冲（主波）瞬间，电子束开始从左到右线性扫描，接收机输出的回波信号显示在主波之后，二者之间距与回波滞后时间成比例。画面上有距离刻度，通常还有移动距标，它滞后于主波的时间可以由人工进行控制。根据回波出现位置所对应的刻度（或移动距标滞后于主波的时间）就可以读出目标的距离。

A 型显示器大多数采用静电偏转示波管。如图 6-10 给出了 A 型显示器各极的信号波形及时间关系。

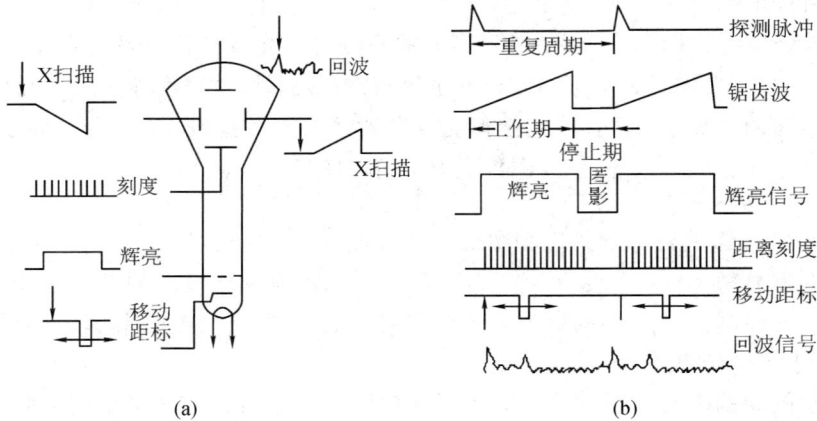

图 6-10　A 型显示器各极的信号波形及时间关系

要使电子束从左到右均匀扫描，在一对 X 偏转板上应加入锯齿电压波。为了增大扫描振幅及避免扫描过程中偏转板中心电位变化引起的散焦，通常在 X 偏转板上加入推挽式的锯齿波。回波信号加在一个 Y 偏转板上。由于回波滞后主波时间 t_R 与线性锯齿波电压振幅成正比，所以，显示器上回波滞后主波的水平距离与目标的斜距成正比。

2. A 型显示器的组成

A 型显示器组成框图如图 6-11 所示。主要包括如下几个部分：

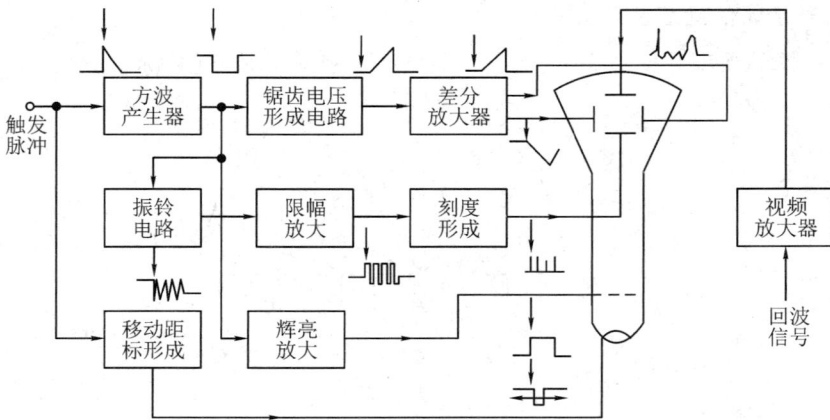

图 6-11　A 型显示器组成框图

（1）扫描形成电路。其主要由方波发生器、锯齿电压形成电路和差分放大器组成。扫描形成电路形成锯齿扫描电压波，加在 X 偏转板上，控制电子束从左到右扫描。

（2）视频放大器。视频放大器的功能是把接收机检波器输出的信号放大到显示器偏转板上所需要的电平。

（3）距标形成电路。包括固定距离刻度和移动距标产生的电路。固定距离刻度电路由振铃电路、限幅放大器和刻度形成电路组成。

3．工作原理

根据图 6-11 可知各部分的联系和特点，下面说明扫描产生电路和移动距标产生的方法。

（1）扫描产生电路。扫描产生电路的任务是产生锯齿电压波加在示波管水平偏转板上，使电子束从左至右均匀扫描，从而形成水平扫描线。扫描线中要考虑以下几个重要参数。

a．扫描长度 L。通常使扫描长度为荧光屏直径的 80% 左右，例如直径为 13 cm 的示波管，一般取扫描线长度为 10 cm，即 $L=0.8D$，D 为示波管的荧光屏直径。

b．距离量程。距离量程的意义是扫描线总长度 L 所表示的实际距离数值。最大量程对应雷达的最大作用距离。为了便于观察，一般距离显示器有几种量程，分别对应雷达探测范围的某一段距离。用相同的扫描长度表示不同的距离量程，意味着电子束扫描速度不同或者说锯齿电压波的斜率不同。

c．扫描线性度。要求锯齿电压波在工作期间内电压变化的速率接近一常数，若这时采用均匀的固定距离刻度来测读，则可以得到较高的测距精度。

此外，还要求扫描电压有足够的锯齿电压幅度，扫描电压的起点要稳定，扫描锯齿波的恢复期（即回程）尽可能地短。

（2）移动距标的产生。用移动距标测量目标距离，就要设法产生一个对主波延迟可变的脉冲作为距标。调节距标的延迟时间（并能精确读出），使距标移动到回波的位置上，就可根据距标滞后主波的时间 t_R 算出目标的距离 R（$R=1/2ct_R$，这里 c 为光速）。

6.2.2　A/R 显示器

在 A 显示器上可以控制移动距标去对准目标回波，然后根据控制元件的参量（电压或轴角）而算得目标的距离数据。由于人的固有惯性，在测量中不可能做到使移动距标完全和目标重合，它们之间总会有一定的误差 Δl，这个误差称为重合误差。

对于不同的量程，重合误差对应的距离误差 ΔR 将不同。

例如，A 型显示器扫描线长度为 100 mm，重合误差 $\Delta l=1$ mm，当其量程 R_m 为 100 km，如果量程为 1 km，则 Δl 引起的距离误差只有 10 m，但减小量程后，不能达到有效地监视雷达全程的目的。

在实际工作中常常既要能观察全程信息，又要能对所选择的目标进行较精确的测距，这时只用一个 A 型显示器很难兼顾，如果加一个显示器来详细观察被选择目标及其附近的情况，则其距离量程可以选择得较小，这个仅显示全程中一部分距离的显示器通常为 R 型显示器。由于它和 A 型显示器配合使用，因而统称为 A/R 型显示器。

1．A/R 型显示器画面

A/R 型显示器画面如图 6-12 所示，画面上方是 A 扫描线，下方是 R 扫描线。

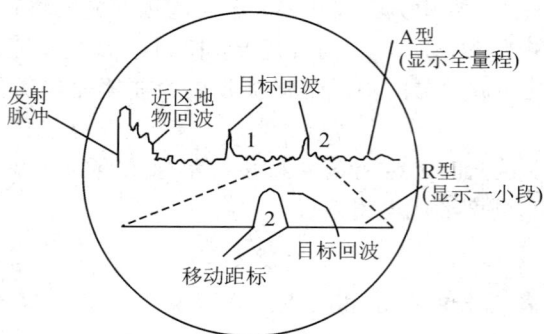

图 6-12　A/R 型显示器画面

在图 6-12 中 A 扫描线显示出发射脉冲、近区地物回波以及目标回波 1 和 2。R 扫描线显示出目标 2 及其附近一段距离的情况，还显示出精移动距标。精移动距标以两个亮点夹住了目标回波 2。通常在 R 扫描线上所显示的那一段距离在 A 扫描线上以缺口方式、加亮显示方式或其他方式显示出来，以便使用人员观测。

2. A/R 型显示器的组成

A 和 R 显示器是配合使用的，R 显示器只显示 A 显示器中的一小段距离的信息，它们之间有严格的时间关系。图 6-13 所示是一种实用的 A/R 型显示器的框图，这里采用两个单枪示波管理。图 6-14 是波形时间关系，波形的标号与方框图中的标号对应。

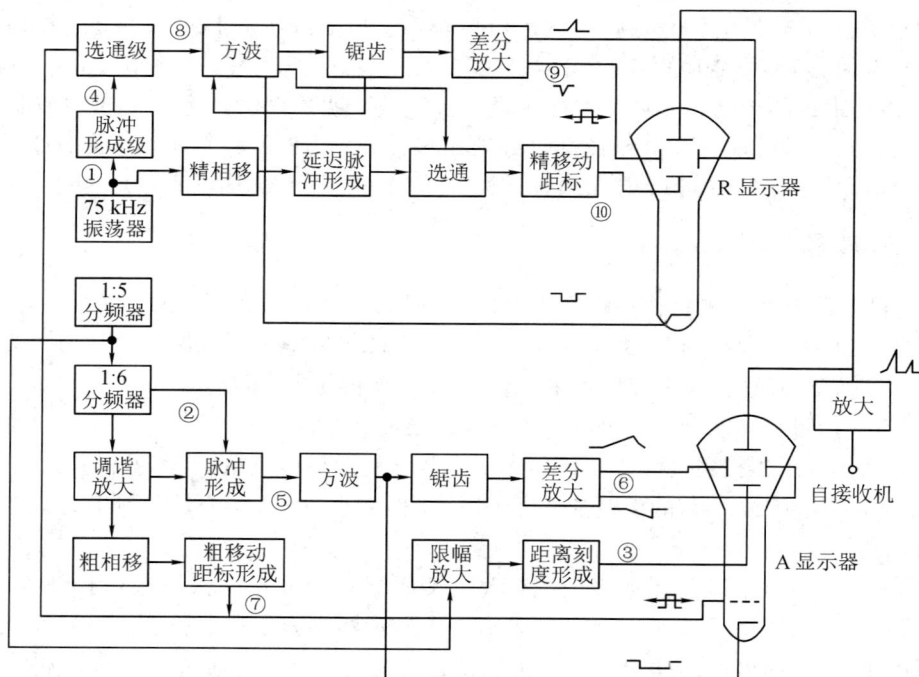

图 6-13　A/R 型显示器的框图

如图 6-13 和图 6-14 所示，以晶振频率为 75 kHz 的晶体振荡器作为基准信号源①，

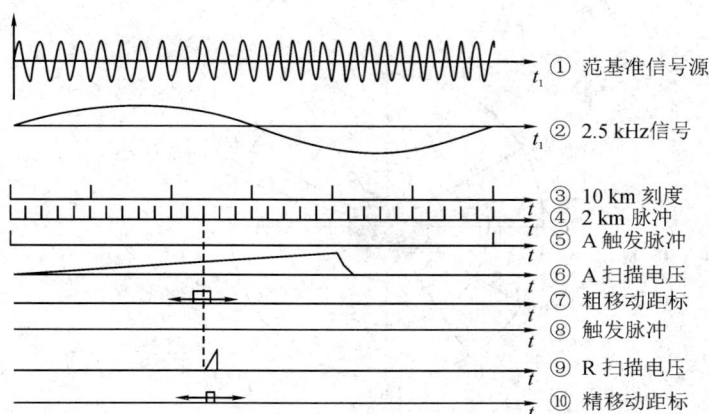

图 6-14　A/R 型显示器波形关系图

经 5×6 次分频后得到频率为 2.5 kHz 的正弦信号②。用②去形成 A 扫掠线的触发信号⑤，其重复周期相应为 60 km 范围，扫掠电压如⑥所示。频率为 2.5 kHz 的正弦信号经粗相移和粗移动距标形成级，形成宽度为 2 km(13.3 μs)并可在 0～40 km 内移动的距离标志⑦，它加在 A 型示波管栅极上作亮度调制信号。此粗移动距标还作 R 扫掠的选通脉冲用。

A 显示器上的 10 km 距离刻度③为 1∶5 分频级输出的正弦波，经脉冲形成电路，形成正极性的脉冲序列。它加 A 显示器的一个 Y 偏转板上。A 显示的辉亮信号可由 A 扫掠电路的方波形成极得到。对于 R 显示器，直接用频率 75 kHz 的正弦波去形成重复周期相应为 2 km(约 13.3 μs)的触发脉冲④，因为 R 扫掠线上的信息应是 A 扫掠线上粗移动距标附近 2 km 的信号，所以用粗移动距标去选出一个周期为 2 km 的脉冲作为扫掠触发脉冲⑧。在脉冲⑧的作用下形成 R 显示器上所需的方波和锯齿电压波分别作为辉亮和扫掠信号。这里的 2 km 量程是靠锯齿波电压上升到一定值后回授一个脉冲来控制扫描的结束。

精移动距标 10 是由精相移输出的正弦波，再经脉冲形成级产生的。因为在 60 km 范围内只显示一次，所以要用 R 扫掠的方波进行选通。精移动距标移动范围不超过 2 km，宽度大约与脉宽同一数量级。

实际中普遍采用的一种 A/R 显示器是用一个双电子枪，双偏转系统而共荧光屏的复合示波管，或简称双枪示波管。在荧光屏画面上有两条距离扫描线，上面的扫掠线是粗距离（A 式）扫掠，下面的扫掠线是精距离（R 式）扫掠，其组成框图和波形时间关系与图 6-13 和图 6-14 类似，这里不再重复。

A/R 显示器只能显示目标的距离坐标，不能观察到目标方位等全貌，因此往往需要和其他类型显示器配合使用。

6.3　平面位置显示器

6.3.1　平面位置显示器画面特点

平面位置显示器又称为 P 型显示器，它以极坐标的方式表示目标的斜距和方位，其原点表示雷达所在地，目标在荧光屏上以一亮点或亮弧出现，又称为亮度调制。典型的 P 型显示器画面如图 6-15 所示。

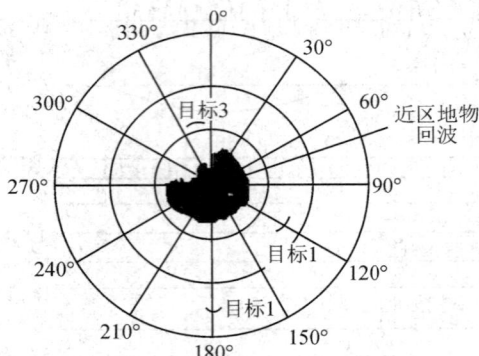

图 6-15　P 型显示器画面

　　光点由中心沿半径向外扫描为距离扫描，距离扫描线与天线同步旋转为方位扫描。为了便于观测目标，显示器画面一般均有距离和方位的电刻度，当距离扫描线与天线同步旋转时，距离电刻度是一簇等角度的辐射状直线。

　　由于 P 型显示器所观测显示器的空域很大，为了尽可能得到较好的分辨率和清晰度，我们通常采用聚集好、亮度高的磁式偏转示波管。为了能同时观测整个空域的目标，必须采用长余辉示波管及亮度调制方式。

　　根据方位扫描的方式不同，平面位置显示器主要有两种类型：动圈式和定圈式平面位置显示器。

6.3.2　动圈式平面位置显示器

　　动圈式平面位置显示器的方位扫描是靠偏转线圈与天线同步旋转而形成的，这种显示器的优点是其线路比较简单，在常规雷达系统中得到广泛应用。偏转线圈与天线同步旋转需要一套随动系统，而且传动机构比较复杂，精度也不够高，所以在近年来的新型雷达中逐步被定圈式平面位置显示器所代替。动圈式平面位置显示器主要由距离扫描、方位扫描、距离和方位刻度形成、回波和辉亮控制等四部分组成，如图 6-16 所示。

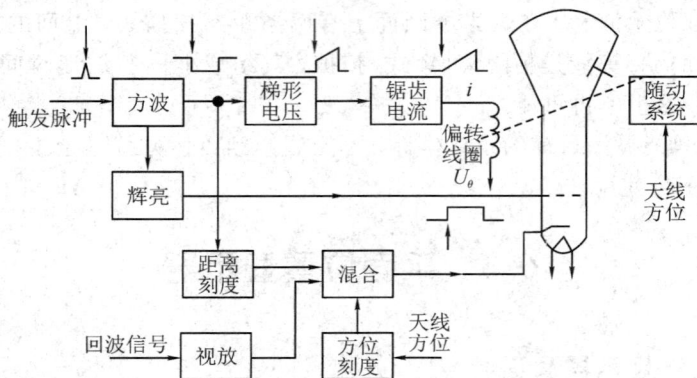

图 6-16　动圈式平面显示器框图

1. 距离扫描

距离扫描的产生方法和 A 型显示器相似。距离扫描电路组成框图如图 6-17 所示。由于这里采用磁偏转,在偏转线圈中应加入锯齿电流,以便形成随时间线性增强的磁场,使电子束在磁场中发生偏转(偏转方向与磁场方向垂直),从而在荧光屏上作直线扫描。如果电流波从零开始增加,则光点便自荧光屏的中心向外进行径向扫描。

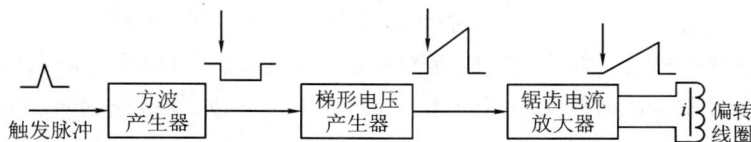

图 6-17　距离扫描电路框图

如图 6-18 所示,为了获得锯齿波电流 $i(t)=Kt$(这里 K 为常数),当偏转线圈的损耗电阻为 R 时,在偏转线圈的损耗电阻为 R 时,在偏转线圈上应加的电压为

$$u(t)=L\frac{\mathrm{d}i(t)}{\mathrm{d}t}+Ri(t)=LK+Ri(t)$$

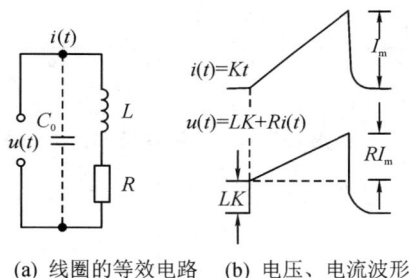

(a) 线圈的等效电路　　(b) 电压、电流波形

图 6-18　偏转线圈中的锯齿电流和梯形电压

2. 方位扫描

方位扫描是指距离扫描线随天线同步转动。在动圈式平面显示器中,通过使偏转线圈与天线同步转动的方法实现方位扫描。由于距离扫描速度很快,而天线方位扫描的速度相对很慢,因而完成一次距离扫描时,方位数值基本不变,在显示器上距离扫描仍可视为一条径向的亮线。偏转线圈与天线同步转动的方法一般采用随机系统,图 6-19 所示是一种最简单的随动系统原理图。天线通过加速系统带动一个同步发送机,在显示器处的偏转线

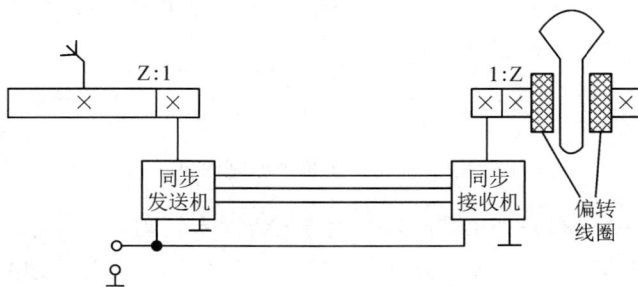

图 6-19　平面显示器方位扫描随动系统原理图

圈则通过齿轮系统和一个同步接收机相连。这是一种开环控制系统，其随动精度较低。如果采用闭环随动控制系统，则可明显提高其随动精度。

3. 方位刻度

方位刻度有机械和电子两类。在此讨论一种利用光电变换方法产生电子方位刻度的原理。固定电子方位刻度是在荧光屏上产生一系列等方位角的径向亮线，每条亮线对应一特定的方位。为了产生这些方位刻度，应在天线每转一特定角度 $\Delta\theta$ 时，就产生一个方波，并加在示波管栅极或阴极上。方波宽度应等于一个或几个距离扫描重复周期。图 6 - 20 绘出了距离扫描和方位刻度的时间关系示意图。显然，在 0°、$\Delta\theta$、$2\Delta\theta$ … 及 $n\Delta\theta(n=1、2、3…)$ 方位上出现方位刻度。

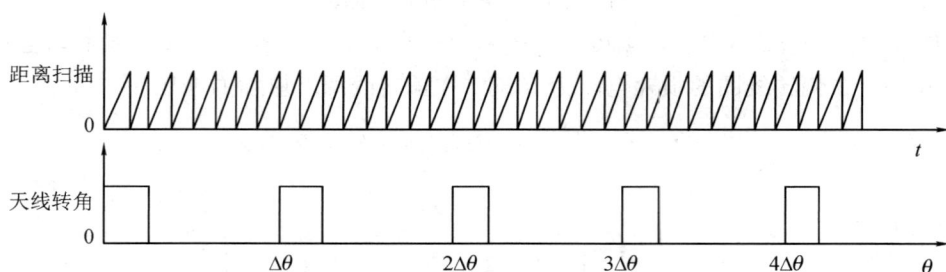

图 6 - 20　距离扫描和方位刻度的时间关系示意图

用光电变换法产生方位刻度的原理如图 6 - 21 所示。

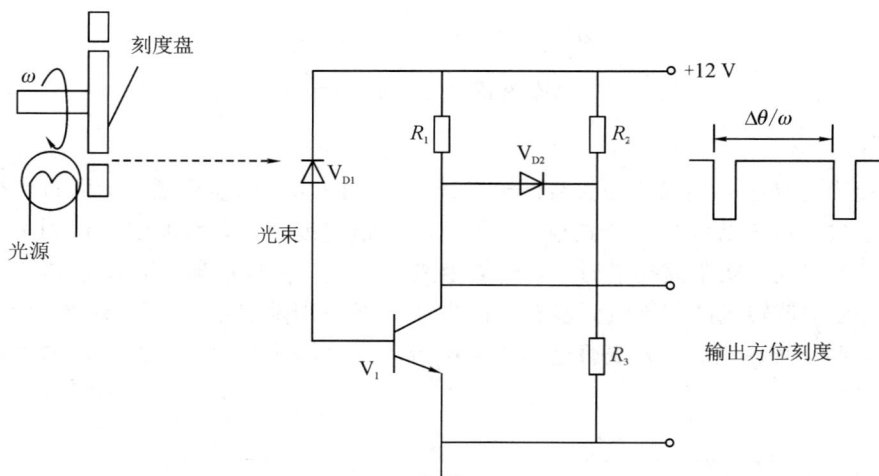

图 6 - 21　产生方位刻度的原理图（$R_2 = R_3$）

刻度盘上每隔 $\Delta\theta$ 开有一个小孔，刻度盘与天线同步转动，在它的两边有光源和光电变换器，由光电二极管 V_{D1}，光电放大器 V_1 和钳位二极管 V_{D2} 组成。光电二极管 V_{D1} 被予反向偏置，并作为晶体管 V_1 的基极电阻。当刻度盘小孔没有对准光源时，V_{D1} 输出电流为 $2\sim10~\mu A$，V_1 处于微导通，输出电压 u_c 被二极管钳位在 +6 V 电平，此时无方位刻度输出。当天线转到某一角度，光源通过小孔照射到光电二极管 V_{D1} 上时，V_{D1} 输出电流为 $40\sim120\ \mu A$，V_1 饱和导通（$u_c=0\ V$），此时输出一个负方波。这一负方波对应于天线某一定的轴角，便可作为方位刻度加到示波管阴极上，从而在荧光屏上形成一条方位上的亮线。

6.3.3　定圈式平面位置显示器

1. 偏转线圈工作原理

在定圈式平面显示器中，相互垂直的 X 偏转线圈和 Y 偏转线圈固定在管颈上，不产生机械转动，扫描线的转动是靠 X 偏转线圈和 Y 偏转线圈产生旋转式径向扫描磁场来实现的。可用图 6-22 来说明偏转线圈产生旋转式径向扫描磁场的基本原理。

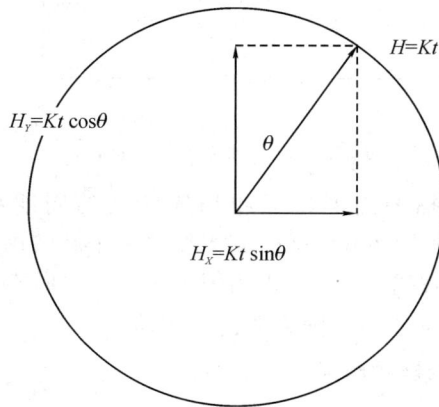

图 6-22　磁场的分解和垂直

在任意方向线性变化的磁场 H 能使电子束在与该磁场垂直方向进行扫描，从而形成扫描线。这个任意方向的磁场可以分解成水平和垂直两个分量。

$$H_X = Kt\sin\theta$$
$$H_Y = Kt\cos\theta \tag{6-1}$$

同样，若令水平和垂直偏转线圈分别产生式（6-1）所示的磁场，那么这两个磁场的空间合成便是 θ 方向的磁场 H，而扫描线则出现在 $(\theta+\pi/2)$ 的方向上，当式（6-1）中的 θ 随天线扫描角同步变化时，扫描线也就随着天线同步转动了。

2. 扫掠电流的产生

为了产生式（6-1）所示磁场，在 X 和 Y 偏转线圈上应加入如下形式的电流：

$$i_X = K't\sin\theta$$
$$i_Y = K't\cos\theta \tag{6-2}$$

也就是说，锯齿扫掠 i_X 和 i_Y 电流的振幅受天线轴角 θ 的正弦和余弦函数的调制，其扫描电流如图 6-23 所示。

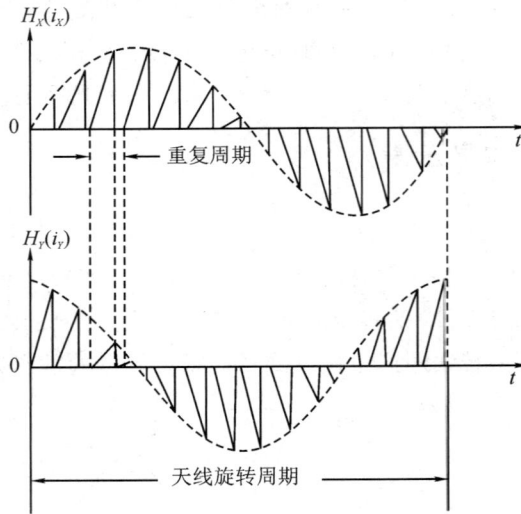

图 6 - 23　水平和垂直磁场变化

　　实际上，锯齿电流扫描的周期比天线扫描转动的周期小得多，例如天线转速为 6 r/min，雷达的发射脉冲频率为 400 Hz，则天线的一个旋转周期里距离扫描线达 4000 次之多。因此，对于一次距离扫描，天线可视为固定的某一方向不动，荧光屏上看到的扫描线是一条径向直线，而这条径向直线则随天线同步转动。

3. 定圈式平面位置显示器的组成

　　图 6 - 24(a)给出一种定圈式平面位置显示器组成框图。为了简化框图，这里没有加入移动距标。图中包含有距离扫描和方位扫描部分；距离刻度和方位刻度；回波和辉亮等部分。下面简要说明它的工作原理。

　　(1) 扫描的分解。采用后分解法的 P 型显示器组成框图及扫描波形。触发脉冲加到方波发生器，将所产生的方波送到锯齿电压形成电路，经过功率放大输出等幅的锯齿扫描电流（见图 6 - 24 波形①）。通常采用旋转变压器使等幅的锯齿扫描电流按天线转角 θ 的正弦和余弦进行分解。旋转变压器是一种微型电机，其作用类似于变压器，锯齿电流加到放置变压器的定子绕组，定子绕组相当于变压器初级。旋转变压器的转子随天线同步转动，转子上有两个垂直放置的绕组，相当于变压器的两个次级。转子转动时，定子和转子间的互感系数按照转角 θ 的正弦和余弦规律变化，从旋转变压器次级得到幅度受天线转角 θ 正弦和余弦调制的锯齿电压（严格地说，应是梯形电压）的影响，见图 6 - 24 的波形②和波形③，这就完成了对扫描进行分解的作用。

　　(2) 双向钳位电路。图 6 - 24 的波形②和波形③表明，在旋转变压器次级分解后的锯齿波，其底部不在一个电平上，这是因为旋转变压器不能通过直流分量。从变压器次级得到的锯齿波，各周期的平均值为零。如果直接把波形②和波形③放大后加到偏转线圈，则锯齿波扫描的起点将不在荧光屏的中心，而且在各个方向上起点的移动还不一样，其结果会造成显示图形的混乱。为了解决这个问题，必须采用双向钳位器使正向锯齿波和负向锯齿波的底部都钳在零电平上，如图 6 - 24 的波形④所示。

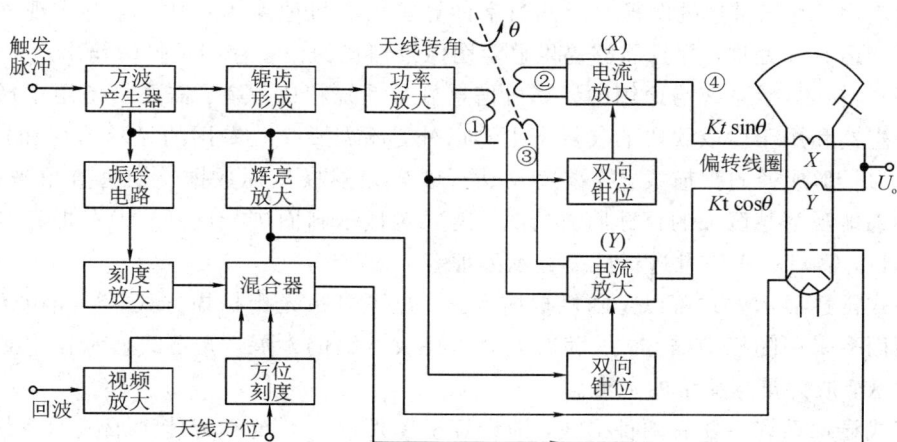

(a) 组成框图

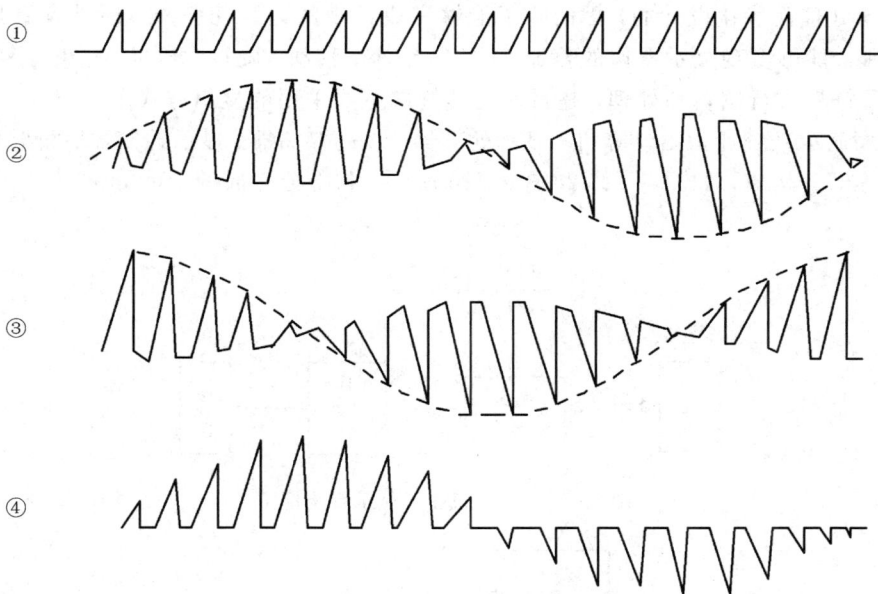

(b) 扫描波形

图 6-24　采用后分解法的 P 型显示器方框图和扫描波形

6.4　数字式雷达显示技术

6.4.1　计算机及智能图形显示

传统雷达显示器由于其扫描方式的特殊性，因此只能显示雷达回波的一次图像信息，而且显示画面亮度低，闪烁现象明显。现代雷达所提供的目标信息量比早期雷达多得多，要实时将这些信息直观地提供给雷达操作人员，传统雷达显示器显得无能为力。随着数字技术和计算机技术的发展，将数字技术、计算机技术与显示系统相结合的显示模式得到日益广泛的应用。现代雷达的图形显示和数字计算机已有机地融为一体，能够实现雷达回波图像的复杂运算和处理，并且能够提供显示图像及信息的记录存储及打印输出。

数字式雷达显示系统与通用的计算机信息显示系统相比，除了需要具备用于形成字符的字符产生器和用于生成线段的矢量产生器以外，还需要一些专用的显示器件和技术。例如P显，为了形成径向扫描线，需要将雷达天线转角的极坐标数据转换为直角坐标数据；为了更详细地观察某区域的目标回波情况，需要对显示画面进行展开；为了提高二次信息的显示容量，需对一次信息进行压缩显示处理等。

数字式雷达显示方式可以是随机扫描方式，也可以是光栅扫描方式。早期由于存储容量的限制而多采用随机扫描方式。随着大规模集成电路的发展，光栅式显示器得到了广泛应用，并逐渐成为雷达显示的主流。

数字式显示系统主要有两种形式，即计算机图形显示系统和智能图形显示系统。二者的主要差别在于：智能图形显示系统包含了一个显示（或图形）处理器单元，该图形处理器是针对图像处理而优化设计的，因而除了能够完成常规的运算任务外，还具有更强大的图形处理功能，能够实现显示图像的叠加、放大、缩小、移动、旋转、开窗、渲染等复杂操作，能对文字、符号进行编辑和处理，是目前雷达终端主要采用的显示方式。

数字式显示系统通常由计算机、显示处理器、缓冲存储器、显示控制器、图形功能部件及监视器等部分构成，如图6-25和图6-26所示。各部分完成的功能如下。

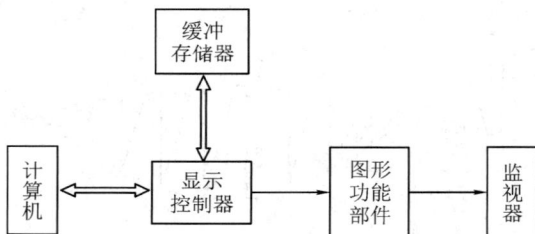

图 6-25　计算机图形显示系统框图

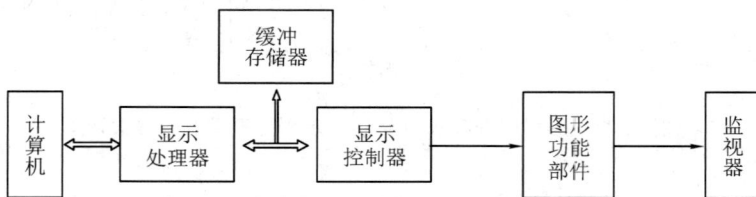

图 6-26　智能图形显示系统组成框图

（1）计算机：又称为主机，主要负责对整个显示系统进行管理，将输入数据加工为显示档案并提供给显示存储单元。

（2）显示控制器：用于控制及管理缓冲存储器及图形功能单元，与主机通信等。

（3）缓冲存储器：用于存储显示档案，自主维持显示图形的刷新，当显示系统与计算机脱机工作时，仍能进行正常的显示。

（4）图形功能部件（图形发生器）：完成字符、符号、矢量等基本显示图形的产生等。

（5）显示处理器（仅对智能显示）：管理显示存储器档案；对图形进行变换、处理和运算；对外部设备的信息进行组织和管理；与主机交换信息等。

（6）监视器：实现图像和信息的直观显示输出。监视器一般为标准的显示器件，如 CRT、LCD 等。

另外，显示系统还包括一些实现人机交互的外部输入/输出设备，如键盘、鼠标、光笔、跟踪球、磁盘光盘驱动器、打印机等。

数字式显示系统按其显示内容可分为字符显示系统、图形图像显示系统及态势显示系统等。

6.4.2　字符产生器

为了在屏幕上显示由数字、字母、文字、符号等字符组成的二次信息数据，数字式雷达显示系统需要一种能够在屏幕上描绘这些符号的基本功能部件，称为字符产生器。

1. 字符产生器的质量指标

字符产生器的质量决定了能否将大量信息准确而迅速地传输给观察者。通常用可识别度和可读度来衡量字符显示质量。下面从字符种类、字符尺寸、字符书写速率和字符显示效率等方面对其质量指标加以说明。

（1）字符种类。指字符产生器能产生的字母、数字、符号和汉字的种类数。一般有 26 个大写字母和 26 个小写字母，0～9 这 10 个数字，简单的汉字和若干专用的特殊符号。根据用途的不同，所要求的字符种类不同。随机扫描一般为 16、64、96、128、256 种等；光栅扫描几乎不受限制。每种字符都有一组特定的代码，简称字符代码。

（2）字符尺寸。字符尺寸为字符在荧光屏上的几何尺寸大小。它由视觉锐度和形成字符的点数来确定。随机扫描常用的字符尺寸为 3 mm×4 mm 和 5 mm×7 mm 等；光栅扫描一般为 8×8、16×16、32×32 点阵。

（3）字符书写速率。在保证不失真和不闪烁的条件下，每个字符的书写时间越短，一帧内就能显示出越多的字符，其显示容量越大。一般单个字符书写时间为 3～5 μs。但是应该指出，字符书写速率越高，要求偏转系统和辉亮系统的频带越宽，技术实现也越复杂。

（4）字符显示效率。字符显示效率是指一个字符辉亮时间与该字符书写时间的比值。辉亮时间占书写时间越多，字符的平均亮度越高，字符显示效率也就越高。

字符产生的方法很多，在现代雷达系统的图形显示中，主要有随机扫描字符产生和光栅扫描字符产生两种方法。

2. 随机扫描字符产生器

随机扫描字符产生器组成框图如图 6-27 所示。

显示控制器将字符指令操作码译成字符产生器的启动信号，把字符指令中指定的字符码送到字符产生器的字符码译码逻辑电路。通过译码器在字符成型存储器中找到与该代码相应的字符。字符成型存储器是一个只读存储器（ROM），在启动信号作用下依次读出选定字符的成型信息，用来控制 X、Y、Z 三个方向的动作，使之在荧光屏上描绘出这个字符。书写完成该字符后就给出字符结束信号，通知显示控制器发出下一个字符的代码。由此可

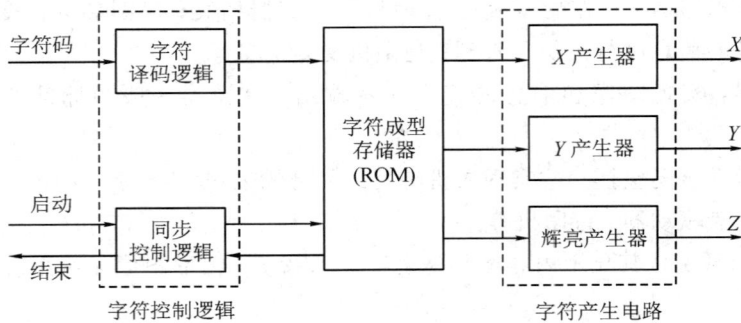

图 6-27　随机扫描字符产生器组成框图

见，字符成型存储实际上是一个微程序库。

随机扫描显示系统产生字符的方法有点阵法和线段法。

（1）点阵法字符产生器。点阵法把要书写字符区域分割成若干像素点，通过控制点阵中某些点的辉亮就可以显示出所需要的字符。实际上点阵中点与点的距离很小，因此这种字符看上去与连续笔画字符差不多。点阵法又分为顺序点阵法和程序点阵法两种。

顺序点阵法在字符控制逻辑电路的控制下，按顺序读出存储字符成型存储器中对应于所驱动的每个像素点的辉亮信号，并同时控制 X、Y 产生器计数，以产生偏转信号控制电子束的运动，使之与辉亮信号同步地扫描字符点阵中的每个像素点。

图 6-28(a)是用顺序点阵法书写"A"字符的 5×7 点阵结构，与之相对应的 X、Y、Z 输出波形如图 6-28(b)中。在 $t=0$ 时启动字符产生器，Y 产生器中的计数器做加 1 计数，经 Y 支路的 D/A 变换输出阶梯电压波，这时 X 产生器中的计数保持全"0"。对应于 $X=0$，$Y=0,1,2,3,4$ 五个点，Z 产生器输出五个辉亮脉冲；对应于 $X=0$，$Y=5,6$ 不产生辉亮脉冲。到 $Y=6$ 时，Y 产生器保持，而 X 计数器加 1。然后 X 产生器保持，而 Y 计数器做减 1 计数，一直减到全"0"为止。

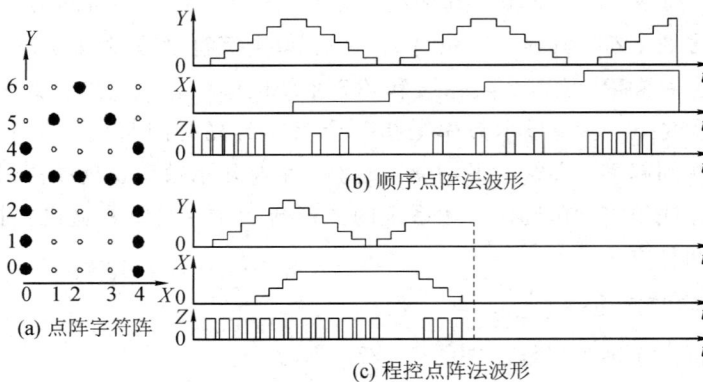

图 6-28　点阵法字符产生器书写"A"字符的点阵结构和输出波形

在此过程中，只有 $X=1$，$Y=3,5$ 两点 Z 产生器有辉亮脉冲输出。当 Y 计数器减到全"0"后，Y 产生器保持，X 计数器再加 1。此后 X 产生器保持为 2，Y 产生器再作加 1 计数。如此循环往复，直至扫完 35 个像素点。在图 6-28(b)中，凡辉亮信号 $X=1$ 的点就辉亮，

凡 $Z=0$ 的点就不辉亮。当达到 $X=4$，$Y=6$ 这个点之后，发出结束信号。经过上述过程，就显示出图 6－28(a)所示的"A"字符。

顺序点阵法将各种字符按光栅格式所规定的具体辉亮信号逐个存放在字符成型存储器（ROM）之中。

程控点阵法中的字符成型存储器（ROM）中存放的是各个字符扫描规律的微程序。在字符控制逻辑电路的控制下，对于所驱动的具体字符，根据字符成型存储器中存放的微程序来驱动 X 产生器和 Y 产生器，只扫描字符点阵中的辉亮像素点并同时输出相应的辉亮 Z 信号。

顺序点阵法不论辉亮与否，每个点都必须扫描到，而程控点阵法则只扫描那些应该辉亮的像素点，因此程控点阵法比顺序点阵法书写速度快，但其控制相对复杂。

（2）线段法字符产生器。线段法字符产生器采用一些基本的直线段去逼近一个字符。在采用线段法字符产生器的显示系统中，通常字符、图形显示共用一个偏转系统，此时有两种方法来完成书写字符的动作：一种方法是设计一套专用的积分电路，将从 ROM 读出的字符增量信号积分形成锯齿电压输出，再经过模拟加法器分别与主偏的 X、Y 模拟扫描电压相加，然后通过偏转放大器放大后加至偏转系统；另一种方法是将 ROM 中读出的微程序经字符控制逻辑电路处理成用 $\pm\Delta X$ 和 $\pm\Delta Y$ 及辉亮信号表示的短矢量，然后送往矢量产生器中，通过矢量产生器来描绘字符。

一般来说，用主偏系统书写字符速度较慢。为了提高书写速度，需要增加一套专用的字符偏转系统，此时采用单位线段法字符产生器更为有效。单位线段法又称为星射法。字符通常是由一些有限的笔画所组成，最常用的是 8 个方向的单位线段，如图 6－29 所示。可以利用这些基本线段来逼近字符的笔画形成字符。

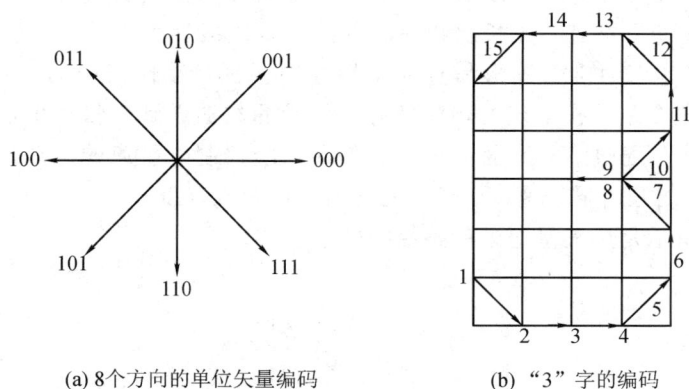

(a) 8个方向的单位矢量编码　　　　　(b) "3"字的编码

图 6－29　单位线段法字符产生器的原理和组成框图

3. 光栅扫描字符产生器

图 6－30 和图 6－31 分别为光栅显示系统框图以及字符显示的示意图。图中字符矩阵仍以 5×7。

由于光栅扫描是按照从左到右、从上到下的顺序进行，因此，当图 6－31 中所示的从第三条扫描线开始有字符辉亮信息时，首先读出第一个字符的第一横上的数据，与偏转扫描

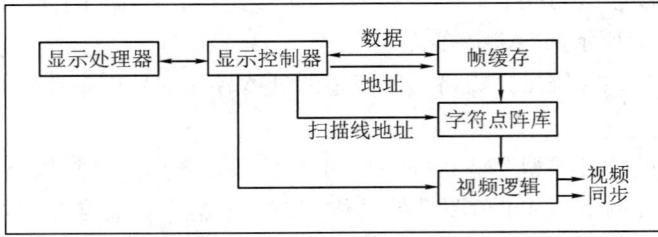

图 6-30　光栅扫描显示系统框图

图 6-31　光栅扫描显示字符示意图

运动相配合加上辉亮信号，即可显示出这些数据。接着是显示第二个字符的第一横上的数据，依次进行下去，直到最后一个字符的第二横，依次重复进行。由于每个字符分布在七条扫描线上，因此每个字符要反复读出七次。显然这和随机扫描显示完一个字符再显示另一个字是不同的。

在计算机图形显示系统中，图形通常是由各种曲线和直线组成的，而曲线又可以用许多较短的直线来逼近。具有一定长度和一定方向的直线段称为矢量，产生这些直线段的逻辑功能部件叫做矢量产生器。图形信息通常用存储在刷新存储器中的显示矢量档案表示，显示控制器控制整个系统按一定的顺序把有关矢量的数据送到矢量产生器，矢量产生器产生描绘线段的信号，通过 X，Y 驱动部件和偏转系统控制电子束的运动。衡量矢量产生器的质量指标有：线性度、描绘速度、亮度的均匀性以及准确度。

如图 6-32 所示是用矢量逼近一条曲线的示意图。

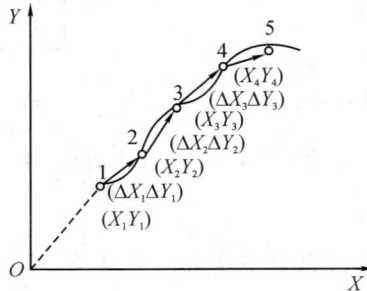

图 6-32　用矢量逼近一条曲线示意图

设第 m 段的起始位置为 $(X_m，Y_m)$ 而终止位置为 $(X_{m+1}，Y_{m+1})$，即

$$X_{m+1} = X_m + \Delta X_m$$
$$Y_{m+1} = Y_m + \Delta Y_m \tag{6-3}$$

式(6-3)中，ΔX_m 和 ΔY_m 分别为该段 X 和 Y 的增量。

在图形显示时，通常由计算机给出具体的矢量指令，若干具体的矢量指令的集合便是某种图形的显示程序。由于矢量的起点通常由专门的位置指令确定，因此矢量指令只包括：指令性质、符号位($\pm$)、数字增量值等。典型的矢量数据格式为

矢量操作码	$\pm$	ΔX	$\pm$	ΔY

矢量产生器的原理方框图如图 6-33 所示，主要由数字乘法器(又称频率调制器)、数字积分器(可逆计数器)和数/模转换器(D/A)等部分组成。

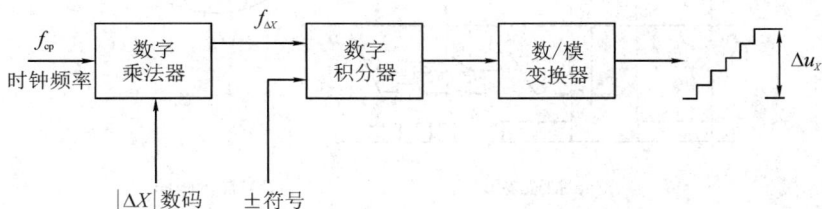

图 6-33　矢量产生器原理方框图

(1) 数字乘法器。数字乘法器即频率调制器，是一种特殊的乘法器。它与常规的数据乘法器不同，输入不是两个数据，而是一个数字增量 $|\Delta X|$(或 $|\Delta Y|$)和一个时钟脉冲 f_{cp}。输出也不是数据，而是与乘积 $f|\Delta X|$ 相当的脉冲序列。输出的脉冲平均频率 $f_{\Delta X}$ 与输入脉冲频率 f 和输入数字增量 $|\Delta X|$ 的关系为

$$f_{\Delta X} = \frac{f}{2^n} \Delta X \tag{6-4}$$

式(6-4)中，n 为数据的位数。

(2) 数字积分器。对于数字乘法器的输出进行积分，可以得到

$$N_x = N_0 + \text{sgn}(\Delta X) f_{\Delta X} T_0 = \frac{f}{2^n} \Delta X T_0 + N_0 \tag{6-5}$$

式(6-5)中，$\text{sgn}()$ 为符号函数，N_0 为计数器的初始值，$T_0 = 2^n/f$ 为计数循环周期，令 $N_0 = 0$，则可以得到数字积分器在 T_0 周期输出脉冲数：

$$\Delta N_x = \Delta x \tag{6-6}$$

式(6-6)表明，在 $0 \sim T_0$ 时间内，数字乘法器输出脉冲数和输入数据相等，积分结果为输入数据值。图 6-33 中的可逆计数器即数字积分器，可逆计数器的计数方向受数字增量 ΔX 的符号控制，计数时间为 T_0，图中只画出了 X 路，Y 路形成与其完全相同。

6.5　随机扫描雷达显示

随机扫描显示器在显示雷达回波的一次图像信息的同时，还可以显示一些简单的地形背景及雷达二次信息，提供了比传统显示器更为丰富的目标信息，在数字显示技术发展的初期被广泛采用。

6.5.1　随机扫描原理

随机扫描是用随机定位方式来控制电子束的运动,只要给出与位置(X,Y)相应的扫描电压(或电流),就可以把显示信息随意地显示在荧光屏的任意位置上。图 6 - 34 绘出一种随机扫描所需要的 X、Y 偏转信号以及合成的图形显示。

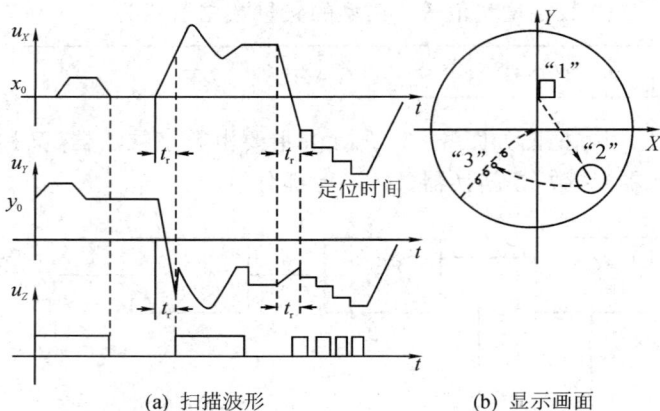

| (a) 扫描波形 | (b) 显示画面 |

图 6 - 34　随机扫描波形及画面示意图

在这里$(0,0)$为屏面中心。电子束从中心开始,先画一个"口"字,再画一个圆,最后画出 4 个点。画完后电子束返回屏面中心。从图 6 - 34 可以看出,电子束从位置"1"跳变到位置"2",以及从位置"2"跳变到位置"3"所需要的时间叫做定位时间,如果偏转系统用得合适,每次定位时间可小于 5 μs。

随机扫描的工作特点是能够把要显示的信息表现在屏幕任意所需的位置上。其通过为 X 偏转系统和 Y 偏转系统提供特定的扫描电流波形,达到电子束的特定偏转和辉亮,利用电子束的运动轨迹实现图形或字符的显示。进行随机扫描时,电子束按显示指令动作来描绘所规定的图形。显示的图形需在每秒内重复一定的次数才能获得稳定的图像,这种重复扫描称为图像刷新。每秒重复的次数叫刷新频率或重显频率,刷新频率取决于荧光屏的特性,通常为 30~50 Hz。为了完成刷新,在显示系统中设置有专门的存储器来存放显示内容,这种存储器称为刷新存储器。刷新存储器容量一般只要 2~4 KB,因此,在大容量存储器出现之前这种显示方式得到了广泛应用。

6.5.2　随机扫描系统组成

一种采用阴极射线管的典型随机扫描图形显示系统原理框图如图 6 - 35 所示。由计算机编制的一系列显示指令组成画面的显示档案,经过通信接口按规定顺序存入刷新存储器。显示控制器管理和控制整个系统按一定的时序运行,同时发出读取和解释显示指令,并把有关的数据送至各个功能产生器。矢量产生器产生各种线段信号,通过 X、Y 驱动和偏转系统控制电子束运动。

位置产生器用来产生确定各线段在荧光屏上起点坐标位置的定位信号。字符产生器用来产生专用符号、数字、英文大小写字母、汉字信号等。辉亮产生器与前面三种功能产生器

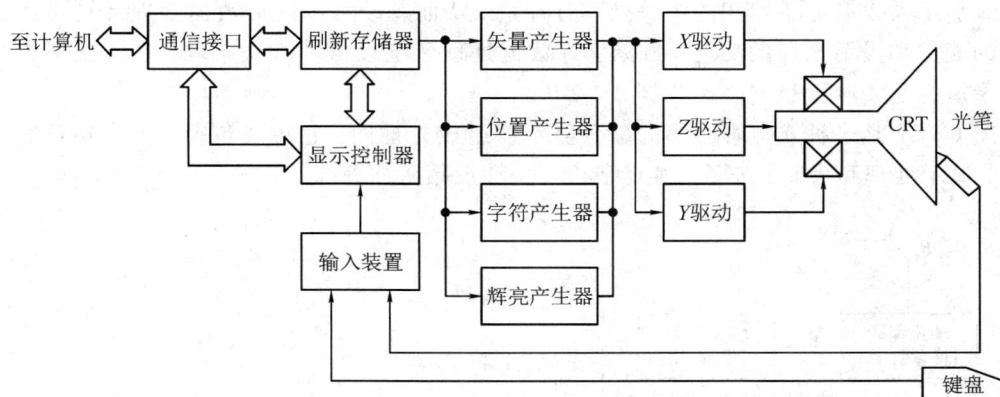

图 6-35 随机扫描图形显示系统原理框图

配合，提供控制电子束电流大小的辉亮控制信号。在随机扫描显示中，电子束的运动完全是按事先存放在刷新存储器中的显示指令进行，没有确定的规律，完全是程序编制者任意规定的，也就是说是随机显示的。

6.5.3 随机扫描雷达显示应用

　　随机扫描雷达显示系统的典型应用是防空情报系统的录取显示器和空中交通管制系统的综合显示器。下面以后者为例加以说明。

　　综合显示器属于形势显示器的一种类型，其广泛应用于航空管制系统，为 P 显模式。其作用是在平面位置显示器上提供一幅综合图像，其中包含雷达一次信息、雷达二次信息、地面背景、空中态势和用于录取目标坐标数据的光标等。其典型画面如图 6-36 所示。

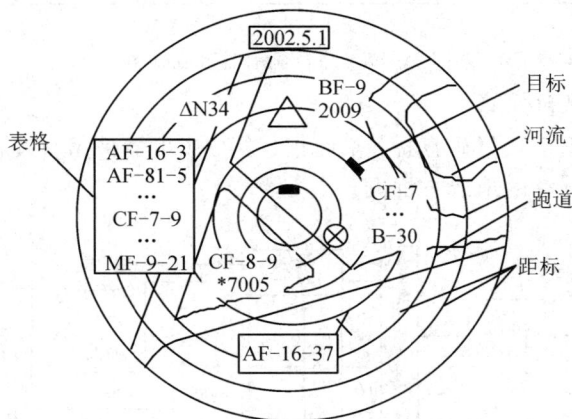

图 6-36 综合显示器画面示意图

　　显示器采用的示波管是 53 cm(21 英寸)磁聚焦加辅助聚焦的彩色显像管，光点直径达到 0.3 mm 以下，分辨率很高。主扫描和字符扫描共用一对偏转线圈，电感量为 90 μH。偏转放大器的带宽对于大信号为 3 MHz，对于小信号可达到 15 MHz，故字符保真度良好，书写速度较高，平均书写时间为 2.5 μs。光点做满屏偏转的时间为 45 μs，若需要快速偏转可采用加高放大器电源电压的方法来缩短偏转时间，其效果为 10 μs。

　　该显示器设有显示专用的中央处理计算机，从而有较强的脱离数据处理计算机而独立工作的能力和灵活多样的功能。目标坐标数据处理系统以自动方式录取，在天线环扫一周内可录取高达 400 批目标坐标数据。

　　图 6-37 是这种航空管制用的综合显示器组成方框图。它主要包括：天线轴角编码和分解、显示处理和控制、矢量产生、字符产生和视频压缩等部件。

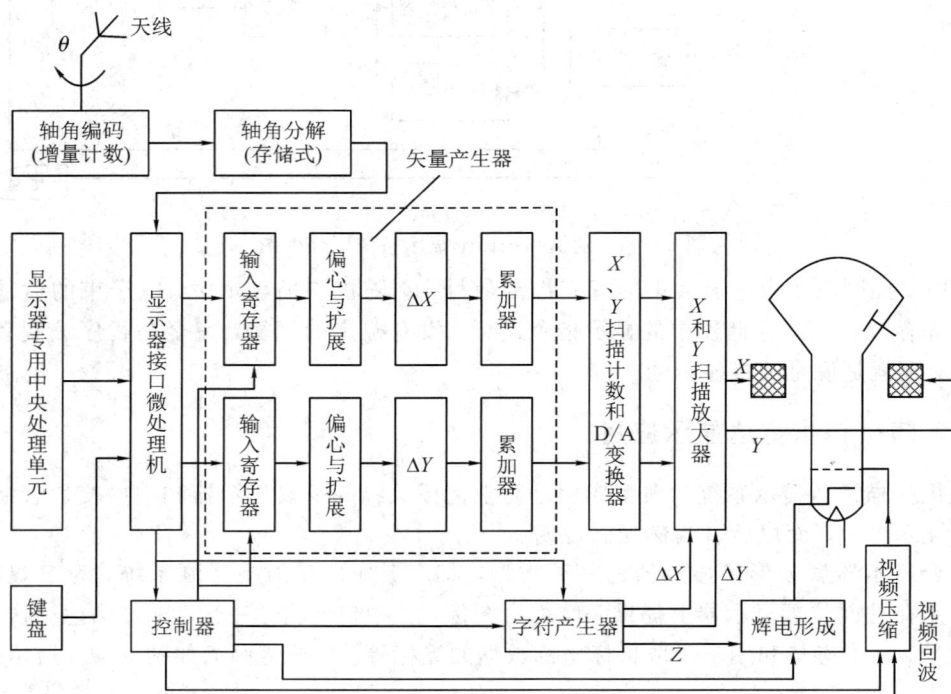

图 6-37　综合显示器组成框图

（1）天线轴角编码和分解。

　　目标方位角的数据由增量码盘提供，而正、余弦产生器采用只读存储器法。图 6-38 是这种天线轴角编码和分解的组成方框图。

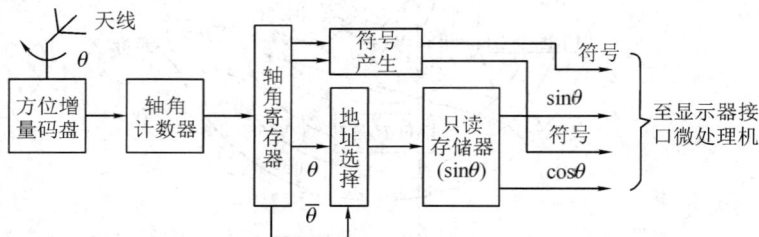

图 6-38　天线轴角编码和分解方框图

　　其方法是先对增量码盘的增量脉冲进行计数，取得天线方位角 θ 的数码，然后以此数码作为地址从只读存储器中读出 $\sin\theta$ 和 $\cos\theta$ 数码。为了减小只读存储器容量，只在其中存放 $0°\sim45°$ 范围内 $\sin\theta$ 和 $\cos\theta$ 数码。这些数码以及其他图形字符数码经显示器接口微处理机按程序送给控制部件和图像产生部件。

（2）控制部件。

它主要由微处理器（MPU）构成，其主要任务在于产生写字符、画矢量的各种控制信号。显示器有 16 种功能，如画径向扫描线、写字、画符号、画航迹矢量、画地图矢量、批示目标运动方向等。与这 16 种功能相对应，在控制部件中存放有 16 种子程序，每种子程序有几十条指令，执行 16 种子程序中的哪一条，由显示器接口微处理机的四位功能码控制。按照这种功能码格式，控制部件向矢量产生器和字符产生器发出的控制信号，同时向示波管送出相应的辉亮信号。

（3）矢量产生器。

矢量产生器由 X、Y 两路完全相同的矢量产生电路组成。这时要具备用加法器进行累加的方法实现数字乘法器（频率调制器）的功能。矢量产生电路中专设有偏心和展开控制装置。它采用把数据乘以 $1\sim15$ 倍的方法将矢量扩展相应倍数，偏心的最大范围为荧光屏的一个半径。

（4）字符产生器。

在字符产生器中设有字符存储器，存有 96 种字母和符号标志，采用偏转控制法形字符。构成字符的段数有 16 种走向，从而确保了字符有较高的保真度。字符产生部件在控制器的作用下，按照来自字符存储的数据，送出字符偏转信号和辉亮信号至 X、Y 扫描放大电路和辉亮形成电路。

（5）视频压缩。

由于要显示二次综合信息量很大，为了确保不丢失一次雷达信息，对一次信息采用了时间压缩技术。时间压缩器里采用了两个分开的存储器，当一个用来写入实时信息时，另一个则用高速读出信息，两个存储器交替进行读写操作。由于每个重复周期中高速读出一次信息所用时间很短，所以有较多的时间用来显示经过计算机处理的二次信息。

最后需要再说明的是，为了便于人机对话，该综合显示器有多种人工干预功能。由于目标坐标数据的录取已经采用全自动方式，因而显示器已用不着担负坐标录取任务。但是操纵员可以凭借显示器对计算机实施多种方式的人工干预。

6.6　光栅扫描雷达显示

6.6.1　光栅扫描显示的发展与优点

自从机载雷达出现之后，在较长时间里一直采用长余辉显像管来显示雷达和红外扫描图像。由于长余辉显像管的余辉时间是固定和非线性的，因此严重地限制了所显示图像的质量。后来出现了模拟式扫描变换器，它把雷达图像转换成电视格式，但由于其结构复杂，可靠性、可维修性均较差，便很快被迅速发展的数字技术所代替。20 世纪 70 年代，以数字式扫描变换器和以 CRT 为核心的多传感器显示系统进入实用阶段。新发展起来的固态显示器件，如液晶板、等离子板、场致发光板等，绝大多数采用的都是电视光栅扫描体制。由于计算机的广泛应用，组成了以计算机、数字式扫描变换器、固态显示器件为主体的信息显示系统。光栅扫描显示由于其采用固定的扫描方式，其偏转电路只受确定的行、场同步信号控制，与雷达本身的具体参数和工作方式无关，大大地提高了信息显示的容量，因而被现代雷达系统普遍采用。

光栅扫描雷达显示器具有以下特点：

（1）通用性强，可作为各种类型的雷达显示器。

（2）灵活性好，可模拟各种传统雷达显示器画面，可同屏显示，也可在不同显示画面间切换。

（3）显示容量大，显示分辨率高，容易插入背景信息显示内容。既可以显示一次雷达信息，也可以同时显示二次雷达信息、情报态势，指控命令等。

（4）可完整显示运动目标的航迹。

（5）集成度高，性能稳定可靠。

6.6.2　光栅显示的原理

光栅扫描是由屏幕上一条接一条的一系列重复的水平线构成的，这些水平线称为扫描线。图6-39给出了典型的水平和垂直信号及其对应的显示。

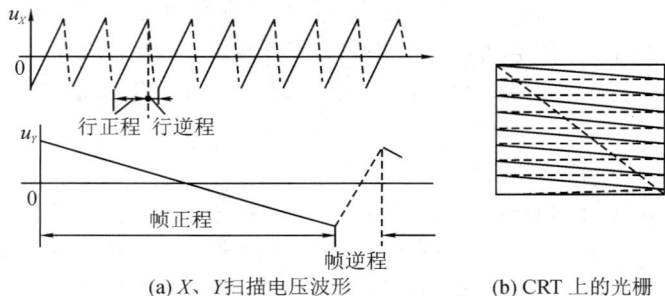

(a) X、Y扫描电压波形　　　　　　(b) CRT上的光栅

图6-39　光栅扫描水平和垂直信号及其显示

根据输入指令相应地来增强某些部分扫描线时，就可产生显示信息。当每一条扫描线到达屏幕的另一边（右）边界时，它就回扫到起点位置的一边（左），并且进行下一条扫描线的扫描。每条扫描线都略有倾斜，以便扫满全屏，但由于满屏有数百条至上千条线，人眼是看不出来倾斜的。当底部扫描线结束时，光栅垂直向上回扫，回到左上角的起始位置，然后重复进行，实现刷新，获得稳定的图像。在水平和垂直回扫期间，CRT的电子束被消隐掉，使屏幕上看不到回扫显示。显示信息只是在正程时间内进行。

光栅扫描和随机扫描不同，不管屏上显示的内容如何，电子束总是以恒定的速度从左到右、从上到下扫过屏上的每个像素位置。为了实现这种扫描，在CRT偏转部件上加的是两种不同频率的锯齿波电流；控制电子束沿水平方向偏转的电流称为水平扫描电流，其重复频率称为行频；控制电子束沿垂直方向偏转的电流称为垂直扫描电流，其重复频率称为帧频。

显示信息只能加在正程时间内，即在需要显示图形的像素位置上加上相应的辉亮信号，接通电子束，从而出现图形。实际工作中要将正程扫描的电子束轨迹做到刚好看不见，使屏幕上只看到显示的内容。

由于垂直扫描电流使电子束轨迹从上往下缓慢运动，这就保证了每行扫描线均匀等间隔地分开而不至于重合。当整个屏幕扫描完毕时，电子束在垂直回扫电流控制完毕后迅速地步回屏幕的左上角，接着招待下一次的扫描过程。这样一条条的水平线就称为光栅；整个光栅就称为一帧。

6.6.3　光栅扫描雷达显示系统构成

图 6 - 40 为典型的光栅扫描雷达显示系统构成，主要包括以下几部分：

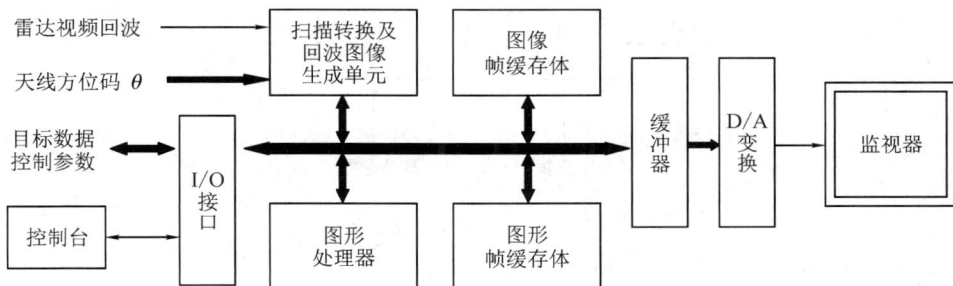

图 6 - 40　光栅扫描雷达显示系统框图

（1）扫描转换及回波图像生成单元：由 A/D 变换、坐标变换（轴角分解）、矢量产生器、扫描线产生、偏心与扩展等部分组成，实现天线波束扫描变换、原始雷达回波和雷达数据的加工及处理。

（2）图形处理器（GPU）：GPU 为带有图形功能的 CPU，是显示处理器与显示控制器的整合形式。

（3）帧缓存：又称视频存储器或显示存储器，分为回波图像帧缓存体（图像体）和图形帧缓存体（图形体）。图像体用于存储雷达的原始回波图像信息，图形体用于存储图形、字符等信息。帧缓存的容量不能小于屏幕的物理分辨率所决定的总像素数，为了对图像进行展开等特殊显示处理，帧缓存的容量通常比屏幕像素数大很多倍。

（4）监视器：通常为通用的光栅扫描显示器。

6.7　雷达点迹录取和数据处理

雷达系统对雷达信息处理过程主要有以下三点：从雷达接收机的输出中检测目标回波，判定目标的存在；测量并录取目标的坐标；录取目标的其他参数，台机型、架数、国籍、发现时间等，并对目标进行编批。录取的方法不断改进，目前主要分为两类，即半自动录取和全自动录取。

6.7.1　雷达点迹的录取

1. 半自动录取

在半自动录取系统中，仍然由人工通过显示器来发现目标，然后由人工操纵一套录取设备，利用编码器把目标的坐标记录下来。半自动录取系统框图如图 6 - 41 所示。

图 6 - 41 中的录取显示器是以 P 型显示器为基础加以发行的，它可以显示某种录取标志，例如一个光点，操纵员通过外部录取设备来控制这个光点，使它对准待录取的目标。通

过录取标志从显示器上录取下来的坐标对应于目标位置的扫描电压，在录取显示器输出后，应加一个编码器，将电压变换成二进制数码。在编码器中还可以加上一些其他特征数据，这就完成了录取任务。半自动录取设备目前使用较多，它的录取精度在方位上可达 1°，在距离上可达 1 km。在天线环扫一周的时间（例如 6～10 s）内，可录取 5～6 批目标。录取设备的延迟时间约为 3～5 s。

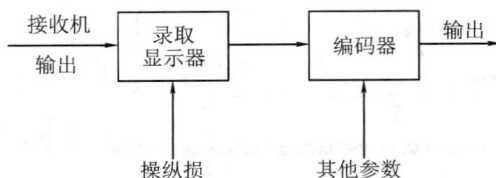

图 6 - 41　半自动录取设备系统框图

2. 全自动录取

全自动录取与半自动录取不同之处是在整个录取过程中，从发现目标到各个坐标读出完全由录取设备自动完成，只是某些辅助参数需要人工进行录取。全自动录取设备组成框图如图 6 - 42 所示。

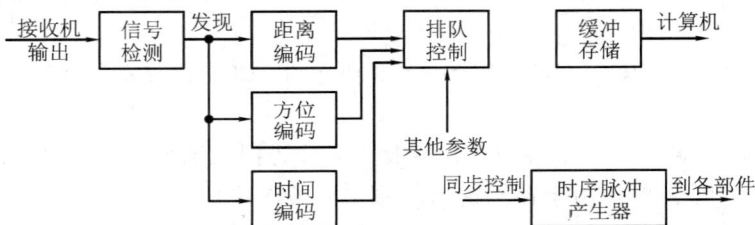

图 6 - 42　全自动录取设备组成框图

在图 6 - 42 中，信号检测设备能全程对信号积累，根据检测准则，从积累的数据中判断是否有目标。当判断有目标时，检测器自动送出目标的信号，就利用这一信号，用计数编码部件来录取目标的坐标数据。由于录取设备是在多目标的条件下工作的，因而距离和方位编码设备能够提供雷达整个工作范围内的距离和方位数据，再由检测器来控制不同目标的坐标录取时刻。图 6 - 42 中的排队控制部件是为了录取的坐标能够有次序地送往计算机的缓冲存储器中去，并在这里可以加入其他一些数据。

自动录取设备的优点是录取容量大、速率快、精度也比较高，因此满足自动化防空系统和航空管制系统的要求。在一般的两坐标雷达上配上自动录取设备，可以在天线扫描一周时录取 30 批左右的目标，录取的精度和分辨率能做到不低于雷达本身的技术指标，例如距离精度可以达到 100 m 左右，方位精度可达到 0.1°或更高。对于现代化的航空管制雷达中的自动录取设备，天线环扫一周内可录取高达 400 批目标的坐标数据。

在目前雷达中，往往同时有半自动录取和全自动录取设备。在人工能够正常工作的情况下，一般先由人工录取目标头两个点的坐标，当计算机对这个目标实现跟踪以后，给录取显示器画面一个跟踪标志，以便了解设备工作是否正常，给予必要的干预，它的主要注意力可以转向显示画面的其他部分，去发现新的目标，录取新目标头两个点的坐标。这样既发挥了人工的作用，又利用机器弥补了人工录取的某些不足。如果许多目标同时出现，人工来不及录取的时候，设备可转入全自动工作状态，操纵员这时候的主要任务是监视显示器的画面，了解计算机的自动跟踪情况，并且在必要的时候实施人工干预。这样的录取设备一般还可以人工辅助，对少批数的目标实施引导。

6.7.2 目标距离数据的录取

1. 单目标距离编码器

将时间的长短转换成二进制数码的基本方法是用计数器，由目标滞后于发射脉冲的迟延时间 t_R 来决定计数时间的长短，使计数器所计的数码正比于 t_R，读出计数器中的数，就可以得到目标的距离数据。图 6-43 就是根据这一方法所组成的单个目标的编码器。

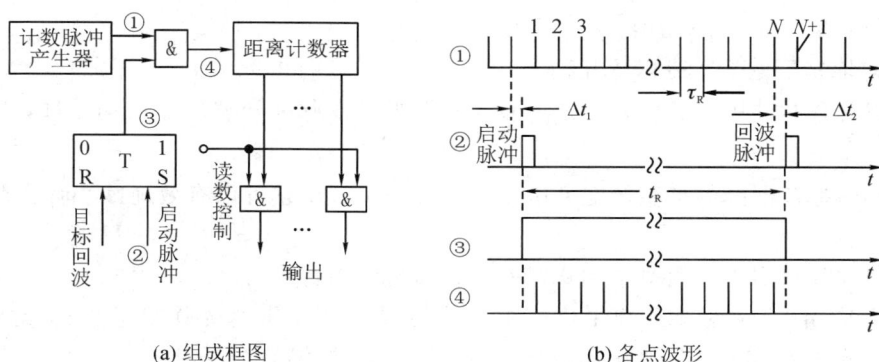

(a) 组成框图　　　　　　　　(b) 各点波形

图 6-43　单目标距离编码器

雷达发射信号时，启动脉冲使触发器置"1"，来自计数脉冲产生器的计数脉冲经"与"门进入距离计数器，计数开始。经时延 t_R，目标回波脉冲到达时，触发器置"0"，"与"门封闭，计数器停止计数并保留所计数码。在需要读取目标距离数码时，将继续控制信号加到控制门而读出距离数据。

若计数脉冲频率为 f，距离取样间隔 $\tau = 1/f$，由读出的距离编码 N，可确定目标时延 t_R 和目标的距离 R：

$$t_R \approx N\tau_R$$
$$R = \frac{1}{2}ct_R \approx \frac{1}{2}cN\tau_R \tag{6-7}$$

式(6-7)中，c 是光速，采用近似等号是因为启动脉冲和回波脉冲不一定与计数脉冲重合，如图中 6-43 的 Δt_1 和 Δt_2。

2. 多个目标距离编码器

多个目标距离编码器框图如图 6-44 所示。多目标情况下的计数器做全程计数，只是在有目标回波脉冲的时刻将此时的计数值读出，作为该目标的距离数据。

3. 影响距离录取精度的因素

影响距离录取精度的因素主要有以下三项：

（1）编码器启动脉冲与计数脉冲不重合的误差 Δt_1。

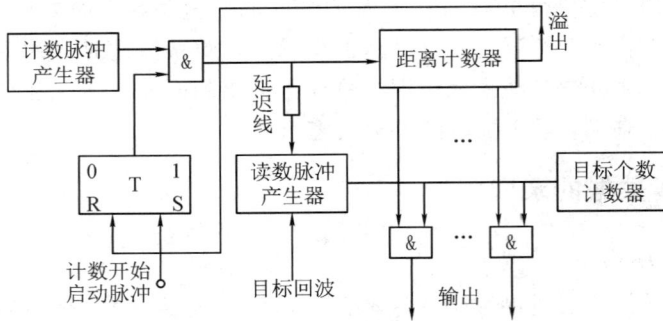

图 6-44　多个目标距离编码器

（2）计数脉冲频率不稳定。

（3）距离量化误差 Δt_2。

提高录取精度的途径有以下几种：

（1）将计数脉冲用同步分频的方法形成发射机触发脉冲和编码器启动脉冲，可以消除误差 Δt_1。

（2）晶体振荡器的频率稳定度可达 $10^{-6} \sim 10^{-7}$，采用它可以有效地减小计数脉冲的不稳定误差。

（3）提高计数器时钟频率 f 可以减小距离量化误差。

在实际应用中，通常取距离量化单元 τ_R 等于或略小于雷达的脉冲宽度 τ。此外，还可以采用电子游标法和内插法来提高距离测量和距离录取的精度。

6.7.3　目标角坐标数据的录取

角坐标数据的录取是录取设备的另一个重要任务。对两坐标雷达来说，角坐标数据只包括方位角数据。对三坐标雷达来说，角坐标数据包括方位角和仰角数据。但是，测角的基本原理和方法是一样的，下面着重介绍方位角数据的录取。

方位录取精度直接受到所采用的测量方法的影响。目前主要有两种方位中心估计方法：一种是等信号法，另一种是加权法。在角度录取精度方面，加权法一般要高于等信号法。

1．等信号法

如图 6-45 所示为等信号法方位中心估计的示意图。

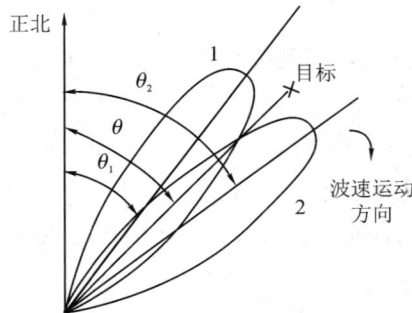

图 6-45　等信号法方位中心示意图

在某些自动检测器中，检测器在检测过程中一般要发出三个信号，即回波串的"起始"，回波串的"终止"和"发现目标"三个判决信号。前两个信号反映了目标方位的边际，可用来估计目标方位。设目标"起始"时的方位为 θ_1，目标"终止"时读出的方位为 θ_2，则目标的方位中心估计值 θ_0 为

$$\theta_0 = \frac{1}{2}(\theta_1 + \theta_2) \qquad (6-8)$$

在实际应用中，阶梯检测器、滑窗检测器、程序检测器等都可以采用这种方法来估计方位中心。

2. 加权法

加权法估计方位的原理如图 6-46 所示。量化信息经过距离选通后进入移位寄存器。移位寄存器的移位时钟周期等于雷达的重复周期。雷达发射一个脉冲，移位寄存器就移位一次。这样，移位寄存器中寄存的是同一距离量化间隔中不同重复周期的信息。对移位寄存器的输出进行加权求和，将左半部加权和加"正"号，右半部加权和加"负"，然后由相加检零电路检测。当相加结果为零时，便输出一个方位读数脉冲送到录取装置，读出所录取的方位信息。

合理地选择加权网络是这种方法的核心。通常在波束中心权值为"0"，而两侧权值逐渐增大，达到最大值后再逐渐下降为"0"。因为波束中心目标稍微偏移天线电轴不会影响信号的平均强度，即信号幅度不因为目标方位的微小偏移发生明显变化，这就难以根据信号幅度的变化判明方位中心，所以在波束中心点赋予零权值。但是在波束两侧天线方向图具有较大的斜率，目标的微小偏移将影响信号的幅度和出现的概率，所以应赋予较大的权值。当目标再远离中心时，由于天线增益下降，过门限的信号概率已接近于过门限的噪声概率，用它估计方位并不可靠，所以应赋予较低的权值，直至零权值。

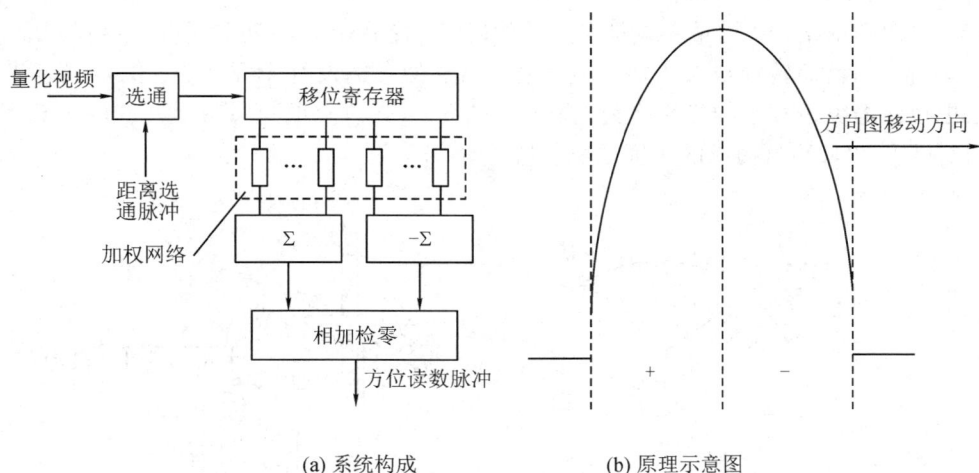

(a) 系统构成　　　　　　　　(b) 原理示意图

图 6-46　加权法估计方位的原理图

6.7.4　天线轴角数据的录取

为了在显示器上形成与雷达天线波束转角同步的方位扫描线，需要实时获得雷达天线

相对某一参考方向的偏转角度，这一任务通常由轴角编码器完成。

1. 轴角编码器的类型

轴角编码器按其工作机理可分为电机式、机械式、光电式、磁电式等。

（1）电机式轴角编码器：由自整角电机（或旋转变压器）和数字转换器等构成，其特点是采用闭环系统。这种编码器输出信号幅度大，可靠性好。其精度与分辨率主要取决于电机角误差及数字转换器的位数和比较器的鉴别力。双通道自整角机的轴角编码位数可达 20 位以上。

（2）机械式轴角编码器：这种编码器以接触式码盘为基础，在早期雷达上得到广泛应用。它的码拾取器主要由码盘和电刷组成，其分辨率一般为 10～12 位。

（3）光电式轴角编码器：以光学码盘为基础，由光学码盘、光源和光电变换器等部分组成。光学码盘是用玻璃、塑料或金属制成的薄片，其上带有透光或不透光的条纹。对一般要求的光电编码器的光学码盘是由可动光盘组成的。分辨率高的编码器的光学码盘是由可动光盘和静止光片组成的。静止光片用以通过或阻挡光源与光电变换器之间的光线。光电变换器一般采用光敏元件组成，常用的是光敏二极管、三极管或光电池。为了方便使用，往往将光源与光电变换器组成一体，其间隙刚好能放置可动光盘。光电式编码器适应性强，分辨率可达 20 位以上。虽然其成本较高，但应用广泛。

光电式轴角编码器主要有增量码盘和绝对码盘两种。

（4）磁电式轴角编码器：采用磁饱和原理实现编码。码盘由含铁素材料制成，并在上面按代码进行磁化而形成区段。检测器是软磁环形体，有两个绕组，一个进行励磁，另一个进行读取输出。其精度较低，一般仅为 8 位左右。

2. 典型轴角编码器的原理

1）增量码盘（单向和双向两种扫描结构）

（1）单向扫描结构。增量码盘是最简单的码盘。它在一个圆盘上开有一系列间隔为 $\Delta\theta$ 的径向缝隙，圆盘的转轴与天线轴机械交链。圆盘的一侧设有光源，另一侧设置有光敏元件，它把径向缝隙透过来的光转换为电脉冲。图 6－47(a)所示为圆盘上开缝的示意图，图 6－47(b)是用增量码盘构成的角度录取装置。

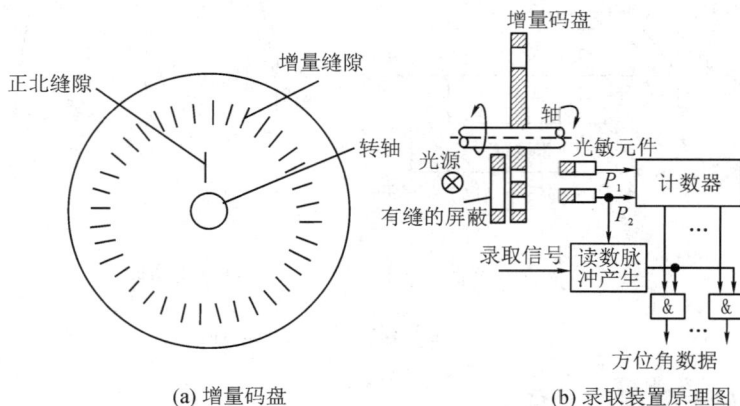

(a) 增量码盘　　　　　　(b) 录取装置原理图

图 6－47　增量码盘及由它构成的录取装置

图 6 - 47 中光源的光经过有缝隙受到光照。透过增量缝隙的光由光敏元件接收，形成增量计数脉冲 P_2 送往计数器计数。码盘上还有一个置零缝隙，每当它对着光源时，光敏元件产生计数器清零脉冲 P_1。作为正北的标志，有时又把置零缝隙称为正北缝隙。由于增量缝隙是均匀分布的，因而当天线转动带动码盘时，将有正比于转角的计数脉冲 P_2 进入计数器，从而使数码代表了天线角度。

（2）双向扫描结构。

增量码盘的制作比较容易，附属电路也不复杂，但在工作过程中如果丢失几个计数脉冲干扰时，计数器就会出现差错，直到转至清零脉冲出现的位置之前，这种差错将始终存在，而且多次误差还会积累起来，所以应加装良好的屏蔽，以防止脉冲干扰进入。采用带有转向缝隙的增量码盘，每两个增量缝隙之间有一转向缝隙，两种缝隙由同一光源照射，分别由各自的光敏元件检出计数信号和转向信号送往鉴别器。这种码盘的结构及录取装置如图 6 - 48 所示，采用了可逆计数器。随着码盘转向的不同，转向鉴别器分别送出做加法计数或减法计数脉冲给可逆计数器。

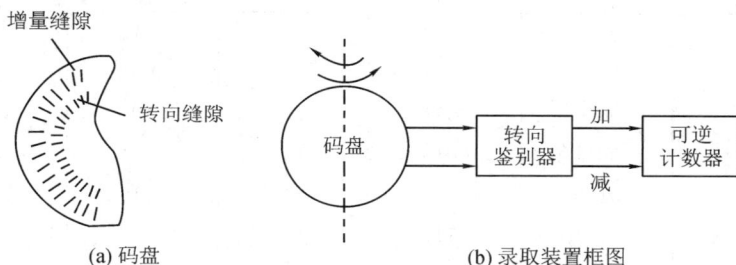

图 6 - 48　带转向缝隙的增量码盘及录取装置框图

2）绝对码盘（二进制码盘和循环码盘两种）

二进制码盘和循环码盘都可以直接取得与角度位置相应的数码，不必像增量码盘那样经计数积累才能取得各角度位置相应的数码。图 6 - 49 画出了这两种码盘的示意图。

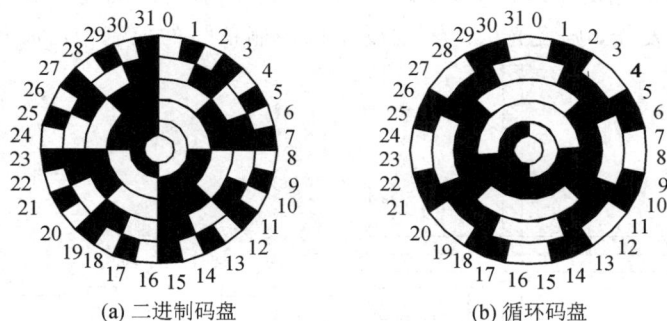

图 6 - 49　绝对码盘图形

数码直接在码盘上表示出来，最外层是最低层，最里层是最高层，图中只画出了 5 位。

目前这类码盘最好的可做到 16 位，即最外层可分为 $2^{16} = 65\ 536$ 个等分，每个等分为 $0.0055°$，可见这时录取角度数据的精度很高。

（1）二进制码盘。读出的数直接就是并行的二进制数码，读数比较方便，但这种码盘有一个严重缺点，即读数可能出现较大的误差，见图 6 - 49(a)。

例如：当角度位置原来为 15(即为 01111)变为 16(即 10000)时，五位数字全变了，原来是 0 变成 1，原来是 1 变成了由于制造码盘时存在的误差，以及光电读出设备所存在的误差，在数码变换的交界处往往不能截然地分清楚。这样从 15 变为 16 的时候，有可能在变换过程中读出 0～31 的任何数值，因而会产生较大误差。在其他一些位置上，如 7 变 8，23 变成 24，31 变成 0 等，都有可能发生类似的错误。

(2) 循环码盘。

为了克服二进制码盘的严重缺点，实际使用的码盘大多是循环码盘，见图 6 - 49(b)。循环码的特点是相邻两个十进制数所对应的循环码只有一位码不相同，以十进制数 7 和 8 为例，它们的二进制数码每一位都不相同，但它们的循环码只有最高位不同，表 6 - 1 列出十进制数 0～15 的二进制码和循环码。

表 6 - 1　十进制数及其等值的二进制码的循环码

十进制数(D)	二进制码(B)	循环码(G)	十进制数(D)	二进制码(B)	循环码(G)
0	0000	0000	10	1010	1111
1	0001	0001	11	1011	1110
2	0010	0011	12	1100	1010
3	0011	0010	13	1101	1011
4	0100	0110	14	1110	1001
5	0101	0111	15	1111	1000
6	0110	0101			
7	0111	0100			
8	1000	1100			
9	1001	1101			

采用循环码盘的角度录取设备如图 6 - 50 所示。码盘所用的光源有连续发光和断续发光两种。若为断续发光，则发光的时刻要受录取控制信号的控制。光敏元件的输出电流一

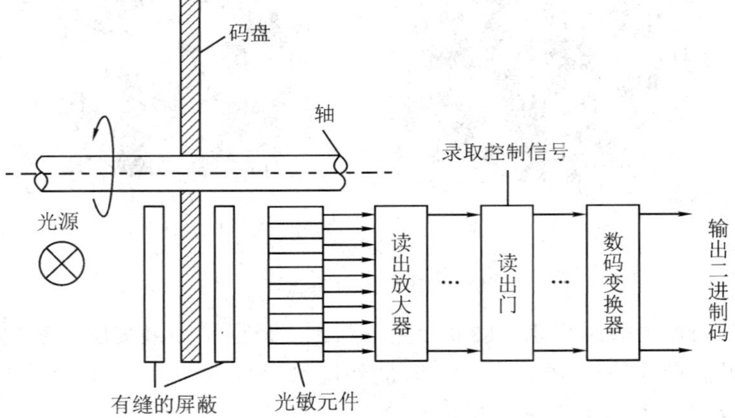

图 6 - 50　用循环码盘的角度录取设备

般是微安量级，因此需要加读出放大器。

本 章 小 结

本章的主要内容有：

（1）雷达接收机将天线接收到的微弱信号和目标回波信号经射频放大、混频、中频放大、检波及信号处理后，还需要将回波中有关目标的信息与情报经必要的加工后，在显示器上以直观的形式展示给雷达操作人员，这一过程由雷达终端来实现。雷达终端显示器根据完成的任务可分为：距离显示器、平面显示器、高度显示器、情况显示器和综合显示器等。常用的距离显示器有三种：A 型显示器、J 型显示器、A/R 型显示器。常用平面显示器有三种基本类型：PPI 型显示器、偏心 PPI 型显示器、B 型显示器。常用高度显示器有两种基本类型：E 式显示器、RHI 显示器。

（2）雷达显示器的质量指标主要有显示器的类型选择、显示的坐标数量、种类和量程、对目标坐标的分辨率、显示器的对比度、图像重显频率、显示图像的失真和误差。

（3）A 型显示器实际上是一个同步示波器。雷达发射脉冲（主波）瞬间，电子束开始从左到右线性扫描，接收机输出的回波信号显示在主波之后，二者的间距与回波滞后时间成比例。在实际工作中常常既要能观察全程信息，又要能对所选择的目标进行较精确地测距，这时只用一个 A 型显示器很难兼顾，如果加一个显示器来详细观察被选择目标及其附近的情况，则其距离量程可以选择得较小，这个仅显示全程中一部分距离的显示器通常为 R 型显示器。由于它和 A 型显示器配合使用，因而统称为 A/R 型显示器。平面位置显示器画面的特点是光点由中心沿半径向外扫描为距离扫描，距离扫描线与天线同步旋转为方位扫描。为了便于观测目标，显示器画面一般均有距离和方位的电刻度，当距离扫描线与天线同步旋转时，距离电刻度是一簇等角度的辐射状直线。根据方位扫描的方式不同，平面位置显示器主要有两种类型：动圈式和定圈式平面显示器。

（4）字符产生器的质量指标：字符种类、字符尺寸、字符书写速率、字符显示效率。

（5）雷达系统对雷达信息处理过程主要有以下三点：从雷达接收机的输出中检测目标回波，判定目标的存在；测量并录取目标的坐标；录取目标的其他参数，如台机型、架数、国籍、发现时间等，并对目标进行编批。随着录取方法的不断改进，目前主要分为两类，即半自动录取和全自动录取。

习　题　六

1. 雷达终端的功能是什么？
2. 雷达终端显示器根据完成的任务可分为哪几类？
3. 常用的距离显示器分为哪几种？
4. 常用平面显示器分为哪几种类型？
5. 雷达对显示器的要求有哪些？
6. 说明 A 型显示器的组成。
7. 说明 A 型显示器的工作原理。

8. 什么是 A/R 型显示器？

9. 说明 A/R 型显示器的组成。

10. 平面位置显示器画面有什么特点？

11. 根据方位扫描的方式不同，平面位置显示器主要有哪两种类型？

12. 说明动圈式平面位置显示器的组成。

13. 说明定圈式平面位置显示器的组成。

14. 字符产生器的质量指标有哪些？

15. 画出光栅扫描字符产生器框图。

16. 矢量指令包括哪些？典型的矢量数据格式是什么？

17. 雷达系统对雷达信息处理过程主要有哪些？

18. 录取的方法目前主要分为哪两类？

19. 影响距离录取精度的因素有哪些？

20. 说明航空管制用的综合显示器组成，并画出框图。

第 7 章　微波与高频电路实验

7.1　波导测量线系统的基本测量

一、实验目的

（1）了解测量线的组成和作用。
（2）熟悉波导测量线的调整。
（3）掌握测量线的驻波测量方法。
（4）了解大驻波测量的方法。

二、实验仪器

（1）3 cm 固态信号发生器；　　　（6）波导同轴转换接头；
（2）隔离器 BG00—11；　　　　　（7）匹配负载；
（3）可变衰减器 BD—1；　　　　　（8）短路铜块；
（4）波导测量线；　　　　　　　　（9）其他待测负载。
（5）选频放大器 DH806；

三、实验原理

波导测试系统是一个简单的波导测试系统，如图 7-1 所示。

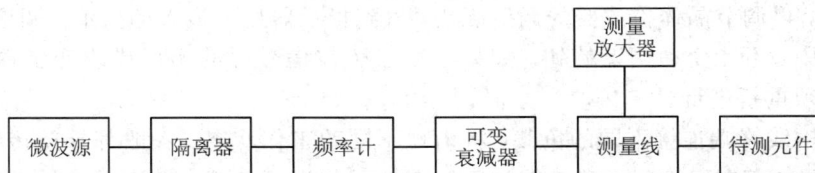

图 7-1　波导测试系统

　　微波源产生的微波信号用于系统的信号源，隔离器可起到保护微波信号源稳定的作用。隔离器又称为单向器，微波信号正向传输时，衰减比较小；反向传输时，衰减比较大。电磁波沿正向传输时，可将功率全部馈给负载，但对来自负载的反射波，则产生较大的衰减。利用这种单向传输特性，在测量系统中，通常将隔离器置于信号源输出端，以阻止因负载失配而沿传输线传送过来的反射波进入微波源。信号源工作越稳定，其测量误差就越小。主要技术指标有：正向传输损耗，反向传输隔离，工作频带，输入输出端电压驻波比。使用频率计测量频率。衰减器放置在传输系统中，可控制其传输功率的大小。根据其衰减量是否可调，可分为固定衰减器和可变衰减器。其主要技术指标有：衰减量 $L=10\log P_{out}/P_{in}$，工作频带，功率容量，输入输出端驻波比。

　　测量线是测量传输线驻波比、波长的基本测试设备。波导测量线的结构示意图如图7-2所示。

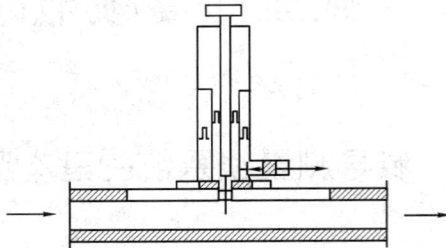

图 7-2　波导测量线的结构示意图

　　测量线的左边连接微波源，右边连接测量负载，上方有测量装置连接显示指示器。沿波导宽边纵向中间位置有一细长槽，插入一个能沿槽移动的调谐探针座。调谐探针座主要由三部分组成：探针、调谐机构、晶体检波二极管。探针拾取波导中的小部分能量，经晶体二极管检波变可低频或直流信号，经放大后再输至指示仪表，沿波导轴移动探针同时记录探针相对位置及探测信号的大小，便可确定驻波比、波导波长等。

　　3 cm 固态信号发生器产生微波信号，通过隔离器使得微波信号单向传输。TG—42 波导测量线是一个 X 波段波导测量线。它包括一段开槽直波导，两端均带有波导接头（法兰），在波导宽边中央，开了一条平行于波导轴线的细细的槽，槽的旁边有一长度标尺，波导上装有可移动的探针座，包括探针、调谐腔和晶体检波器，探针通过细槽插入波导内，波导中的电场在探针顶端产生感应电动势，该电动势经过同轴探针座将感应的能量送到晶体检波器，检出信号从指示器上读出数值，当探针沿着波导细槽移动时，指示器上的数值变动，反映了波导内的电场大小的分布情况。

　　探针调谐电路的调整方法：控制探针插入波导的深度（通常取 1.0～1.5 mm），将测量线的终端接短路板，将探针移动至测量线的中间部位，位置可选在电场的波腹处，调节探针调谐旋钮，再调节晶体检波器的调谐旋钮，直到指示器显示最大的数值，调谐工作完成。在测量过程中，不能变动调谐旋钮。如果改变了微波信号源的频率或改变了探针的深度，调谐工作必须重新进行。

　　波导传输线终端连接不同的负载，将出现不同的工作状态。一般都希望传输线工作在行波状态，假如存在驻波就意味着能量不能有效地传送至负载，微波系统的后一级同时对前一级带来影响，甚至影响到微波信号源的频率和输出功率的稳定性。在工程上一般要求电压驻波比小于 1.15。驻波比是传输线中电场的最大值与最小值之比，即

$$VSWR = \frac{U_{max}}{U_{min}} = \frac{E_{max}}{E_{min}}$$

四、实验步骤

　　（1）按图 7-1 将波导测试系统正确地连接好，测量线的终端用短路铜块作为短路负载。

　　（2）接通 3 cm 固态信号发生器，发生器的面板上有开关和电压指示表。按红色按键，

电源指示灯亮，电压指示表有电压显示。

（3）波导传输线因负载短路，传输线工作在驻波状态。将探针伸入波导深度 1～1.5 mm，调谐探针从波导中耦合能量，传输至波导测量装置，经检波后在选频放大器 DH806 进行放大，同时显示检波电流值。调节探针的调谐旋钮，使得系统调谐。调谐过程中，检波电流随调谐变化，如果电流显示超过了测量的量程，调节衰减器，使得进入波导传输线的功率减小。反复进行调节探针的调谐旋，调节到某一位置处，检波电流处于最大值。

（4）用波导测量线测量波导波长。

（5）移动探针，在一个波导波长的范围内选取多个点，测量出一个电流变化的驻波图形。

（6）用一个微波元件，替代短路板，连接在终端，测出几个不同位置的电流最大与最小值，计算出 VSWR。

（7）将测量线终端的负载移开，终端开路，再次测量驻波系数。

五、实验报告要求

（1）绘出一个波导波长的电流变化的驻波图形。

（2）能否用直接法测量终端开路情况的驻波，为什么？

（3）用直接法测出微波元件接在测量线的终端时几个不同位置的电流最大与最小值，计算出驻波比 VSWR。

（4）解释波导测量线上所开的细槽平行于波导轴线，且在波导宽边中央，为什么？

7.2　信号的频谱特性测量

一、实验目的

（1）熟悉常见简单信号的时域和频域特性。

（2）了解时域和频域的关系，分析信号的带宽。

二、实验仪器

（1）DDS 函数信号发生器，1 台；

（2）频谱仪，1 台；

（3）数字存储示波器，1 台。

三、实验原理

常见简单信号有正弦波、方波、三角波等，这些信号可以用数学表达式表示。可以表示为时间的函数，通过傅里叶变换可以表示成频率的函数，表明了信号具有时域和频域的特性。

正弦信号是最常用的信号之一，常用作为标准信号源、系统与设备的标准测试信号或信息传输的载体。矩形波信号常用作为开关信号、时间（时序）控制信号等，在数字系统和设备中有着较为广泛的应用。通常把矩形波信号一个周期内正向值持续的时间所占的比例称为占空比，用 D_{on} 表示：

$$D_{on} = \frac{t_1 - t_0}{T} \times 100\%$$

若占空比为 50%，则该矩形波称为方波。通常把锯齿波信号在一个周期内上升持续时间所占的比例称为占空比，用 D_{up} 表示：

$$D_{up} = \frac{t_5 - t_3}{T} \times 100\%$$

若占空比为 50%，即锯齿波上升沿与下降沿对称，则该锯齿波称为三角波。信号的波形是指信号的电压或电流随时间的变化情况，利用示波器可以观察。通常称为时域。任何信号都有频率特性，有的信号只包含一个频率，有的信号包含若干频率，信号的频率特征利用频谱仪进行观察，通常称为频域。通信系统中的任一信号（如话音信号、图像信号等）若满足一定的条件，都可根据傅里叶定理将其展开为不同频率分量的组合。用频域分析法分析复杂信号，可以分析信号的频率组成和频带宽度等。

周期性信号，如方波、三角波等，根据傅立叶定理将其展开为不同频率分量的组合，从频率组成可以看出周期信号的频谱特点。离散性：频谱是离散的而不是连续的，每根谱线代表一个谐波分量，这种频谱称为离散频谱；谐波性：谱线只能出现在基波角频率 ω_1 的整数倍上；收敛性：幅度谱的谱线幅度随着频率的增加而逐渐衰减到零。

对于非周期信号的频谱可以采用傅立叶变换的方法分析，其频谱图是连续的。

四、实验步骤

（1）打开 DDS 函数信号发生器，输出一个正弦波信号，输出信号的振幅 300 mV，频率 100 kHz；

（2）用数字存储示波器直接测量信号的波形，从波形中读出其振幅、周期、频率和正向与负向起始时刻（假定示波器中轴为参考零点），与 DDS 函数信号发生器面板显示值比较并记录；

（3）用频谱仪测量信号的频率，读出信号的幅度值；

（4）将 DDS 函数信号发生器，输出一个方波信号，输出信号的振幅 300 mV，频率 100 kHz；

（5）用数字存储示波器直接测量信号的波形，从波形中读出其振幅、周期、频率和正向与负向起始时刻（假定示波器中轴为参考零点），与 DDS 函数信号发生器面板显示值比较并记录；

（6）用频谱仪测量信号的频率，读出信号的幅度值；观察此时的频谱线分布。

五、实验报告要求

（1）比较示波器读出的值与 DDS 函数信号发生器的值有何区别。

（2）方波信号的频谱线有多少条？分析原因。

7.3　高频小信号放大器特性测量

一、实验目的

(1) 了解小信号调谐放大器的电路组成。

(2) 熟悉小信号谐振放大器的性能指标和测量方法。

二、实验仪器

(1) 高频电子线路实验箱, 1 套;

(2) 直流稳压电源, 1 台;

(3) DDS 函数信号发生器, 1 台;

(4) 数字存储示波器, 1 台;

(5) 数字万用表, 1 台。

三、实验原理

小信号谐振放大器是通信接收机的前端电路, 通信接收机通过天线接收很远处传播来的电磁场, 再转换成微弱的电流, 即高频小信号或微弱电流信号, 小信号谐振放大器的任务是对它们进行线性放大。其实验单元电路如图 7-3 所示。该电路由双栅场效应管 FET (3SK122)、选频回路两部分组成。它不仅对高频小信号进行放大, 而且还有一定的选频作用。本实验中输入信号的频率 $f_i = 30$ MHz。栅极偏置电阻 R_1、RV1 和源极电阻 R_2 决定晶体管的静态工作点。

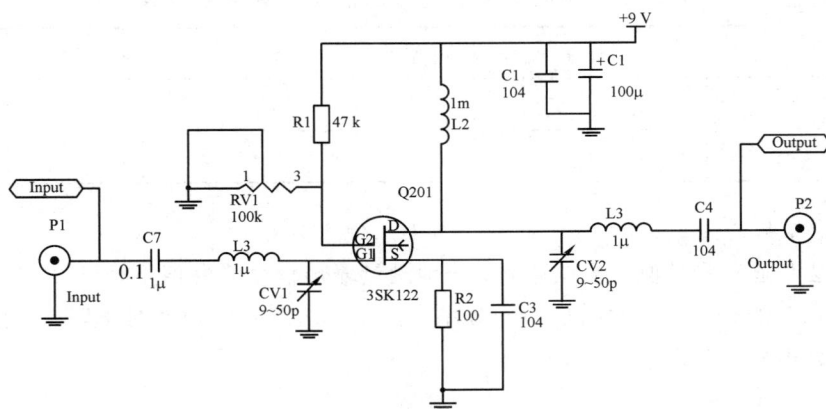

图 7-3　小信号谐振放大器

四、实验步骤

(1) 如图 7-3 所示连接电路, 使用接线要尽可能少, 连接线避免交叉, 接线后仔细检查, 确认无误后接通电源, 调节电源电压为 +9 V。

（2）静态工作点的测量。

测量放大器的各静态工作点，并计算完成表 7-1。

表 7-1　静态工作点的测量记录表

实　测		实测计算		是否工作在放大区	原　因
U_g	U_s	I_d	U_{ds}		

* U_g、U_s 是场效应管的栅极和源极对地电压。

（3）电压增益的测量。

在输入端 P_1 点输入频率为 $f_i = 30\ \text{MHz}$，峰峰值电压 $U_{i(p-p)} = 100\ \text{mV}$ 的正弦波信号，在输出端 P_2 点接数字存储示波器，调节电容 CV1、CV2，使电路发生谐振，并测出输出电压 u_o 的峰峰值电压 $U_{o(p-p)}$，计算出电压增益 A_u。调节电位器 RV1 使输出信号的峰峰值电压达到最大。

（4）通频带的测量。

保持输入信号的峰峰值不变，将信号频率从谐振中心频率 30 MHz 分别向高频段和低频段调节，使输出信号的峰峰值下降到谐振时峰峰值的 0.707 倍，并记录下对应的频率值 f_H 和 f_L，从而求出通频带 $\text{BW}_{0.7} = f_H - f_L$。

（5）频率特性。

以谐振频率 30 MHz 为中心分别向两边缓慢减小或增大信号的频率，并测试不同频率点的输出信号的电压峰峰值，填入表 7-2，并以频率为横坐标，电压增益为纵坐标，按逐点法描绘出不同频率对应的幅频特性曲线。

表 7-2　不同频率点的输出信号的测量记录表

f				30 MHz				
$U_{o(p-p)}$								
A_u								

（6）矩形系数。

测试方法和通频带的测量方法相同，分别测量输出信号峰峰值下降到 30 MHz 时的信号峰峰值的 0.1 倍时所对应的高低两个频率，并计算出此时的通频带 $\text{BW}_{0.1}$，然后根据下面的公式计算出矩形系数：

$$k = \frac{\text{BW}_{0.1}}{\text{BW}_{0.7}}$$

五、实验报告要求

（1）画出实验电路的直流和交流等效电路。

（2）计算直流工作点，并与实验实测结果比较。

（3）整理实验数据，并画出幅频特性。

7.4　振荡器电路特性测量

一、实验目的

（1）掌握 LC 三点式振荡电路和晶体振荡器的基本原理，掌握 LC 电容三点式振荡器设计及参数的计算。

（2）研究静态工作点变化对振荡器起振和幅度的影响。

（3）分析比较电源电压变化对振荡器频率稳定度的影响。

二、实验仪器

（1）高频电子线路实验箱，1 套；

（2）直流稳压电源，1 台；

（3）DDS 函数信号发生器，1 台；

（4）数字存储示波器，1 台；

（5）数字万用表，1 台。

三、实验原理

本实验电路可实现三种振荡器（电容三点式振荡器、串联改进型电容三点式振荡器、晶体振荡器）的性能测试。三种振荡电路如图 7-4 所示。

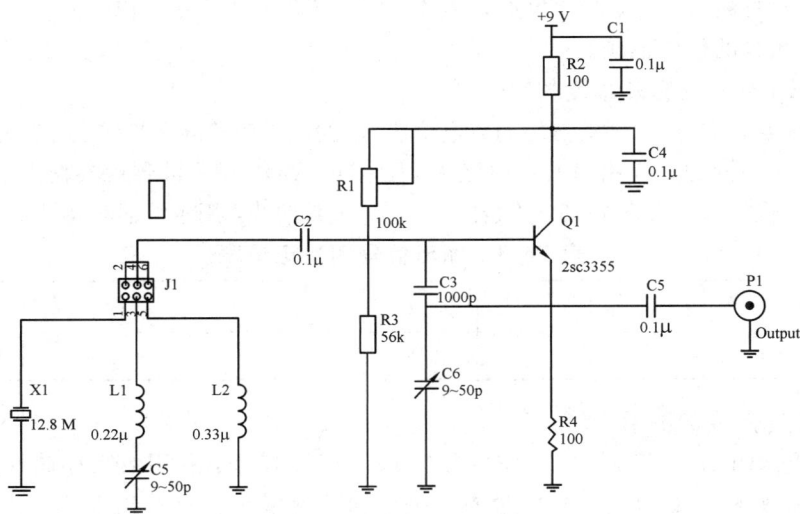

图 7-4　三种振荡电路

反馈型正弦波振荡器（Sine-wave Oscillator）是基于放大与反馈的机理而构成的。在放大电路中引入正反馈，此时由放大器本身的正反馈信号代替外加激励信号的作用，当正反馈足够大时，放大器产生振荡变成振荡器。正弦波振荡器由放大器和反馈网络组成。此外，电路中还应包含选频网络和稳幅环节，前者是为了获得单一频率的正弦波振荡，后者是为了实现稳幅振荡。

反馈型正弦波振荡器可以产生频率很高的正弦波，按照选频网络的不同，可分为 LC 正弦波振荡器、RC 正弦波振荡器和石英晶体振荡器等。按照反馈耦合网络的不同，LC 振荡器可分为变压器反馈式振荡器和三点式振荡器。

四、实验步骤

（1）晶体振荡器基本特性的测试。

接入电源 $U_{CC}=9$ V，用跳线连接 J1 的 $1-2$ 端，得晶体振荡器，用数字存储示波器观察测试点 P_1 端的输出电压波形，观察振荡器的起振过程，待振荡稳定后截取波形并记录，用数字存储示波器的测量功能，测量振幅和频率并记录：U_{or1}，f_{o1}。

（2）串联改进型电容三点式振荡器（克拉泼振荡器）基本特性的测试。

a. 将跳线移开去连接 J1 的 $3-4$ 端，得串联改进型电容三点式振荡器，用数字存储示波器观察 P_1 测试点的输出电压波形，测量其输出频率并作记录：U_{om2}，f_{o2}。

b. 改变电容 C_5 的大小，观察输出波形及振荡频率的变化，并与振荡频率的理论计算值作比较。

（3）电容三点式振荡器（考毕兹振荡器）基本特性的测试。

将跳线移开去连接 J1 的 $5-6$ 端，得电容三点式振荡器，用万用表测量三极管的静态工作点并记录，再用数字存储示波器观察 P_1 测试点的输出电压波形，测量其输出频率并作记录：U_{om3}，f_{o3}，并与振荡频率的理论计算值作比较。

（4）振荡与停振的静态工作点比较。

移开 J1 上的跳线，使振荡器停振，测量三极管的静态工作点，记录 U_E、U_B、U_C 的值，并与步骤（3）测量的值作比较。

（5）静态工作点对振荡幅度的影响测试。

用跳线连接 J1 的 $1-2$ 端，然后调节电位器 R_1 的值以调整静态工作点，看万用表的示数有何变化，记下不同的 U_E，并计算出电流 I_E（$I_E \approx U_E/R_E$）。用示波器观察输出信号频率并测量相应的 U_o，将数据记入表 $7-3$，并绘出 $U_o \sim I_E$ 关系曲线，用示波器观察波形失真情况。

表 7 - 3　输出信号测量记录表

I_E(mA)						
U_o(p-p)						

（6）频率稳定度的测量。

a. 改变电源电压，使其值 U_{CC} 分别为 9 V、12 V、15 V，利用数字存储示波器测量 P_1 测试点的振荡频率 f。以 $U_{CC}=9$ V 时的频率为标准频率 f_o，计算出电容三点式振荡器的相对频率稳定度 $\Delta f/f_o$，注意频率的测读要保证足够的有效位数。

b. 用跳线分别连接 J1 的 $3-4$、$5-6$ 端，重复以上步骤，计算克拉泼振荡器和晶体振荡器的频稳度。

五、实验报告要求

（1）画出三种振荡器的直流与交流等效电路，整理实验数据，分析实验结果。

（2）总结比较三种振荡器的特点。

7.5　滤波器电路特性测量

一、实验目的

（1）熟悉滤波器电路在系统中的作用。

（2）掌握滤波器的工作原理和滤波器的性能指标。

二、实验仪器

（1）高频电子线路实验箱，1 套；

（2）直流稳压电源，1 台；

（3）DDS 函数信号发生器，1 台；

（4）数字存储示波器，1 台。

三、实验原理

滤波器主要用来选择或者抑制某一频段信号。滤波器按照所选频率可以分为低通滤波器、高通滤波器、带通滤波器和带阻滤波器。前面三种滤波器使在其频段内的信号能够顺利通过，这个频段叫做通带，而对于其频段外的信号衰减很大，从而阻止信号通过称为阻带。带阻滤波器和前面三种相反，它主要是对频段内信号进行阻碍，从而使频段外信号可以顺利通过。

简单滤波器的选频滤波特性可以用图 7-5 幅频特性曲线直观地表示。

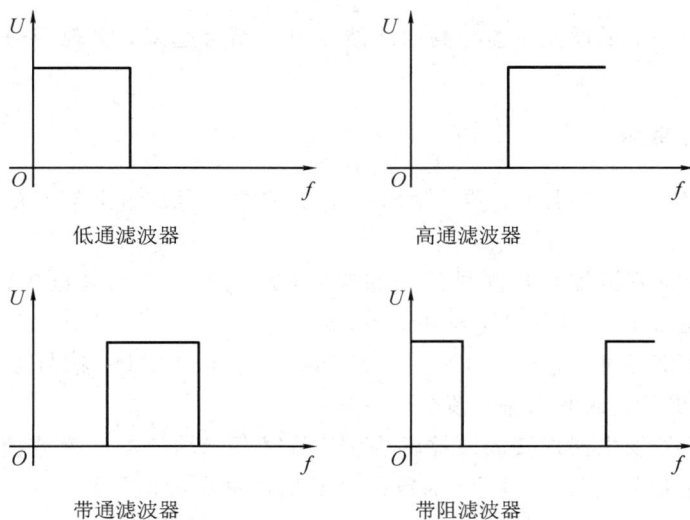

图 7-5　简单滤波器的幅频特性曲线

（1）LC 高通滤波器。

高通滤波器与低通滤波器的功能正好相反，因此其单元电路也比较容易获得，图 7-6

所示就是其单元电路。

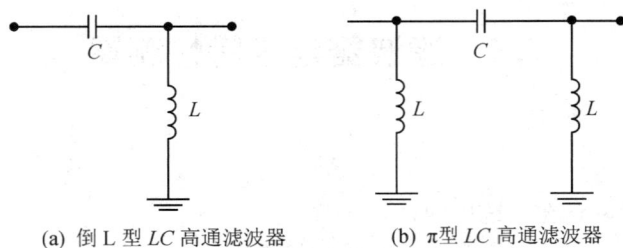

(a) 倒 L 型 LC 高通滤波器　　　　　(b) π型 LC 高通滤波器

图 7 - 6　高通滤波器

（2）LC 带通滤波器。

带通滤波器的原理可以通过前面的谐振电路进行分析，以图 7-7(a)为例，L_1 和 C_1 组成串联谐振电路，当输入信号频率为其谐振频率附近时，串联谐振电路的阻抗最小，对信号的损耗也最小，信号很容易通过。而 L_2 和 C_2 组成了并联谐振电路，当输入信号的频率为其谐振频率附近时，并联谐振的阻抗最大，因此信号不容易通过并联谐振电路流入地线，而是继续进入下级电路。由此单元电路可以选择其谐振频率附近的信号通过，而对其他频率信号进行阻碍，从而实现带通滤波的功能。

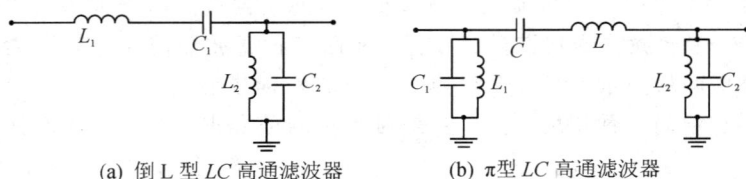

(a) 倒 L 型 LC 高通滤波器　　　　　(b) π型 LC 高通滤波器

图 7 - 7　带通滤波器

在适当的条件下，低通滤波器与高通滤波器可以组合起来，实现带通滤波器或者带阻滤波器。

四、实验内容与步骤

（1）打开 DDS 函数信号发生器，输出一个正弦波信号，输出信号的振幅 1 V，频率 30 MHz。

（2）用数字存储示波器直接测量信号的波形，从波形中读出其振幅、周期、频率，与 DDS 函数信号发生器面板显示值比较并记录。

（3）调整函数信号发生器信号的频率，增加或减小 500 kHz，信号的频率变化范围为 20~40 MHz，读出并记录其振幅、频率。

（4）将函数信号发生器连接滤波器输入端，数字存储示波器连接滤波器输出端，用数字存储示波器测量信号的波形。DDS 函数信号发生器输出的信号频率为 20~40 MHz，间隔 500 kHz，从波形中读出其振幅、频率，读出信号幅度的变化。

（5）数字存储示波器直接连接 DDS 函数信号发生器以及信号通过滤波器，比较这两种情况下信号的幅度变化，判断滤波器的性质。

五、实验报告要求

（1）整理实验数据，说明滤波器的工作特点。

（2）计算滤波器的插入损耗，说明该滤波器的滤波特点。

7.6　调幅电路特性测量

一、实验目的

（1）熟悉集成模拟乘法器实现调幅的方法。

（2）研究已调波与调制信号以及载波信号的关系。

（3）了解模拟乘法器（MC1496）的工作原理，掌握调整与测量其特性参数的方法。

二、实验仪器

（1）高频电子线路实验箱，1套；

（2）直流稳压电源，1台；

（3）DDS 函数信号发生器，1台；

（4）数字存储示波器，1台；

（5）数字万用表，1台。

三、实验原理

振幅调制是用调制信号控制高频载波的振幅，使高频载波的振幅按调制信号的规律变化。按照调幅方式，振幅调制可分为普通调幅（AM）、双边带调幅（DSB）、单边带调幅（SSB）、残留边带调幅（VSB）。它们的主要区别在于产生的方法和频谱的结构不同。

实现调幅的方法大致有以下几种：

1）低电平调幅（Low-level AM），其调制过程是在低电平级进行的，因而需要的调制功率小。属于这种类型的调制方法有：

（1）平方律调幅（Square law AM），利用电子器件的伏安特性曲线的平方律部分的非线性作用进行调幅；

（2）斩波调幅（On-off AM），将所要传送的音频信号按照载波频率来斩波，然后通过中心频率等于载波频率的带通滤波器滤波，取出调幅成分。

2）高电平调幅（high-level AM），其调制过程在高电平级进行，通常是在丙类放大器中进行调制。属于这一类型的调制方法有：

（1）集电极（阳极）调幅。

（2）基极（控制栅极）调幅。本实验电路可实现普通调幅和单边带调幅，如图 7-8、图 7-9 所示。

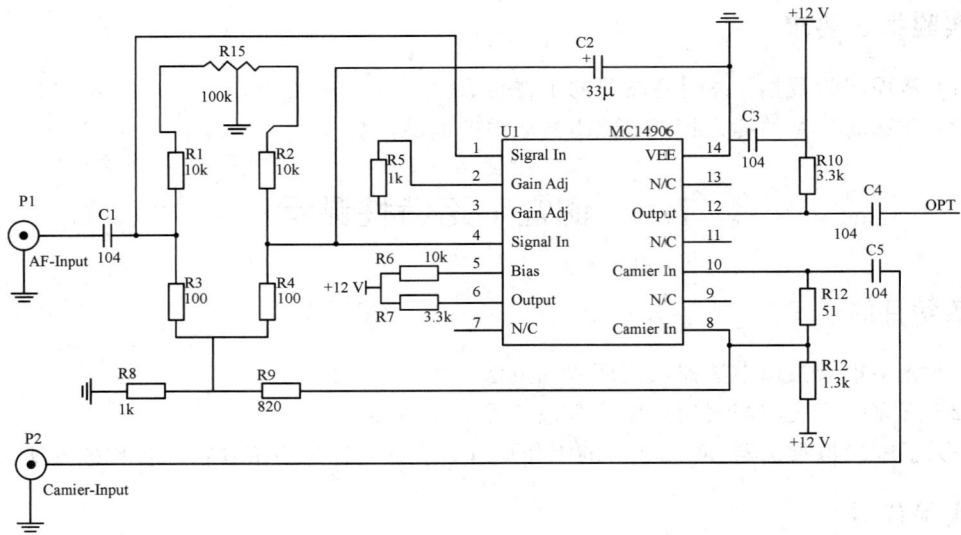

图 7 - 8 调幅基本电路

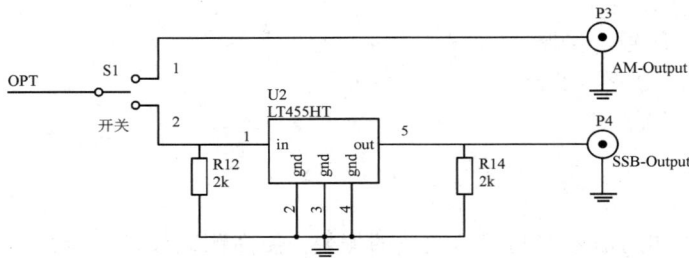

图 7 - 9 输出普通调幅波与单边带调幅波

四、实验步骤

1. 直流调制特性的测量

接入 $U_{CC}=12$ V 的电源，在调制信号输入端 P_1 加峰值电压为 100 mV，频率为 10 kHz 的正弦波信号 $U_S(t)$，在载波输入端 P_2 加峰值电压为 700 mV，频率为 465 kHz 的正弦波信号 $U_C(t)$，用万用表测量并记录 MC1496 的 1 和 4 脚之间的电压 U_{AB}，将开关 S1 打到上端，用示波器观察并记录 P_3 输出端的波形和频谱，以 $U_{AB}=0.1$ V 为步长，记录 R_{15} 由一端调至另一端的输出波形及其峰峰值电压，注意观察载波相位变化，根据公式 $U_{o(P-P)}=KU_{AB}U_{Cm}$ 计算出系数 K 值，并填入表 7 - 4。

表 7 - 4 直流调制特性测量记录表

U_{AB}							
$U_{o(P-P)}$							
K							

2. 普通调幅波测量

（1）调节 R_{15}，使 $U_{AB}=0.1$ V，载波信号保持步骤 1 中的参数不变，改变 P_1 端调制信号的幅度，画出 $U_S=30$ mV 和 100 mV 时的调幅波形（标明峰—峰值与谷—谷值）并计算出其调制度 m_a。

（2）加大示波器扫描速率，观察并记录 $m_a=100\%$ 和 $m_a>100\%$ 两种调幅波在零点附近的波形情况。

（3）载波信号 $U_C(t)$ 不变，将调制信号改为步骤 1 中的参数，调节 R_{15} 并观察输出波形 $U_o(t)$ 的变化情况，记录 $m_a=30\%$ 和 $m_a=100\%$ 调幅波所对应的 U_{AB} 值。

（4）保持步骤（3）的载波信号 $U_C(t)$ 不变，将调制信号改为方波，幅值为 100 mV，观察记录 U_{AB} 分别为 0 V、0.1 V、0.15 V 时的调幅波。

3. 单边带调幅波测量

在调制信号输入端 P_1 加峰值电压为 100 mV，频率为 10 kHz 的正弦波信号 $U_S(t)$，在载波输入端 P_2 加峰值电压为 700 mV，频率为 465 kHz 的正弦波信号 $U_C(t)$，用示波器观察并记录 P_4 输出端的波形和频谱，与普通调幅波做比较，并计算两者带宽。

五、实验报告要求

（1）整理实验数据，说明普通调幅波和单边带调幅波的特点。

（2）分析过调幅现象产生的原因。

7.7　检波电路性能测试

一、实验目的

（1）掌握用二极管包络检波电路实现调幅波解调的方法。

（2）研究已调波与调制信号的波形和频谱关系。

二、实验仪器

（1）高频电子线路实验箱，1 套；

（2）直流稳压电源，1 台；

（3）DDS 函数信号发生器，1 台；

（4）数字存储示波器，1 台；

（5）数字万用表，1 台。

三、实验原理

振幅解调（又称检波）是振幅调制的逆过程。其作用是从已调制的高频振荡信号中恢复出原来的调制信号。从频谱上看，检波就是将幅度调制波中的边带信号不失真地从载波频率附近搬移到零频率附近，因此，检波器也属于频谱搬移电路。振幅解调的方法可分为包络检波和同步检波两大类。包络检波是指解调器输出电压与输入已调波的包络成正比的检波方法。由于 AM 信号的包络与调制信号呈线性关系，因此包络检波只适用于 AM 波。同步检波可以对所有解调调幅信号解调，但主要用于 DSB 和 SSB 信号的解调。本实验电路如图 7-10 所示，可实现普通调幅波的解调。

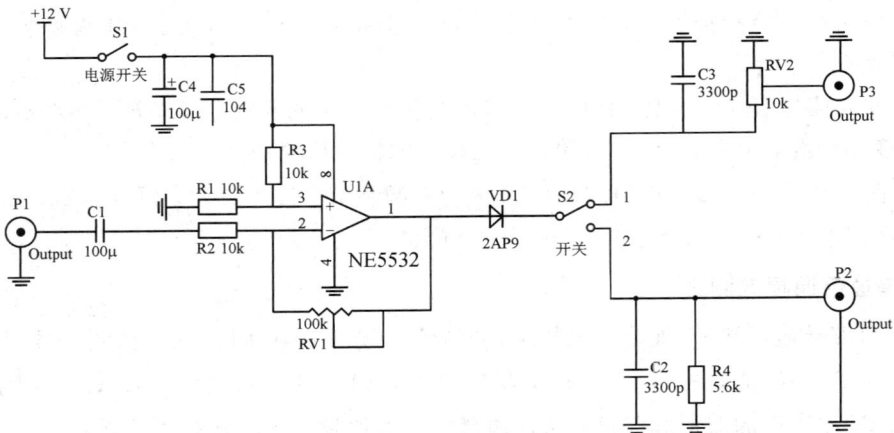

图 7-10 检波电路

四、实验步骤

（1）接入 $U_{CC} = 12$ V 的电源，闭合开关 S1，在调制信号输入端 P_1 加峰值电压为 100 mV，频率为 5 MHz，调制信号频率为 1 kHz，调制度 $m_a = 30\%$ 的调幅信号，在 NE5532 的 1 脚用示波器观察输出信号的波形和频谱，进一步调节电位器 RV1 的大小，再观察 1 脚的电压幅度变化，当其幅值变为最大时，停止调节 RV1。

（2）保持步骤（1），将开关 S2 打到下端，用示波器观察并记录输出测试点 P_2 的波形和频谱，并与调制信号作比较。

（3）将开关 S2 打到上端，用示波器观察并记录输出测试点 P_3 的波形和频谱，并与 P_2 端的测试结果作比较。继续调节电位器 RV2，继续观察并记录 P_3 端的波形，看有无波形失真，并分析失真原因。

五、实验报告要求

（1）整理实验数据，说明包络检波器的工作原理和频谱搬移的原理。
（2）分析负峰切割和惰性失真现象产生的原因。

7.8 鉴频器电路性能测试

一、实验目的

（1）掌握用 MC3361 实现调频波解调的原理。
（2）研究调频波与调制信号的波形和频谱关系。

（3）研究调频指数与输出信号幅度之间的关系。

二、实验仪器

（1）高频电子线路实验箱，1 套；

（2）直流稳压电源，1 台；

（3）DDS 函数信号发生器，1 台；

（4）数字存储示波器，1 台；

（5）数字万用表，1 台。

三、实验原理

调频波和调相波都表现为相位角的变化，因此调频波和调相波都属于角度调制，只是调制变化的规律不同而已。由于频率与相位间存在着微分与积分的关系，调频与调相之间在本质上是相同的。同样，鉴频和鉴相也可相互转换。

频率调制是用调制信号去控制载波信号的频率变化的一种信号变换方式，简称调频，以 FM(Frequency Modulation)表示；与频谱的线性搬移电路不同，频率调制属于频谱的非线性变换，即已调信号的频谱结构不再保持原调制信号频谱的内部结构，且调制后的信号带宽比原调制信号带宽大得多。虽然频率调制信号的频带利用率不高，但其抗干扰和噪声的能力较强，因此 FM 广泛应用于广播、电视、通信以及遥测方面。

鉴频器是一个将输入调频波的瞬时频率 f（或频偏）变换为相应的解调输出电压的变换器。能全面描述鉴频器主要特性的是鉴频特性曲线，它是指鉴频器的输出电压与瞬时频率 f 或频偏之间的关系曲线。

本实验电路如图 7 - 11 所示，可实现调频波的解调。

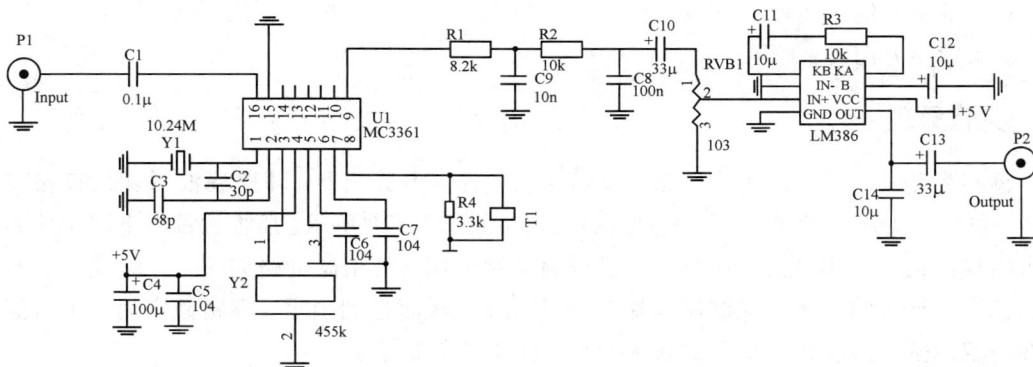

图 7 - 11　鉴频器电路

四、实验步骤

（1）按图 7 - 11 接好电路，MC3361 的 4 脚接入电源 $U_{CC}=5$ V，从 P1 端输入频率为 10.7 MHz，幅度为 500 mV，调制信号频率为 1 kHz，调制指数为 0.3 的调频信号，用示波器测量 MC3361 的 3 脚的波形，记录其频率值，并与理论值 455 kHz 比较。

（2）从 MC3361 的 9 脚用示波器观察信号的波形，分析波形变粗的原因。再从 C10 的右端观察信号波形，并与调制信号比较。

（3）在测试点 P2 用示波器观察并记录 LM386 的输出信号波形，看有无失真，若有失真，调节电位器 RVB1 的大小直到输出信号无失真，此时记录其波形和频谱，并与调制信号的幅度比较，判断有无放大。

（4）将调制指数变为 0.6、0.8，重复步骤（1）～（3），得出结论。

五、实验报告要求

（1）写明实验目的。

（2）整理实验数据，说明 MC3361 的鉴频原理。

7.9　频率控制电路特性测试

一、实验目的

（1）研究锁相环路的基本功能。

（2）掌握数字频率合成器的工作原理和混频器的性能指标。

二、实验仪器

（1）高频电子线路实验箱，1 套；

（2）直流稳压电源，1 台；

（3）DDS 函数信号发生器，1 台；

（4）数字存储示波器，1 台；

（5）数字万用表，1 台。

三、实验原理

锁相环路是一种用途更为广泛的反馈控制电路，由鉴相器、环路滤波器和压控振荡器组成，可实现无误差频率跟踪。压控振荡器电路如图 7-12 所示。压控振荡器电路主要利用输入与输出信号的相位误差通过鉴相器得到控制电压。鉴相器电路如图 7-13 所示。鉴相器经低通滤波去除干扰后控制压控振荡器的频率，从而达到锁定。环路锁定后，输出信号能在一定范围内跟踪输入信号的频率变化，且具有窄带特性。

锁相环在通信领域的主要应用有：调制、解调、分频、倍频、频率合成等。锁相环易于集成化、体积小、可靠性好，使用十分方便。数字锁相式频率合成器是一种用数字方法控制分频比的锁相环路，将先进的数字技术和锁相技术结合起来，赋予锁相环频率合成器以良好的性能。直接频率合成器仅在锁相环的反馈支路中插入一个可编程控制的分频器（N），只要改变分频比 N，即可达到改变输出频率 f_o 的目的，从而实现由 f_r 合成 f_o 的任务。在该电路中，输出频率点间隔 $\Delta f = f_R$。在实际应用中，特别在超高频工作的情况下，为降低 N 分频器的输入频率，通常在 N 分频器与压控振荡器之间插入高速前置分频器（$\div P$）。显然，此时频率关系为 $f_o = NPf_R$，频点间隔为 Pf_R。本实验电路是基于单片机控制 ADF4001 来实现的频率合成器。

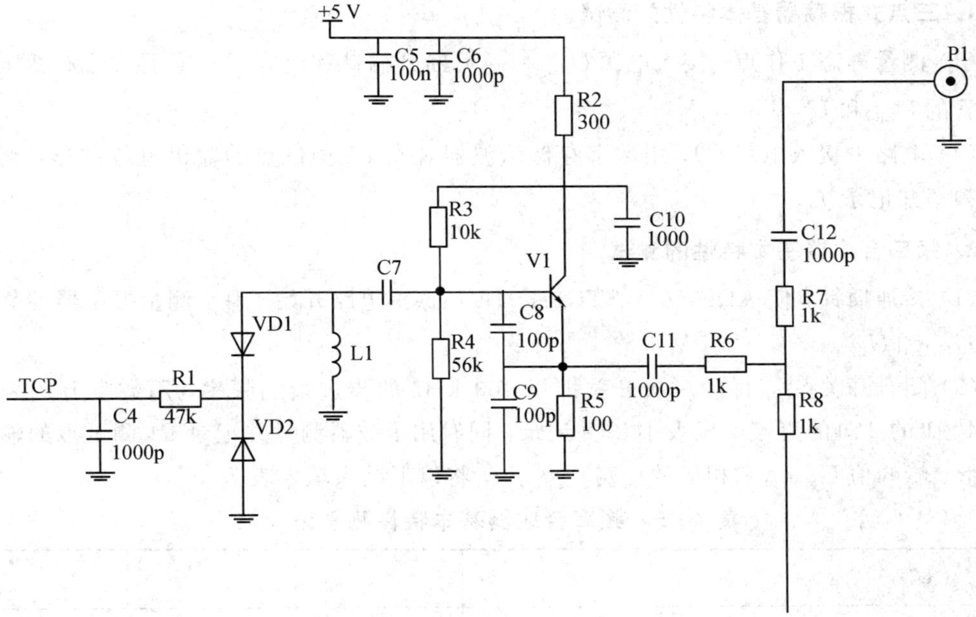

图 7-12　压控振荡器电路

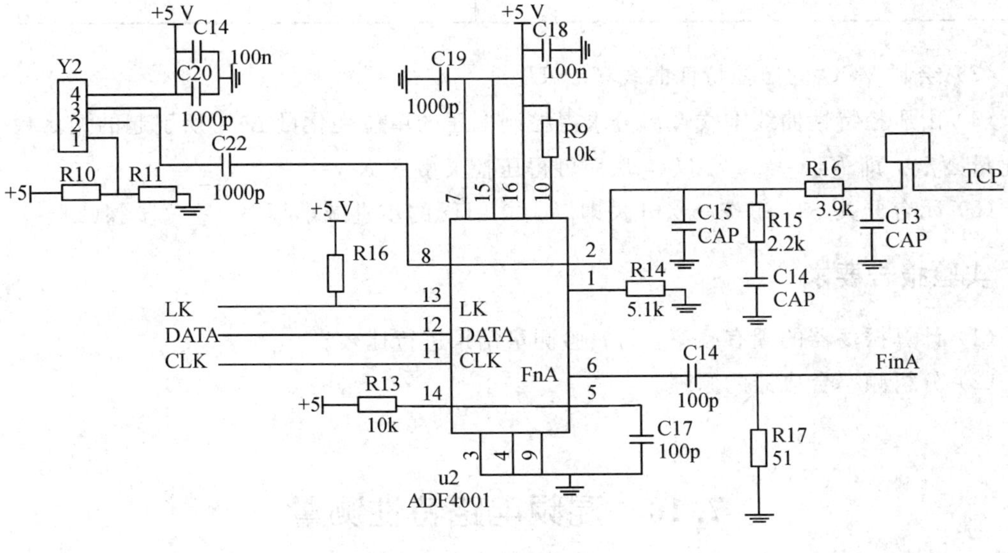

图 7-13　鉴相器电路

四、实验步骤

1. 三点式振荡器基本特性的测试

（1）测量静态工作点：接入电源 $U_{CC}=5$ V，断开插针和电容 C9，使振荡器停振，测量三极管的 U_{BE} 和 U_{CE}。

（2）电路中接入电容 C9，用数字存储示波器观察 P1 测试点的输出电压波形，测量其输出频率并记录 f。

2. 频率合成器基本特性的测试

（1）接通插针，使 ADF4001、STC11F04E 和振荡电路开始工作，测量振荡器的静态工作点 U_{BE} 和 U_{CE}。

（2）闭合开关 S2，每按一次开关即以 100 kHz 的步进增加频率，用数字万用表测量 ADF4001 的 2 脚的直流电压大小 U 并记录，同时用示波器测量并记录 P1 测试点的输出电压波形、峰峰值 $U_{o(p-p)}$ 和相应的振荡频率 f_v，将以上结果填入表 7-5。

表 7-5　频率合成器基本特性测量记录表

U/V				
$U_{o(p-p)}/V$				
f_v/kHz				

（3）绘制 VCO 的压控特性曲线 $f_v \sim U$。

（4）由压控特性曲线上线性部分求得控制电压的单位变化量 ΔU_v 所引起的振荡频率的变化量 Δf_v，即 $K_v = \Delta f_v / \Delta U_v$，从而可得压控灵敏度 $K_v = \underline{\qquad}$。

（5）闭合开关 S3，每按一次开关即以 100 kHz 的步进减小频率，重复步骤（2）～（4）。

五、实验报告要求

（1）计算振荡器的固有频率，与实验测量结果进行比较。

（2）分析频率合成器的原理。

7.10　混频电路特性测量

一、实验目的

（1）掌握利用混频器实现变频的方法。

（2）研究非线性器件频率变换的作用。

（3）掌握混频器的工作原理和混频器的性能指标。

二、实验仪器

（1）高频电子线路实验箱，1 套；

（2）DDS 函数信号发生器，1 台；

（3）数字存储示波器，1 台。

三、实验电路

混频电路又称变频电路，其作用是将已调信号的载频变换成另一载频。变换后新载频已调波的调制类型和调制参数均保持不变。为了实现变频，混频器应包括产生高频等幅波 u_0 的本地（或本机）振荡器（Local Oscillator），u_0 称为本振信号，其频率用 f_0 表示。由于混频器是频谱搬移电路，所以它与调制、解调电路一样，也必须采用非线性器件。混频器的组成框图如图 7 - 14 所示，由非线性器件、本地振荡器和带通滤波器组成。

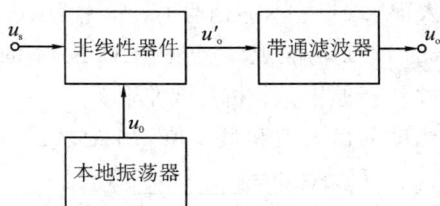

图 7 - 14 混频器的组成框图

本地振荡器产生本振信号 u_0；非线性器件将输入的高频信号 u_s 和本振信号 u_0 进行混频，以产生新的频率；带通滤波器则用来从各种频率成分中取出中频信号。

本实验采用的混频器电路如图 7 - 15 所示，滤波器电路如图 7 - 16 所示。

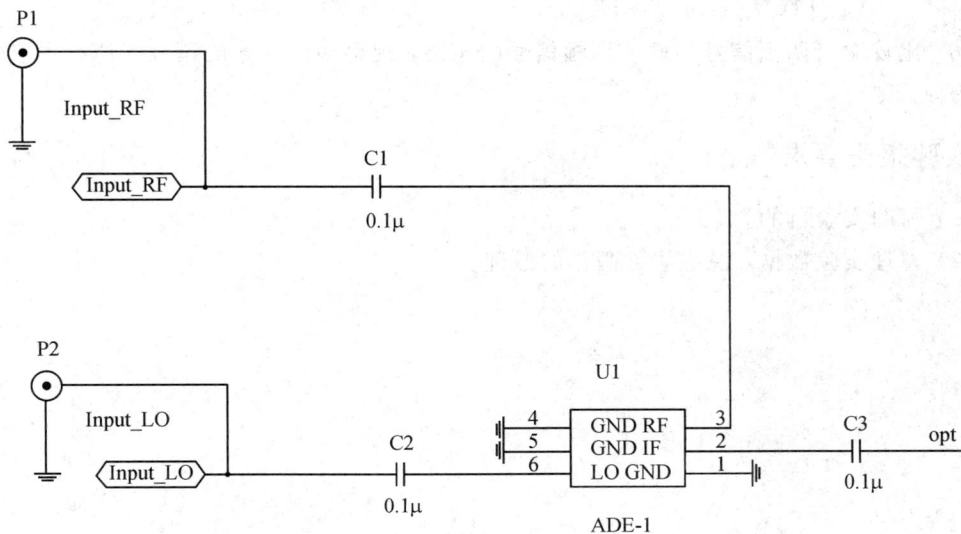

图 7 - 15 混频器电路

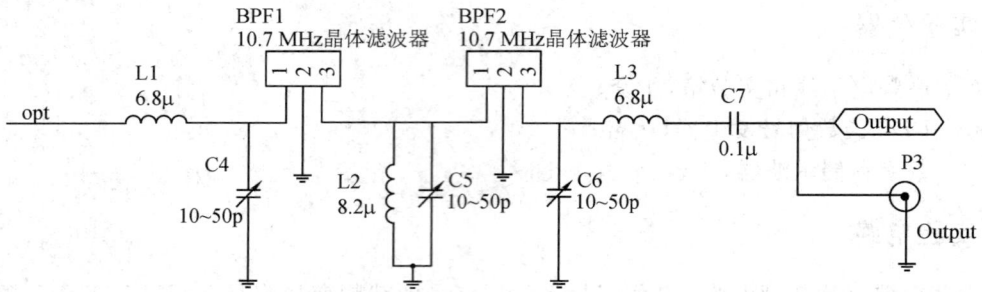

图 7-16　滤波器电路

四、实验步骤

（1）按图接好电路。信号源 U_s 为 AM 调幅波，幅度为 100 mV，载波频率为 30 MHz，调制信号频率为 5 kHz，接入 P1 端口；本振信号 U_L 频率为 40.7 MHz，幅度为 1 V，接入 P2 端口；用数字存储示波器的 FFT 功能观察混频器 ADE-1 的 2 脚输出和混频电路 P3 端口的信号波形和频谱，比较并解释原因。分析：该波形为＿＿＿＿＿＿（调幅波/正弦波）。

（2）测量输出信号包络幅度的最大值和最小值，并记录：U_{omax}＝＿＿＿＿＿＿＿ V，U_{omin}＝＿＿＿＿＿＿ V，计算 U_{gm}＝$(U_{omax}+U_{omin})/2$＝＿＿＿＿＿＿ V。

（3）测量输出信号载波的频率并记录：f_c＝＿＿＿＿＿＿ MHz。

（4）用示波器的 FFT 功能分别测量输入信号 U_s 和输出信号 U_o 的频谱，并记录和比较，经变频后载波频率为＿＿＿＿＿＿＿ MHz。此频率为输入信号频率与本振的＿＿＿＿＿＿＿（和频/差频）。

（5）用示波器测量输入信号源 U_s 包络幅度的最大值和最小值，并记录：U_{smax}＝＿＿＿＿ V，U_{smin}＝＿＿＿＿ V；计算 U_{sm}＝$(U_{smax}+U_{smin})/2$＝＿＿＿＿ V；计算变频增益 A_{uc}＝U_{gm}/U_{sm}＝＿＿＿＿ 。

（6）比较输出调幅信号和输入调幅信号的包络，观察输出信号的调制规律有没有改变，并说明原因。

五、实验报告要求

（1）写明实验目的。

（2）整理实验数据，说明频谱搬移的原理。

参 考 文 献

[1]　戴大伟. 反辐射武器对抗措施. 南京：现代电子工程，2003(3)：84 - 90.

[2]　王勇军，曾茂生. 反辐射武器的威胁与对抗. 成都：电子对抗，2003(2)：31 - 35.

[3]　朱小祥. 高频电子技术. 北京：北京大学出版社，2012.

[4]　王喜焱，刘静，付伟. 反辐射武器的技术特点及对抗措施. 北京：指挥控制与仿真，2001(4)：45 - 49.

[5]　刘学观，郭辉萍. 微波技术与天线. 3 版. 西安：西安电子科技大学出版社，2012.

[6]　陈运涛，黄寒砚，陈玉兰. 雷达技术基础. 北京：国防工业出版社，2014.

[7]　王新稳，李萍，李延平. 微波技术与天线. 2 版. 北京：电子工业出版社，2001.

[8]　丁鹭飞，耿富录. 雷达原理. 3 版. 西安：西安电子科技大学出版社，2002.